国家软件与集成电路公共服务平台信息技术紧缺人才培养工程指定教材

工业和信息化人才培养规划教材

ASP.NET就业实例教程

传智播客高教产品研发部 编著

人 民 邮 电 出 版 社
北 京

图书在版编目（CIP）数据

ASP.NET就业实例教程 / 传智播客高教产品研发部编
著. — 北京 : 人民邮电出版社, 2015.9（2019.7重印）
工业和信息化人才培养规划教材
ISBN 978-7-115-29575-0

Ⅰ. ①A… Ⅱ. ①传… Ⅲ. ①网页制作工具—程序设
计—教材 Ⅳ. ①TP393.092

中国版本图书馆CIP数据核字(2015)第130760号

内容提要

《ASP.NET就业实例教程》是一本Web应用程序开发的中级教材。本书由浅入深，全面系统地介绍了ASP.NET开发技术，并在讲解每个知识点时都提供了大量的插图和案例，一改过去编程书籍枯燥乏味的文字讲解，生动形象地讲解了ASP.NET开发所需的知识。

本书共7章，第1章和第2章主要讲解了ASP.NET的基础知识，包括ASP.NET项目的创建、IIS的安装与配置、网页入门、数据库的基本操作以及ADO.NET在程序中的使用等。第3章主要讲解了一般处理程序使用、ASP.NET对象的使用，以及使用一般处理程序来完成数据的增删改查等操作。第4章主要讲解了在软件开发中最常用三层架构，主要包括三层架构的基本知识、结合案例使用三层架构等。第5章主要讲解了基本的WebForm控件、Repeater控件、ListView控件、图片管理等。第6章主要讲解了网站中常用的异步处理技术，包括异步登录、异步分页，以及常用的JqueryUI框架等。第7章主要讲解了目前企业最常用的MVC框架，熟练掌握这些知识可以让读者在实际工作中得心应手。

本书附有配套的教学PPT、题库、源代码、教学补充案例、教学设计等资源。同时，为了帮助初学者及时地解决学习过程中遇到的问题，传智播客还专门提供了免费的在线答疑平台，并承诺在3小时内就问题给予解答。

本书适合作为高等院校本、专科计算机相关专业程序设计类课程教材使用，也可供爱好者自学使用。

◆ 编　　著　传智播客高教产品研发部
责任编辑　范博涛
责任印制　杨林杰

◆ 人民邮电出版社出版发行　　北京市丰台区成寿寺路 11 号
邮编　100164　　电子邮件　315@ptpress.com.cn
网址　http://www.ptpress.com.cn
山东百润本色印刷有限公司印刷

◆ 开本：787×1092　1/16
印张：16.25　　2015 年 9 月第 1 版
字数：409 千字　　2019 年 7 月山东第 11 次印刷

定价：38.00 元

读者服务热线：(010)81055256　印装质量热线：(010)81055316
反盗版热线：(010)81055315
广告经营许可证：京东工商广登字 20170147 号

序言 PREFACE

江苏传智播客教育科技股份有限公司（简称传智播客）是一家致力于培养高素质软件开发人才的科技公司，“黑马程序员”是传智播客旗下高端 IT 教育品牌。

“黑马程序员”的学员多为大学毕业后，想从事 IT 行业，但各方面条件还不成熟的年轻人。“黑马程序员”的学员筛选制度非常严格，包括了严格的技术测试、自学能力测试，还包括性格测试、压力测试、品德测试等。百里挑一的残酷筛选制度确保学员质量，并降低企业的用人风险。

自“黑马程序员”成立以来，教学研发团队一直致力于打造精品课程资源，不断在产、学、研 3 个层面创新自己的执教理念与教学方针，并集中“黑马程序员”的优势力量，针对性地出版了计算机系列教材 80 多册，制作教学视频数十套，发表各类技术文章数百篇。

“黑马程序员”不仅斥资研发 IT 系列教材，还为高校师生提供以下配套学习资源与服务。

为大学生提供的配套服务

1. 请同学们登录在线平台 http://yx.ityxb.com，进入“高校学习平台”，免费获取海量学习资源。帮助高校学生解决学习问题。

2. 针对高校学生在学习过程中存在的压力等问题，我们还面向大学生量身打造了 IT 技术女神——“播妞学姐”，可提供教材配套源码、习题答案以及更多学习资源。同学们快来关注“播妞学姐”的微信公众号 boniu1024。

“播妞学姐”微信公众号

为教师提供的配套服务

针对高校教学，“黑马程序员”为 IT 系列教材精心设计了“教案+授课资源+考试系统+题库+教学辅助案例”的系列教学资源，高校老师请登录在线平台 http://yx.ityxb.com 进入“高校教辅平台”或关注码大牛老师微信/QQ：2011168841，获取配套资源，也可以扫描下方二维码，加入专为 IT 教师打造的师资服务平台——“教学好助手”，获取最新的教学辅助资源。

“教学好助手”微信公众号

前言

PREFACE

ASP.NET 是.NET Framework 的一部分，是微软公司的一项技术，是一种使嵌入网页中的脚本可由因特网服务器执行的服务器端脚本技术，它可以在通过 HTTP 请求文档时再在 Web 服务器上动态创建它们，全称是 Active Server Pages（动态服务器页面），运行于 IIS（Internet Information Server 服务，是 Windows 开发的 Web 服务器）之中的程序。

本书突破传统教材的写法，在编写方式上做了重大改革，在讲解每章内容时，首先通过【情景导入】模块，带着读者像“读小说”一样掌握本章要实现的案例功能，然后对案例进行分解，每个小节先通过【知识讲解】模块介绍案例中涉及的理论知识，再通过【动手实践】模块分步骤详解实现过程，更有【拓展深化】、【测一测】等模块与读者互动，帮助读者加深对知识的理解。

本教材共分为 7 个章节，接下来分别对每个章节进行简单介绍，具体如下。

- 第 1～2 章主要讲解了 ASP.NET 的基础知识，包括 ASP.NET 项目的创建、IIS 的安装与配置、网页入门、数据库的基本操作以及 ADO.NET 在程序中的使用等。
- 第 3 章主要讲解了一般处理程序使用、ASP.NET 对象的使用，以及使用一般处理程序来完成数据的增删改查等操作。
- 第 4 章主要讲解了在软件开发中最常用三层架构、主要包括三层架构的基本知识、结合案例使用三层架构等。
- 第 5 章主要讲解了基本的 WebForm 控件、Repeater 控件、ListView 控件、图片管理等。
- 第 6 章主要讲解了网站中常用的异步处理技术，包括异步登录、异步分页，以及常用的 jQueryUI 框架等。
- 第 7 章主要讲解了目前企业最常用的 MVC 框架，熟练掌握这些知识可以让读者在实际工作中得心应手。

另外，如果读者在理解知识点的过程中遇到困难，建议不要纠结于某个地方，可以先往后学习，通常来讲，看到后面对知识点的讲解或者其他小节的内容后，前面看不懂的知识点一般就能理解了，如果读者在动手练习的过程中遇到问题，建议多思考，理清思路，认真分析问题发生的原因，并在问题解决后多总结。

致谢

本教材的编写和整理工作由传智播客教育科技有限公司高教产品研发部完成，主要参与人员有徐文海、高美云、陈欢、马丹、韩冬、黄云、马伦、王春生、刘岐，全体人员在这近一年的编写过程中付出了很多辛勤的汗水。除此之外，还有传智播客 600 多名学员也参与到了教材的试读工作中，他们站在初学者的角度对教材提供了许多宝贵的修改意见，在此一并表示衷心的感谢。

意见反馈

尽管我们尽了最大的努力，但教材中难免会有不妥之处，欢迎各界专家和读者朋友们来信来函给予宝贵意见，我们将不胜感激。您在阅读本书时，如发现任何问题或有不认同之处可以通过电子邮件与我们取得联系。

请发送电子邮件至：itcast_book@vip.sina.com

传智播客教育科技有限公司　高教产品研发部

2015 年 5 月 1 日于北京

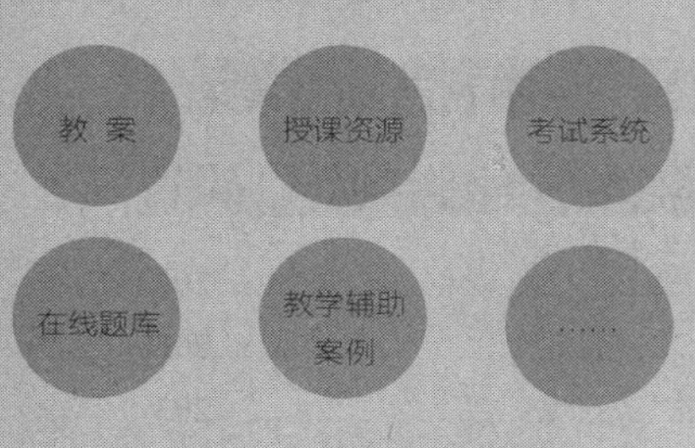

目 录 CONTENTS

PART 1

第 1 章 ASP.NET 基础入门——搭建网站开发环境

学习目标

在开发一个网站之前，首先要选择使用什么技术来开发网站，网站开发完成后如何发布出来，让用户可以访问到。本章学习的 ASP.NET 基础就是来实现使用 ASP.NET 开发 Web 项目并发布项目，在学习过程中需要掌握以下内容。

- 能够创建 ASP.NET 网站项目
- 能够将 ASP.NET 网站发布到 IIS 服务器上
- 能够编写简单的网页页面

情景导入

张孟是一名计算机系软件工程专业的大二学生，这学期软件工程专业开设了 ASP.NET 的课程。张孟对制作网站非常感兴趣，非常想知道如何编写实现网站的代码，如何让自己开发的网站能够被别人访问到，于是他向老师请教了这些问题，老师详细地讲解了 ASP.NET 开发网站项目以及发布项目等流程。听完老师的讲解，张孟对这些知识进行了总结。网站的开发流程如图 1-1 所示。

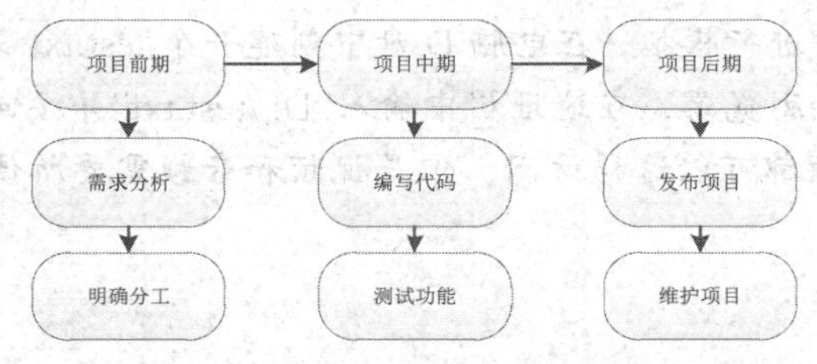

图 1-1　网站开发流程

在图 1-1 所示流程中描述了整个项目开发的所有步骤。通常项目开发都分为 3 个阶段，项目前期需要进行项目功能的需求分析，并根据具体功能来选择相应的技术与人员分配；然后就可以进入项目中期，编写网站的功能代码，同时还需要进行相关的测试以保证功能的完善；最后就可以进入项目后期，将编写完成的项目代码发布到服务器上，并对该项目进行维护，确保项目正常运行。

1.1 ASP.NET 项目创建

ASP.NET 是微软推出的一项基于.NET Framework 平台的 Web 开发技术。在使用 ASP.NET 开发 Web 项目之前，建议先学习 C#语言以及 Visual Studio 开发工具的使用，这样有利于快速地开发 ASP.NET 项目。

【知识讲解】

在开发 ASP.NET 网站之前，初学者有必要了解一些关于 Web 开发的基本知识，学习这些知识有助于初学者对整个项目的理解以及定位，具体讲解如下所示。

1．B/S 架构和 C/S 架构

架构也可以理解为结构，大部分项目开发都可以分为 B/S 架构或 C/S 架构，这里我们学习的 ASP.NET 开发 Web 项目就属于 B/S 架构。B/S 架构和 C/S 架构的具体区别如下所述。

C/S 架构是 Client/Server 的简写，也就是客户端/服务器端的交互。例如：QQ。

B/S 架构是 Browser/Server 的简写，也就是浏览器/服务器端的交互。例如：网页 QQ。

2．静态网页和动态网页

Web 项目一般都包含静态网页和动态网页。如果网站的数据需要经常更新则需要使用动态网页，如新闻、股票等类型的网站；而一些企业宣传网站等一般都是静态网页。它们的具体区别如下所述。

静态网页是指网页内容不会变化，这里的变化是指与服务器不会发生数据交互。

动态网页是指网页的内容会发生改变，会与服务器发生数据交互。

3．URL 地址（网址）

URL 也被称为网址，一个 URL 包含了 Web 服务器的主机名、端口号、资源名以及所使用的网络协议，具体示例如下。

```
http://www.itcast.cn:80/index.html
```

在上面的 URL 中，“http”表示传输数据所使用的协议；“www.itcast.cn”表示要请求的服务器主机名；“80”表示要请求的端口号，此处也可以省略，省略时表示使用默认端口号 80；“index.html”表示要请求的页面，也可以是其他的资源，如视频、音频、文件等。

讲解：用浏览器访问电脑上的文本、图片和音频

其实使用浏览器访问网页的本质就是通过网络访问网络服务器上的文件。现在通过浏览器访问自己电脑上的文件进行模拟，在电脑 D 盘中创建一个 test.txt 文件，在该文件中写入文字“传智播客”，然后打开浏览器，在地址栏中输入“D://test.txt”并按回车键，就可以看到文字内容，图片、视频和音频都可以这样访问，但是视频和音频需要所使用的浏览器安装了相应的插件。

【动手实践】

在学习开发一个完整的 Web 项目之前，先来熟悉一下它的开发工具 Visual Studio 2013，下面就以一个最简单的 HelloWorld 程序为例来讲解一下使用方法，大家一起动手练练吧！

1．新建项目

打开 Visual Studio 2013 开发工具，在菜单栏中选择【文件】→【新建】→【项目】命令，如图 1-2 所示。

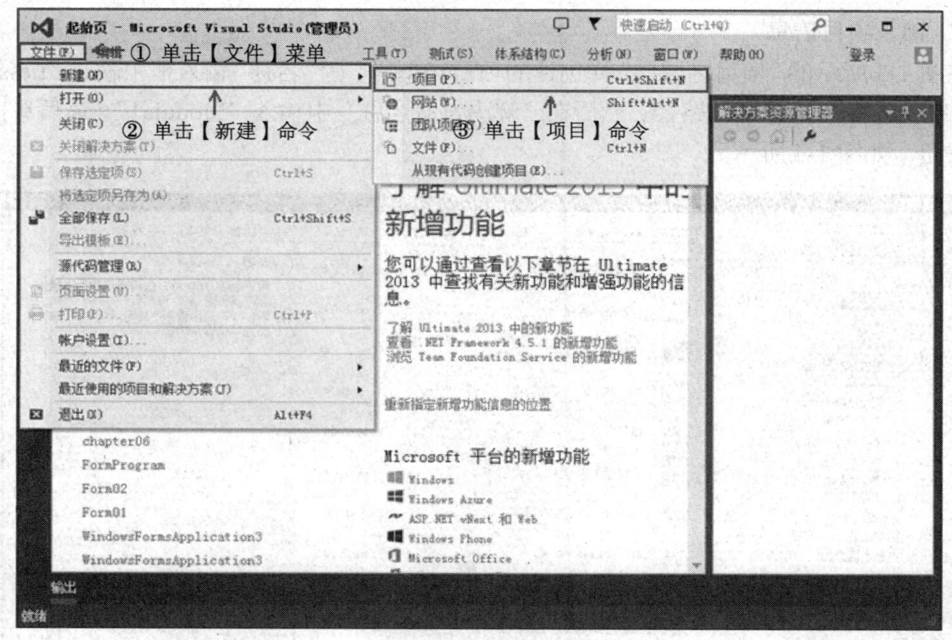

图 1-2 新建项目

2．选择项目类型

单击图 1-2 所示的【项目】命令后弹出“新建项目”窗口，在“新建项目”窗口左侧的“模板区域”中选中【Visual C#】节点，并在中间的“项目区域”面板中选择【ASP.NET Web应用程序】，如图 1-3 所示。

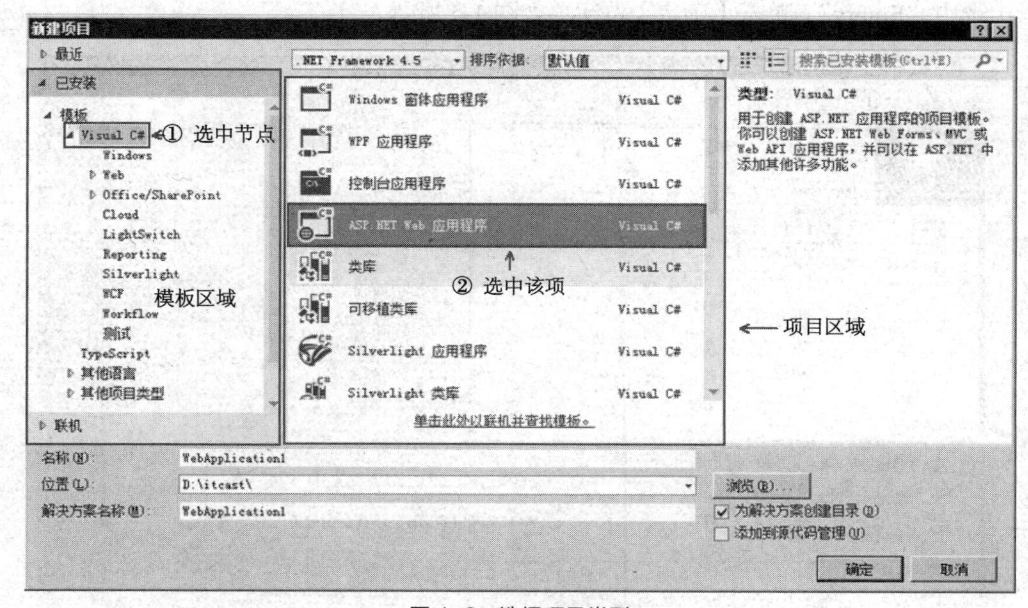

图 1-3 选择项目类型

讲解：解决方案和项目的关系

解决方案和项目的关系就如同文件夹和文件的关系，一个解决方案可以包含多个项目。

3．输入项目信息

在图 1-3 所示的"项目区域"选择创建的项目类型后，在"名称"输入框中输入"Lesson1"，单击【浏览】按钮选择存储路径，然后在"解决方案名称"中输入"Module1"，最后单击【确定】按钮，如图 1-4 所示。

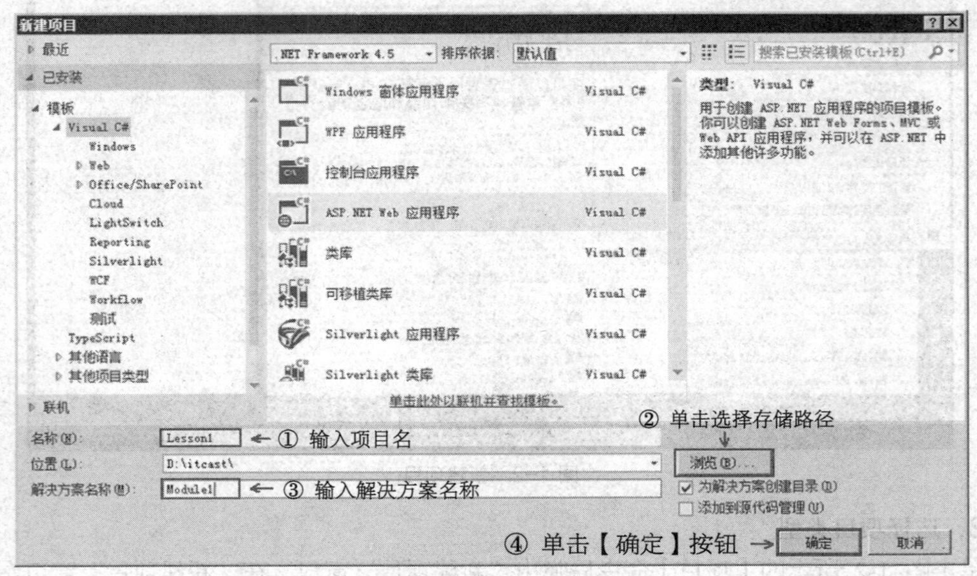

图 1-4 输入项目信息

单击图 1-4 所示的【确定】按钮后，弹出用于选择模板的对话框，在对话框的"模板面板"中选中"Empty"，单击【确定】按钮，如图 1-5 所示。

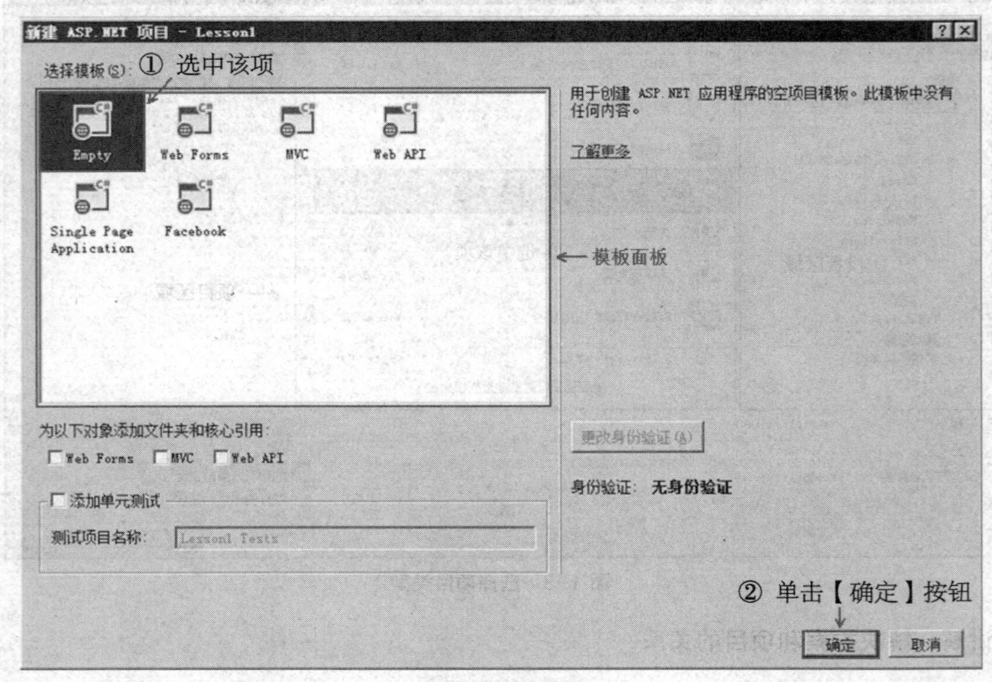

图 1-5 选择模板

4. 添加新建项

单击图 1-5 所示的【确定】按钮后，进入 Visual Studio 开发工具的主界面，在“解决方案资源管理器”面板中可以找到“Module1”解决方案，在该解决方案下即为创建的“Lesson1”项目，如图 1-6 所示。

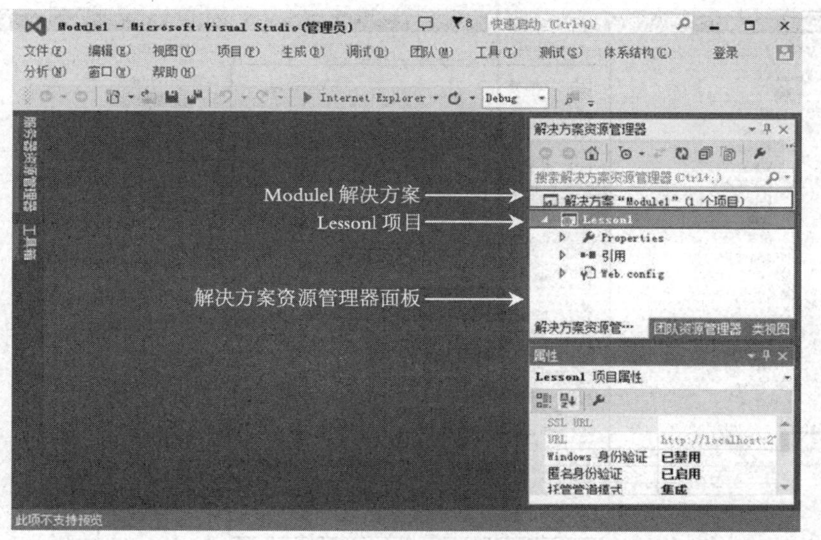

图 1–6　项目窗口

提示：在 Visual Studio 中如果“解决方案资源管理器”或“属性”等面板被关闭，可以通过单击 Visual Studio 菜单栏中的【窗口】→【重置窗口布局】命令，或者单击菜单栏中的【视图】命令并选择需要在 Visual Studio 界面中显示的面板。

在“Lesson1”项目上单击鼠标右键，在弹出的菜单中选择【添加】→【新建项】命令为 Lesson1 项目添加页面文件，如图 1-7 所示。

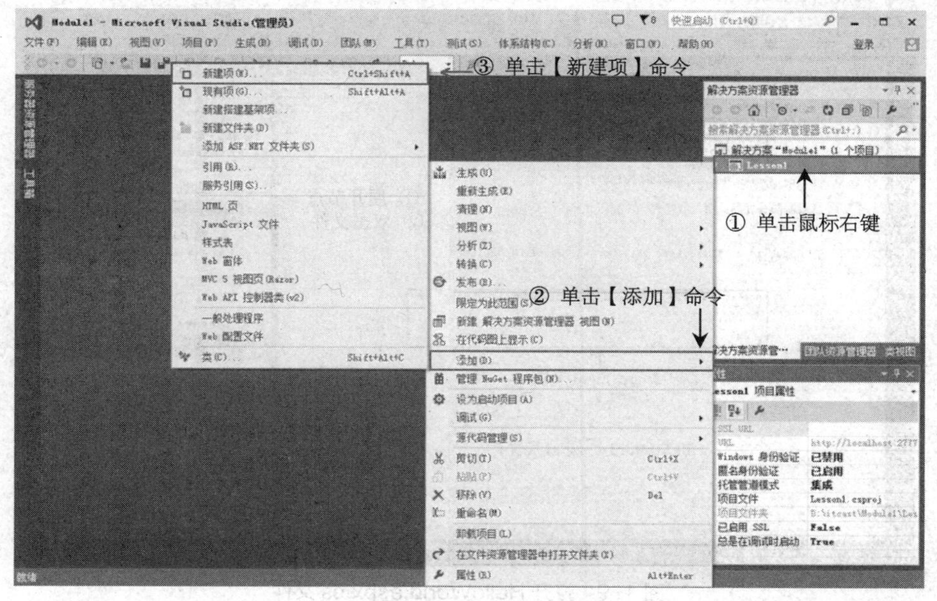

图 1–7　添加文件

5．设置文件信息

单击图 1-7 所示的【新建项】命令后，弹出“添加新项”的窗口，在该窗口的文件类型面板中选中【Web 窗体】，在“名称”输入框中输入“HelloWorld.aspx”，单击【添加】按钮，如图 1-8 所示。

图 1-8　设置文件信息

6．打开文件

单击图 1-8 所示的“添加”按钮后，文件添加完成。展开“HelloWorld.aspx”文件节点，双击“HelloWorld.aspx.cs”文件即可打开该文件，如图 1-9 所示。

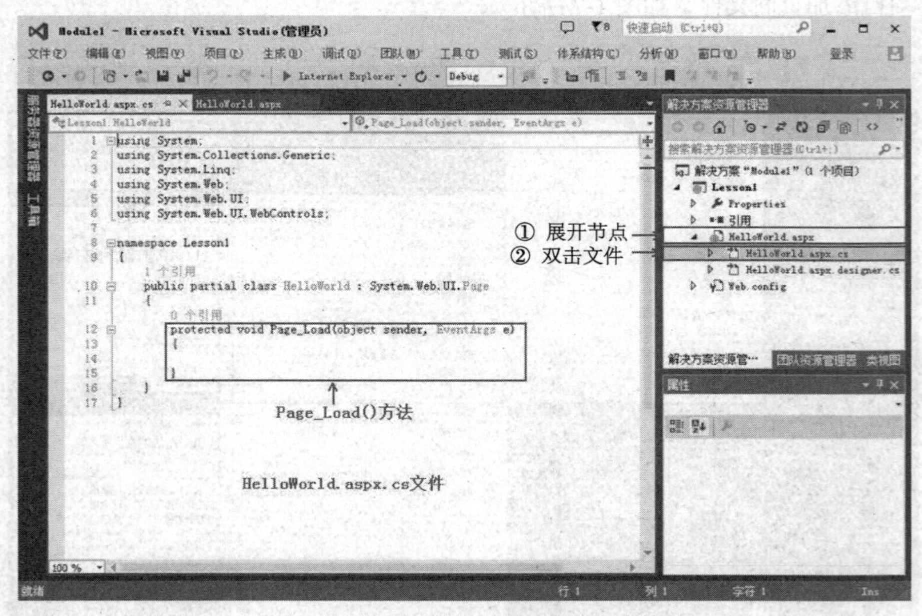

图 1-9　打开 HelloWorld.aspx.cs 文件

讲解：文件的用途

创建一个 Web 窗体文件后，该文件包含三部分，其中后缀为“.aspx”的文件用于编写页面展示和布局代码，后缀为“.aspx.cs”的文件用于编写对应的逻辑代码。后缀为“.aspx.designer.cs”的文件为窗体文件的说明。

根据上述步骤打开 HelloWorld.aspx.cs 文件后，如图 1-9 所示，可以看到程序创建完成后就会自动生成一段程序代码，代码解释如图 1-10 所示。

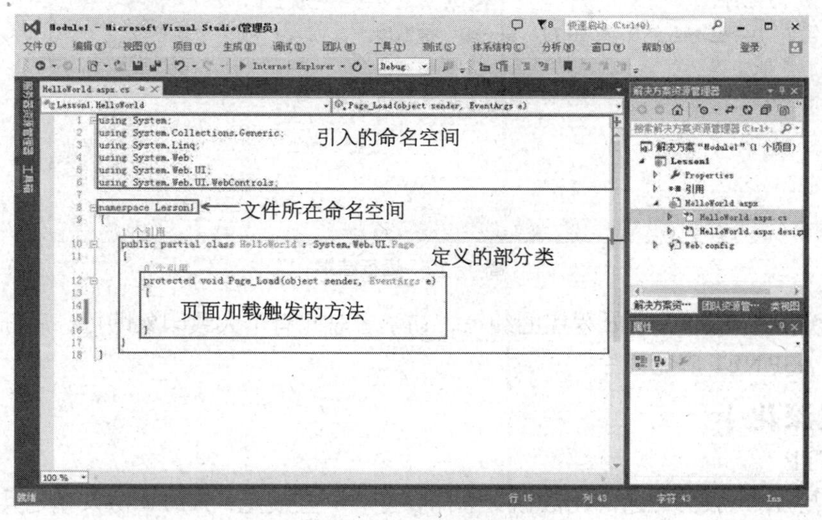

图 1-10　解释代码

提示： using 关键字用于引用命名空间，namespace 是定义命名空间的关键字。所有代码必须写在定义命名空间的{}内。

7．编写逻辑代码

如图 1-10 所示，找到 Page_Load()方法，该方法在页面加载时被调用。在该方法中编写向页面发送一个“HelloWorld!”字符串的代码，具体代码如图 1-11 所示。

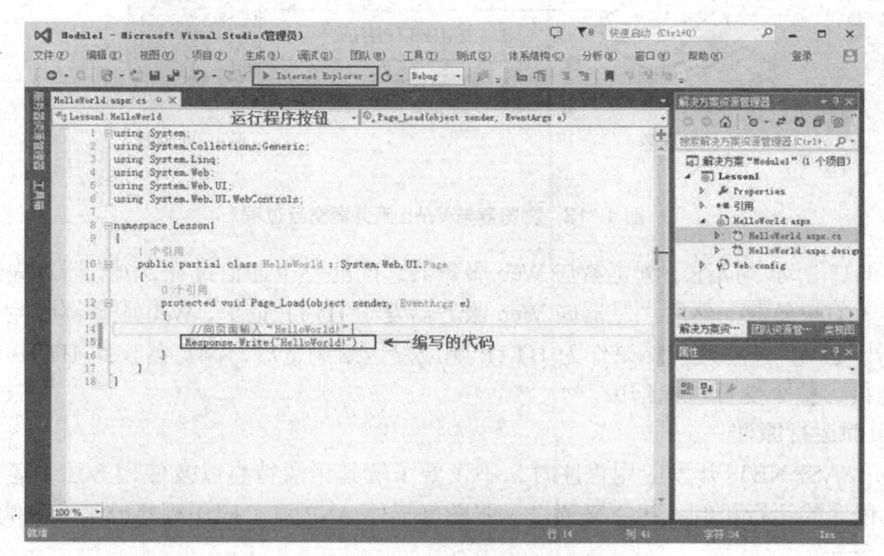

图 1-11　编写代码

提示：程序中的空格、括号、分号等必须采用英文半角格式。

8．运行程序

在 Visual Studio 中完成代码的编写后，就可以单击图 1-11 所示的工具栏中【▶Internet Explorer】按钮或者使用键盘上的快捷键 F5 运行程序，程序的运行结果如图 1-12 所示。

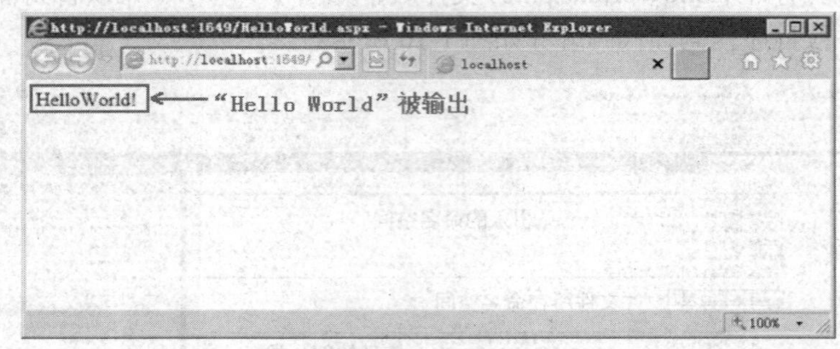

图 1-12　运行结果

至此便完成了 HelloWorld 程序的编写，初学者对此有个大致印象即可，后面将会继续讲解如何编写 ASP.NET 应用程序。

【拓展深化】

1．HTTP

浏览器与 Web 服务器之间的数据交互需要遵守一些规范，HTTP 协议就是其中的一种规范，它是 Hypertext Transfer Protocol 的缩写，称为超文本传输协议。HTTP 协议是由 W3C 组织推出的，它专门用于定义浏览器与 Web 服务器之间交换数据的格式。为了熟悉 HTTP 协议的用途，接下来通过一个图例来描述浏览器与 Web 服务器之间使用 HTTP 协议实现通信的过程，如图 1-13 所示。

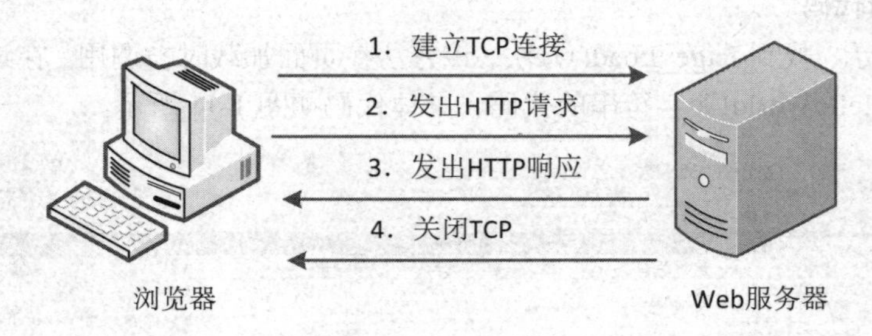

图 1-13　浏览器与 Web 服务器交互过程

如图 1-13 所示，描述了浏览器与 Web 服务器之间的整个通信过程，浏览器首先会与 Web 服务器建立 TCP 连接，然后浏览器向 Web 服务器发出 HTTP 请求，Web 服务器收到 HTTP 请求后会做出处理，并将处理结果作为 HTTP 响应发送给浏览器，浏览器收到 HTTP 响应后关闭 TCP 连接，整个交互过程结束。

2．页面运行原理

在使用 ASP.NET 开发应用程序时，不仅要了解其语法特点以及使用方法，还需要了解 ASP.NET 程序的运行机制，接下来通过一张图来描述 ASP.NET 应用程序的请求和响应过程，如图 1-14 所示。

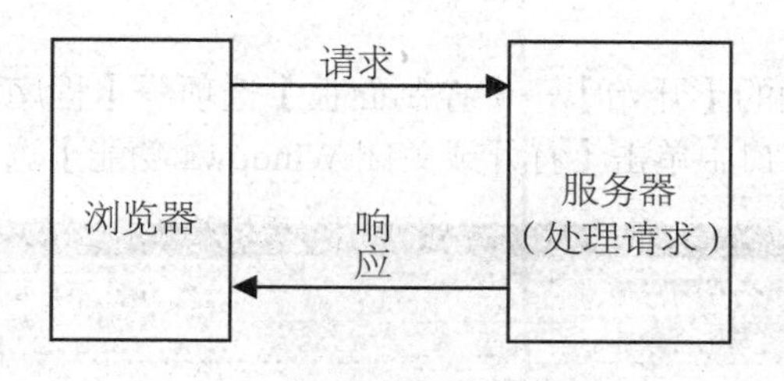

图 1-14　ASP.NET 请求响应过程

从图 1-14 中可以看出，ASP.NET 应用程序的执行分为 3 个步骤，即用户发送请求、服务器处理请求、响应请求。当用户在客户端浏览器发送请求时，如用户注册、留言等，服务器接收到请求后，会将请求做出处理，处理完相关数据后，将处理的响应结果返回到浏览器端。

测一测

学习完前面的内容，下面来动手测一测吧，请思考以下问题。

1. 浏览器和 Web 服务器是如何建立连接的？
2. 如何理解 TCP 三次握手的含义及过程？

扫描右方二维码，查看【测一测】答案！

1.2　IIS 安装与配置

IIS 是微软提供的一个服务器软件，它内置在 Windows 操作系统中，该服务器软件用于提供 Web 发布功能，在本教材中提到的服务器就是指 IIS。

【知识讲解】

1．服务器的概念

IIS 也可以理解为一个可以发布网站的软件，但是这个软件有点特殊，就像 IE 浏览器一样被集成在 windows 系统中了。在实际环境中，服务器由硬件主机、操作系统、服务器发布软件组成，而发布网站通常都需要使用到数据库，所以常见服务器结构如下所述。

（1）主机+Windows Server+IIS+SQLServer

（2）主机+Linux+Apache+MySql

2．网站发布流程

一般开发完网站之后除了发布到本地的 IIS 上进行测试外，为了保证该网站能够长期稳定地被用户访问，需要将网站发布到服务器上，很多服务器提供商已经帮我们搭建好了环境，我们只需要购买一个域名（就是网站的网址）和一个空间（就是存放网站文件的地方），购买完成后会得到一个账号和密码，到相关网址登录后进行网站文件的上传、配置和发布等操作，这样用户就可以在互联网上访问到该网站了。

【动手实践】

在使用 ASP.NET 开发完一个 Web 项目时都会将这个项目发布到 IIS 上运行，查看运行效果。但在发布项目之前需要进行 IIS 的安装和配置，由于 IIS 是内置在 Windows 系统中的，不需要下载，只需要安装一下即可使用，大家一起动手练练吧！

1．IIS 的安装

单击桌面系统左下角的【开始】→【控制面板】选项→【程序和功能】命令，弹出“程序和功能”窗口，在该窗口中单击【打开或关闭 Windows 功能】选项，如图 1-15 所示。

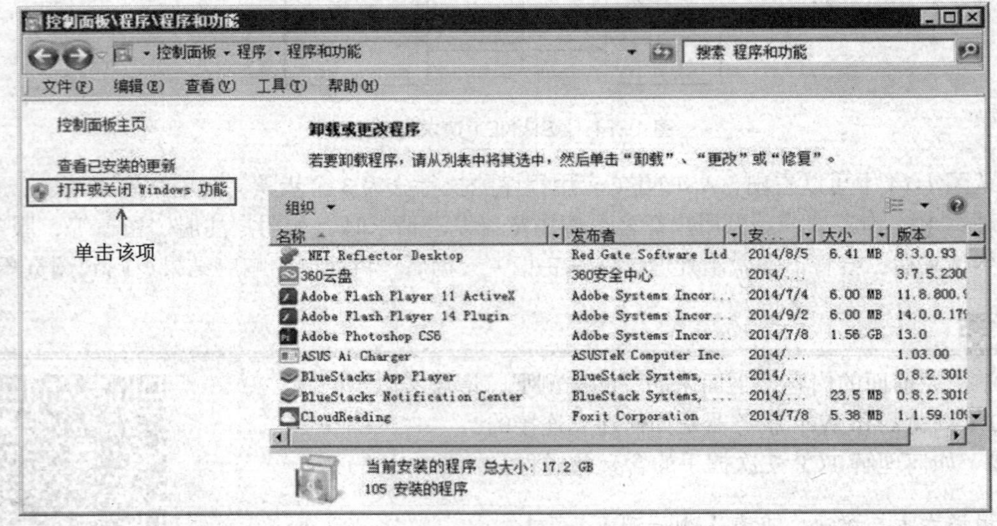

图 1-15 “程序和功能”窗口

单击图 1-15 所示的【打开或关闭 Windows 功能】选项后，弹出“Windows 功能”对话框，在对话框中展开【Internet 信息服务】节点，选中【FTP 服务器】、【Web 管理工具】、【万维网服务】3 个选项下的所有子项，最后单击【确定】按钮，如图 1-16 所示。

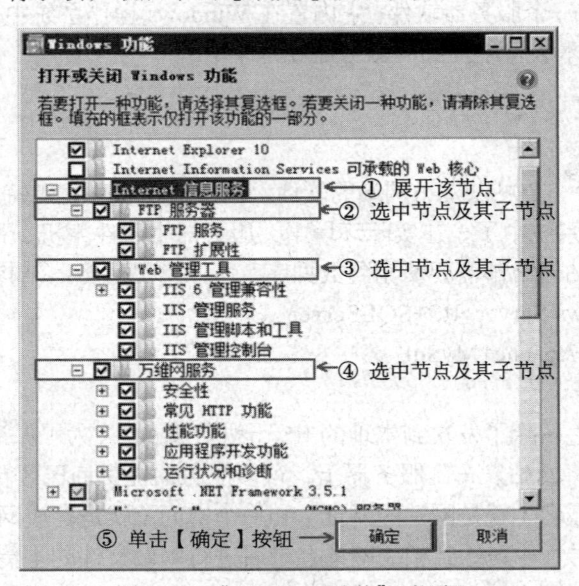

图 1-16 “Windows 功能”对话框

单击图 1-16 所示的【确定】按钮后等待安装，安装成功后打开 IE 浏览器，在地址栏中输入“http://localhost/”并按回车键，浏览器页面中显示“IIS7”的图则说明 IIS 安装成功，如图 1-17 所示。

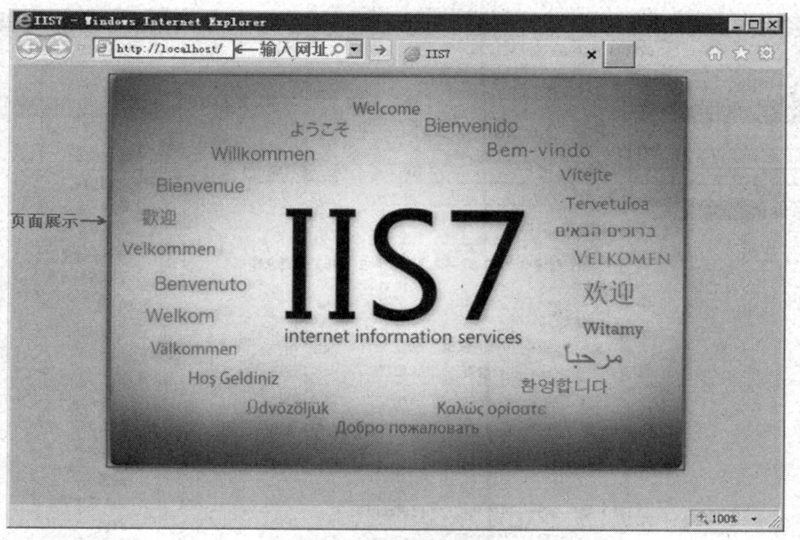

图 1-17　IIS 安装成功

讲解：Loacalhost 的含义

Loacalhost 的含义是指“本地主机”，用于测试网络回路接口，对应的 ip 地址为“127.0.0.1”。

2．IIS 的配置

在 C 盘的根目录下创建一个名为“Itcast”的文件夹，然后单击【开始】→【控制面板】→【系统和安全】→【管理工具】命令，弹出“管理工具“对话框，在该对话框中双击【Internet 信息服务（IIS）管理器】选项，如图 1-18 所示。

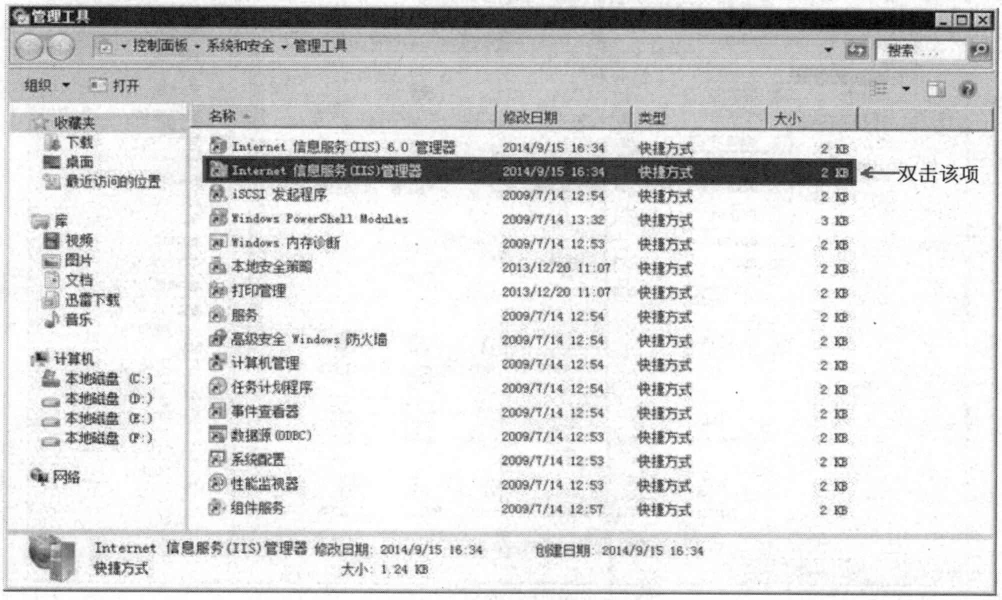

图 1-18　“管理工具”对话框

双击图 1-18 所示的【Internet 信息服务（IIS）管理器】选项后进入该管理器界面，依次展开根节点和【网站】节点，如图 1-19 所示。

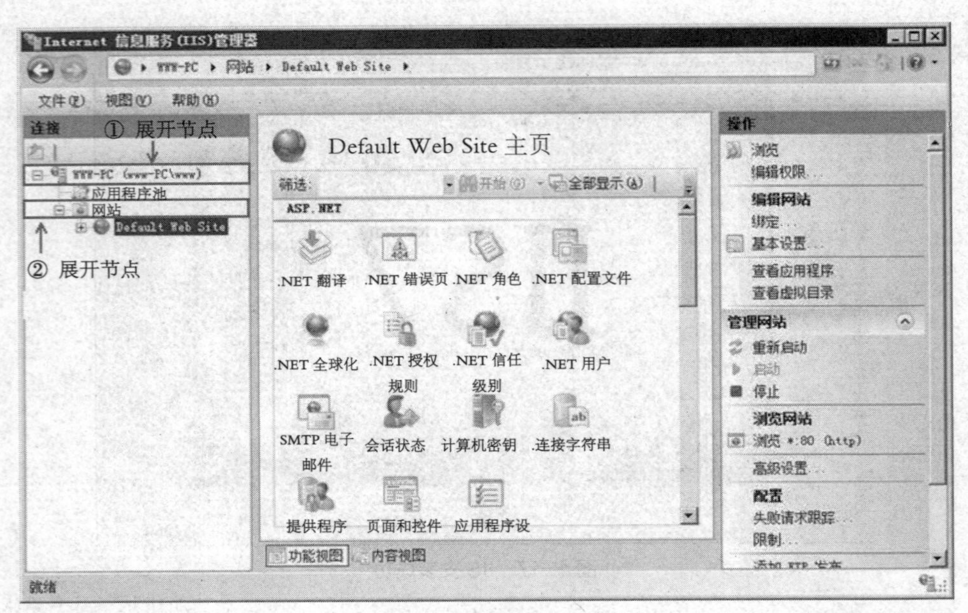

图 1-19 展开节点

将【网站】节点展开后，选中【Default Web Site】节点并单击鼠标右键，在弹出的菜单中单击【添加虚拟目录】命令，如图 1-20 所示。

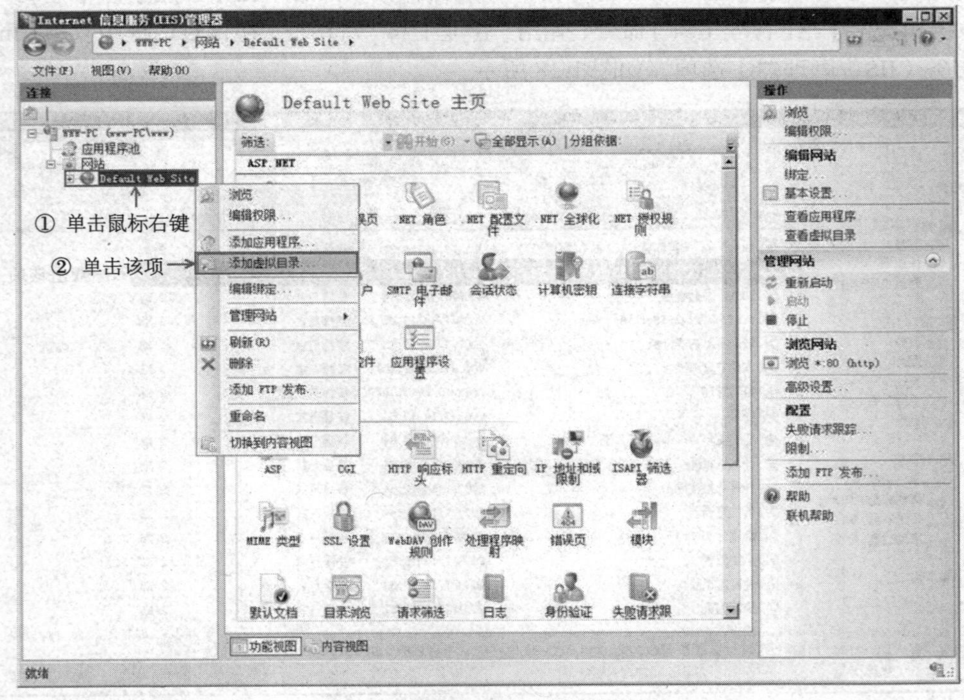

图 1-20 Internet 信息服务管理器

如图 1-20 所示，单击【添加虚拟目录】的命令后，弹出如图 1-21 所示的“添加虚拟目录”对话框，在“别名”输入框中输入“Itcast”，物理路径选择上述创建的“Itcast”文件夹的路径，并单击【确定】按钮，如图 1-21 所示。

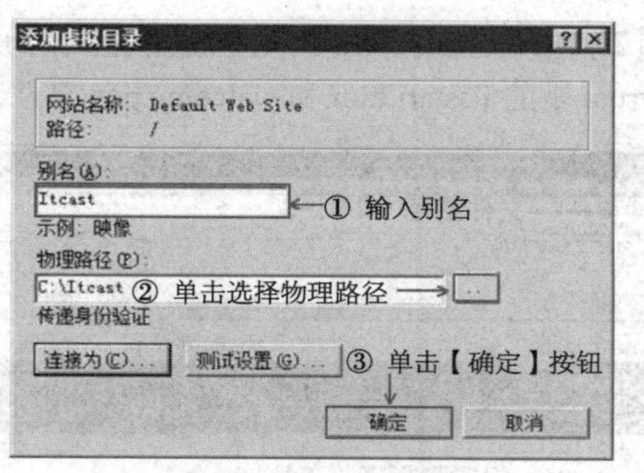

图 1-21 “添加虚拟目录”对话框

单击图 1-21 所示的【确定】按钮后，在“Internet 信息服务（IIS）管理器”窗口的目录树中选中【应用程序池】单击鼠标右键，并单击【添加应用程序池】命令，如图 1-22 所示。

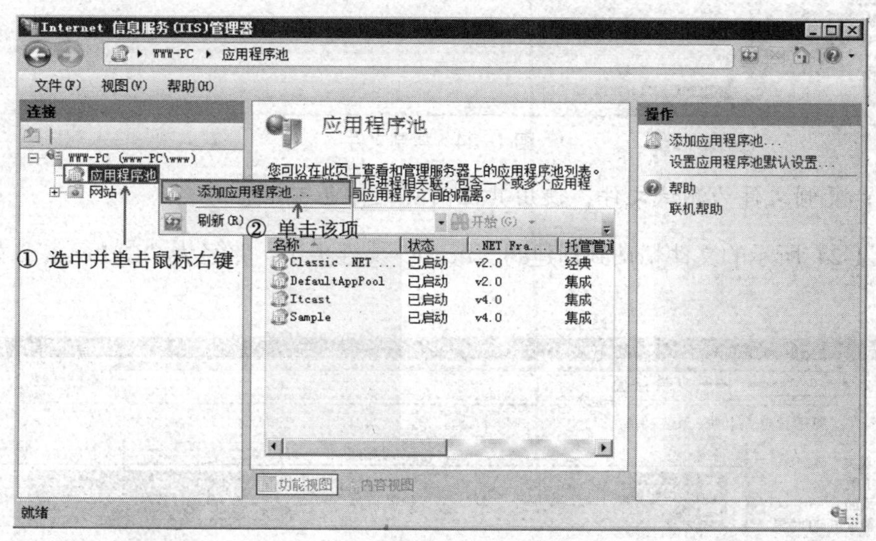

图 1-22 添加应用程序池

如图 1-22 所示，单击【添加应用程序池】命令后，弹出设置应用程序池信息的对话框，在该对话框的“名称”输入框中输入“Itcast”，在“.NET Framework 版本”下拉列表框中选择【.NET Framework v4.0.30319】，在“托管管道模式”下拉列表框中选择【集成】，最后单击【确定】按钮，如图 1-23 所示。

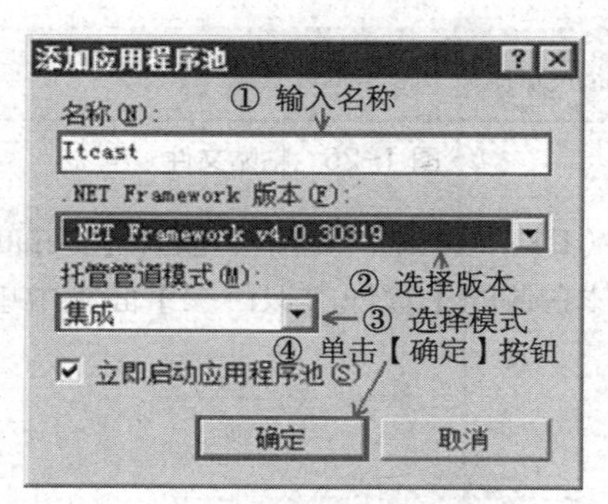

图 1-23 设置应用程序池信息

单击图 1-23 所示的【确定】按钮后，IIS 的配置就完成了。为了验证 IIS 是否配置成功，复制目录 C:\inetpub\wwwroot 下的 iisstart.htm 和 welcome.png 文件，如图 1-24 所示。

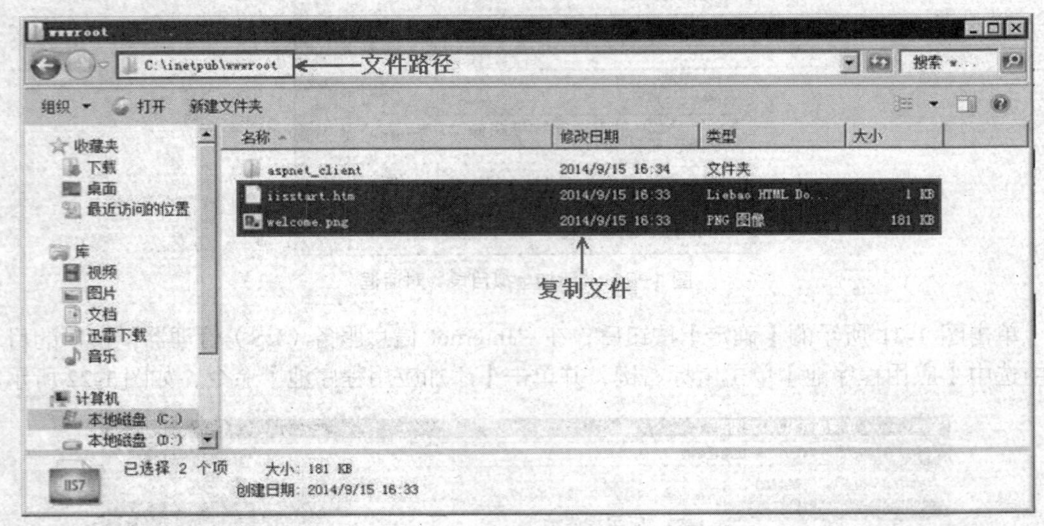

图 1-24　复制文件

提示：复制文件为测试文件，使用其他网页文件也可以。

将图 1-24 所示的文件粘贴到创建的“Itcast”文件夹下，路径为“C:\Itcast”，如图 1-25 所示。

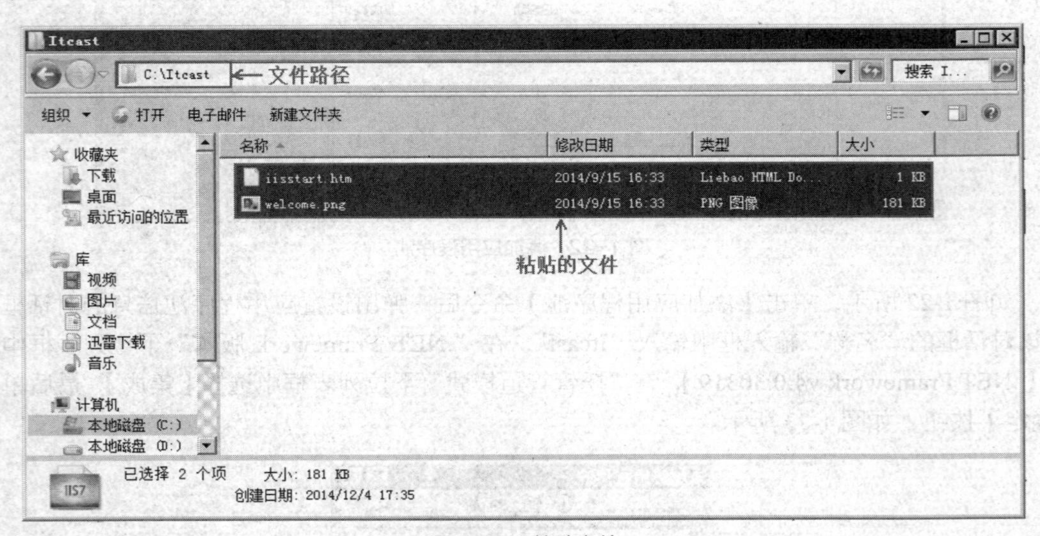

图 1-25　粘贴文件

回到“Internet 信息服务（IIS）管理器”窗口，展开【Default Web Site】节点并双击该节点下的【Itcast】节点，在窗体右侧的【管理虚拟目录】面板中单击【浏览*：80（http）】项，如图 1-26 所示。

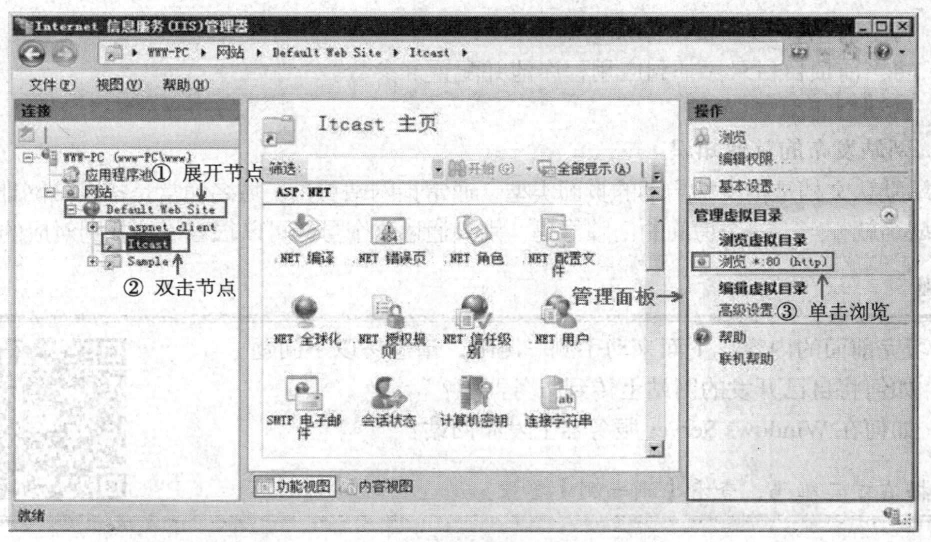

图 1-26　单击浏览项

单击图 1-26 所示的【管理虚拟目录】面板下的【浏览*：80（http）】项即可运行当前网站，运行结果如图 1-27 所示。

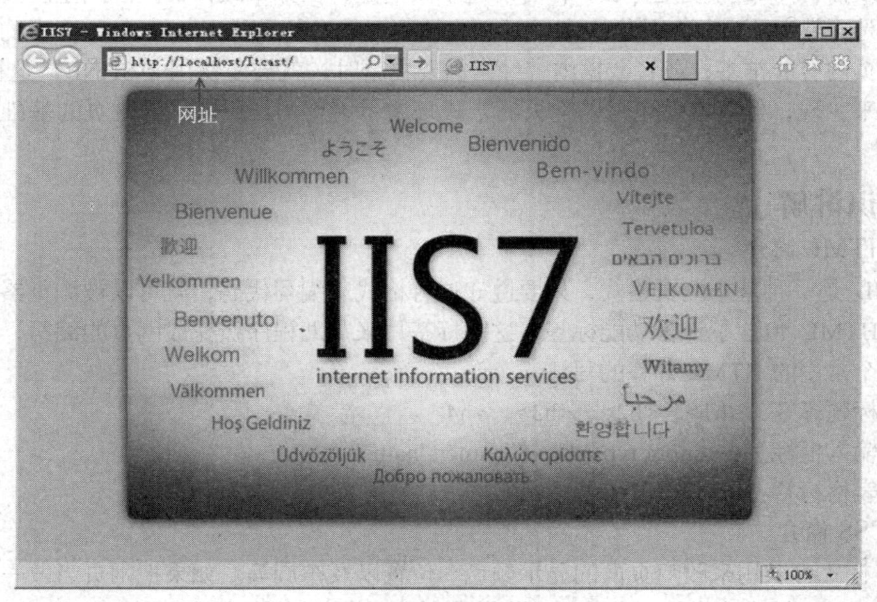

图 1-27　配置成功

如图 1-27 所示，IIS 已经配置成功了，图中的网址 http://localhost/Itcast/即为配置的 Itcast 目录，而当前网页为默认的启动页面。

【拓展深化】

1. IIS 发布基本流程

在 Web 项目的实际发布过程中，还可能需要配置一些其他的东西，例如设置网站默认文档类型、域名、端口等，这些参数的设置都是通过在“Internet 信息服务（IIS）管理器”中进行配置，接下来给大家总结一下通过 IIS 发布 Web 项目以及配置参数的操作流程。

① 将当前 Web 项目目录添加到虚拟目录中。

② 将当前项目目录添加到应用程序池并配置好参数。

③ 启动页面浏览。

2．网站发布的其他知识

网站默认文档是指网站启动的页面类型，通常指网站首页。域名通常是指网站网址，通俗地说，域名就相当于一个房间的门牌号码，别人通过这个号码可以很容易地找到对应的房间。

测一测

学习完前面的内容，下面来动手测一测吧，请思考以下问题。

1. 如何将自己开发的网站上传到服务器上？
2. 如何在 Windows Server 服务器上发布网站？

扫描右方二维码，查看【测一测】答案！

1.3 网页入门

如果跟你讲 Web 开发是什么，你可能还不太清楚，但如果跟你讲上网浏览网页，那对于大家来说是再熟悉不过了。其实大家平时浏览的网页很多都是使用 ASP.NET 开发的，当一个网站的网页内容非常多，或者数据内容经常需要更新时，就需要使用 ASP.NET 这样的 Web 开发技术来实现，但其本质还是以网页的方式来展示给用户，所以学好网页的基础知识是很重要的。

【知识讲解】

1．HTML 简介

HTML 是一种基本网页格式，只要遵守这种格式来编写代码，就可以被浏览器正常解析并显示。HTML 包含了许多功能标签，这些标签用来帮助程序员完成网页的编写，接下来演示一下几个常用的 HTML 标签的写法。

（1）标题标签：<h1>、<h2>、<h3>、<h4>。

（2）输入框标签：<input type="text" name="name" />。

（3）表格标签：<table>、<tr>、<td>。

2．CSS 简介

CSS 样式可以用来改变页面的显示颜色、位置以及布局等。如果把网页当做一张白纸，HTML 则可以理解为画素描，CSS 可以理解为填充颜色。CSS 的常见功能是用于控制 HTML 标签的颜色、间距、位置、字体等，CSS 示例代码如下所示。

```
body {
    background-color: #218b57;  //背景颜色
    text-align: center;         //文字对齐方式
    font-weight: bold;         // 文字加粗
}
```

3．JavaScript 简介

JavaScript 是一种可以与网页进行简单交互的脚本语言。一般浏览器端与服务器进行交互都需要通过发送请求到服务器来进行处理，并将处理后的结果返回给客户端浏览器，但是当访问量太大时就会给服务器造成压力，因此为了减轻服务器的压力，某些简单的功能就可以在客户端通过 JavaScript 来进行处理。例如登录时验证用户是否输入用户名和密码或注册时验证输入的年龄是否符合要求并弹出提示框等，接下来通过一段 JavaScript 代码来演示弹出一个对话框的功能，具体示例代码如下所示。

```
<script type="text/javascript">
        function Login_onclick() {
            alert("登录成功");
        }
</script>
```

【动手实践】

开发 Web 项目包括两部分，其中一部分是后台开发，即编写程序的逻辑和数据处理的代码，另一部分是前台开发，即编写网页的页面效果。这里所学习的开发 ASP.NET 项目所使用的后台开发语言为 C#，而前台开发所使用的是 HTML、CSS 和 JavaScript，接下来通过 HTML、CSS 和 JavaScript 来模拟一个登录功能，大家一起动手练练吧！

1．创建 HTML 代码

在电脑上新建一个名为“helloworld”的文本文档，打开该文本文档，并在文档中写入如图 1-28 所示的内容。

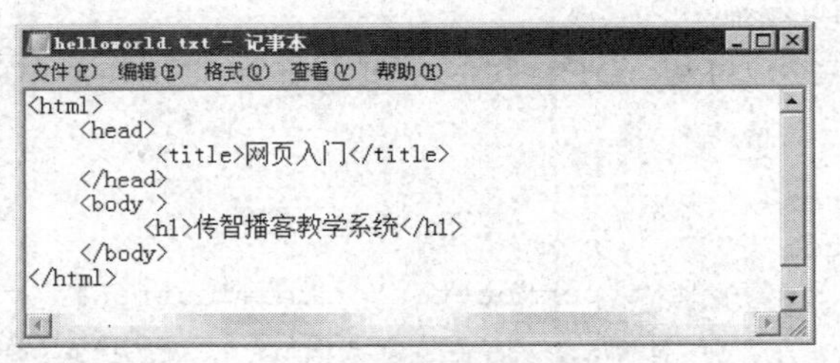

图 1-28　HTML 结构

将 helloworld.txt 文件的后缀名修改为 html，重命名后的文件名称为“helloworld.html”，双击打开该文件，效果如图 1-29 所示。

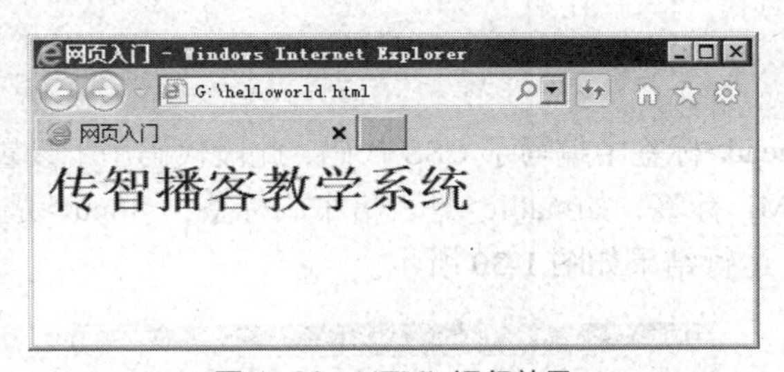

图 1-29　HTML 运行效果

提示： 文件后缀为“.html”表示以网页的形式打开。

如图 1-28 所示，描述的是 HTML 的基本结构，只有写成这种格式才能被浏览器正确地显示出来，其中标签<h1>表示一级标题。

2．添加 CSS 样式

HTML 代码是将内容在网页上展现出来，但是将大量的文字和图片等内容放在一起不利于用户浏览，为了解决这一问题，可以将页面中的内容使用 CSS 来设置样式和布局，就可以改变页面的展示效果，使用 CSS 设置样式和布局的具体代码如下所示。

```
<html>
<head>
    <title>网页入门</title>
    <style>
        body {
            background-color: #218b57;
            text-align: center;
            font-weight: bold
        }
    </style>
</head>
<body>
    <h1>传智播客教学系统</h1>
    <center>
        <table>
            <tr>
                <td>用户名：</td>
                <td><input type="text" name="text1" /></td>
            </tr>
            <tr>
                <td>密码：</td>
                <td><input type="password" name="password1" /></td>
            </tr>
            <tr>
                <td></td>
                <td>
                    <input type="button" name="button1" value="登录"
                                        onclick="Login_onclick()" />
                    <input type="button" name="button2" value="取消" />
                </td>
            </tr>
        </table>
    </center>
</body>
</html>
```

在上述代码中，<head>标签中编写了 CSS 代码，此段代码用于设置 body 的样式。该页面中还包含了大量的 HTML 标签，如<table>是表格布局标签，<input>是【登录】和【取消】按钮标签。打开该页面，运行结果如图 1-30 所示。

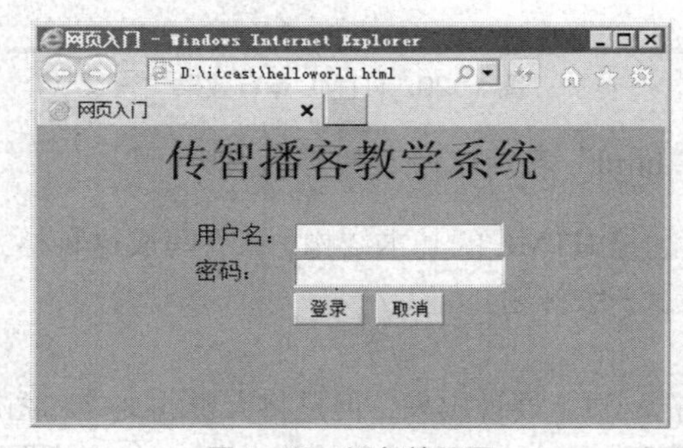

图 1-30　运行效果图

3．添加 JavaScript 脚本

在使用 CSS 为页面设置样式后，登录页面变得更加美观了，下面使用 JavaScript 来实现与页面的简单交互功能，具体代码如下所示。

```
<html>
<head>
    <title>网页入门</title>
    <style type="text/css">
        body {
            background-color: #218b57;
            text-align: center;
            font-weight: bold"
        }
    </style>
    <script>
        function Login_onclick() {
            alert("登录成功");
        }
    </script>
</head>
<body>
    <h1>传智播客教学系统</h1>
    <center>
        <table>
            <tr>
                <td>用户名：</td>
                <td><input type="text" name="text1" /></td>
            </tr>
            <tr>
                <td>密码：</td>
                <td><input type="password" name="password1" /></td>
            </tr>
            <tr>
                <td></td>
                <td>
               <input type="button" name="button1" value="登录"
                                   onclick="Login_onclick()" />
               <input type="button" name="button2" value="取消" />
                </td>
            </tr>
        </table>
    </center>
</body>
</html>
```

上述代码实现了一个登录成功后弹出提示框的效果。要实现这个效果，首先在 head 标签中添加一对 script 标签，然后再使用 function 定义一个方法，在方法中通过 alert()函数弹出提示框，最后在登录按钮上添加 onclick 事件调用方法。运行页面，在该页面中输入用户名为“itcast”及密码为“123456”，并单击【登录】按钮，运行结果如图 1-31 所示。

提示：onclick 属性表示单击按钮执行某一操作，该属性的值表示单击时调用 JavaScript 代码中函数名与属性值一致的函数。

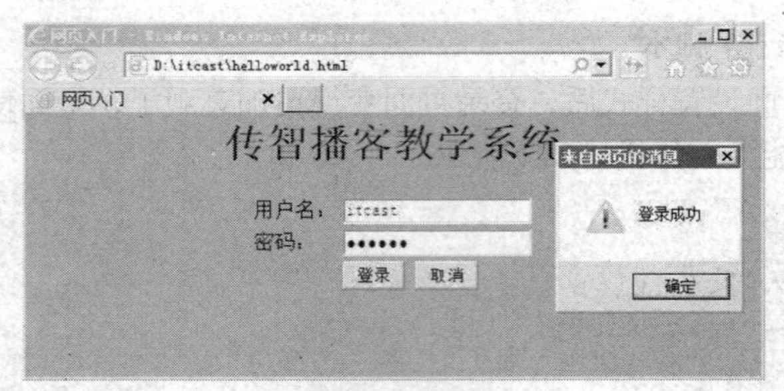

图 1-31　运行结果

当用户填写完用户名和密码后，单击【登录】按钮时调用 JavaScript 代码中的 Login_onclick()函数，弹出“登录成功”的对话框。

【拓展深化】

1．HTML 常用标签

（1）input 标签在实际开发中使用得非常频繁，通过修改 type 属性的值可以指定显示类型，例如 text 表示文本框、button 表示按钮、password 表示密码框，具体示例代码如下所示。

```
<input type="text" name="name2"/>
<input type="password" name="name3"/>
<input type="button" name="name1"/>
```

（2）table 标签用来表示表格效果，其中 tr 表示行，td 表示列，具体示例代码如下所示。

```
<table>
    <tr>
        <td>第 1 行第 1 列</td>
        <td>第 1 行第 2 列</td>
    </tr>
</table>
```

2．CSS 样式的几种写法

（1）内联方式是指将 CSS 样式写入到 HTML 标签内部，该种写法只能控制当前标签的样式效果，具体示例代码如下所示。

```
<h1 style="font-size:20px; color:red;">内联样式写法</h1>
```

（2）内嵌样式是指将 CSS 样式单独放到 head 标签中，通过使用 style 标签来标识样式效果，具体示例代码如下所示。

```
<style type="text/css">
    body {
            background-color: red;
    }
</style>
```

（3）链入方式是指将 CSS 样式单独放到一个文件中，然后在页面代码中引用这个文件。这样将 HTML 代码与 CSS 代码分离开来，使页面变得简洁、代码编写变得灵活，具体示例代码如下所示。

```
<head>
     <link href="css 文件路径" type="text/css" rel="stylesheet" />
</head>
```

提示：添加 CSS 样式文件引用的方式是，直接在项目中找到需要引用的 CSS 文件，并将文件拖曳到需要添加样式引用的页面。

3．JavaScript 的使用

（1）通过 JavaScript 向页面写入 HTML 标签。

```
document.write("<h1>This is a heading</h1>");
```

上述代码需要写在 head 中的 script 标签中，用于将中间的 HTML 字符串写入到页面中并显示标题效果。

（2）通过 JavaScript 对事件作出反应。

```
<input type="button" value="单击这里" onclick="alert('Welcome!')"/>
```

上述代码中，onclick 属性需要写在页面需要处理事件的标签中，执行相关的函数来实现各种效果，例如 alert()方法用于在页面中弹出一个提示框。

（3）通过 JavaScript 改变 HTML 的内容。

```
x = document.getElementById("demo");  //查找元素
x.innerHTML = "Hello JavaScript";    //改变内容
```

上述代码中实现了通过 JavaScript 代码向页面中写入一行文本的功能。其中，document 表示文档对象，通过 getElementById()方法来获取 HTML 标签的 demo 元素，并使用 innerHTML 属性将文本设置到该标签上。

测一测

学习完前面的内容，下面来动手测一测吧，请思考以下问题。

1. 如何使用 JavaScript 实现按钮的事件注册？
2. 如何使用 CSS 代码设置页面的背景图片？

扫描右方二维码，查看【测一测】答案！

1.4 本章小结

【重点提炼】

本章以 HelloWorld 项目的创建与发布以及登录界面代码的编写为引导，讲解了一系列开发 ASP.NET 项目所需要掌握的基本知识。其中，重点讲解了 ASP.NET 项目的创建、IIS 的配置以及网页入门知识，这些内容中主要包含如表 1-1 所示的知识点。

表 1-1　第 1 章重点内容

小节名称	知识重点	案例内容
1.1 小节	B/S 架构和 C/S 架构、静态网页和动态网页	ASP.NET 项目的创建
1.2 小节	网站发布流程	IIS 的安装与部署
1.3 小节	HTML、CSS、JavaScript	编写登录界面

PART 2

第 2 章 ADO.NET ——将数据显示到界面上

学习目标

一个网站最重要的作用就是展示数据，本章学习的 ADO.NET 就是用来实现在网站中展示数据库中数据的功能，在学习过程中需要掌握以下内容。

- 能够进行数据的增、删、查、改操作
- 能够在程序中使用 ADO.NET 对象操作数据库
- 能够封装 SQLHelper 工具类并在程序中使用

情景导入

张三是一家电子商务公司的网站开发人员。马上要到“双十一”购物狂欢节了，为了刺激用户消费，经理要求张三在商品展示的网页中实时显示消费者抢购 NB 牌手机的数量和抢购者的用户名。张三分析了经理的要求，就是将数据库中记录的销量数据和用户数据展示到网页上。使用 ADO.NET 就可以实现这个功能，实现步骤如图 2-1 所示。

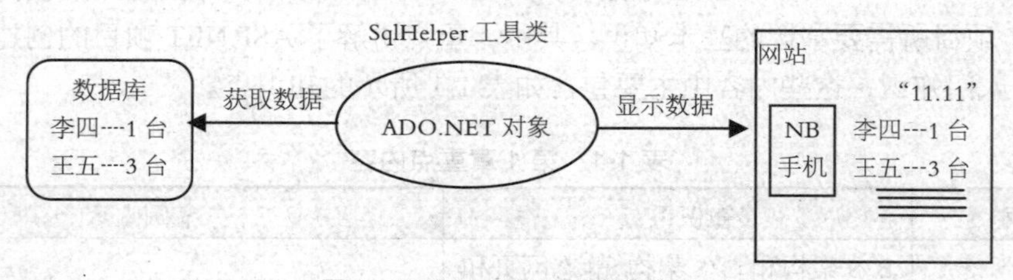

图 2-1　ADO.NET 操作实现图

如图 2-1 所示，当用户购买了手机后，用户的姓名、购买手机的数量等信息就会保存到数据库中，此时就需要使用 ADO.NET 对象来查询数据库中购买了手机的用户信息和购买手机数量的信息，然后将信息展示到网站上。

2.1　数据库的基本操作

数据库可以简单理解为一个存储数据的软件，该软件可以高效灵活地管理数据。本教材中的数据库是 SQL Server，该数据库结合 Visual Studio 来开发网站的效率非常高。

【知识讲解】

一般对数据的操作主要包含最基本的增、删、查、改等。微软为了方便开发人员能够直观地管理数据库中的数据，提供了一个可视化的管理工具（SQL Server Management Studio）。但在实际开发中，操作数据库都是通过 SQL 语句来实现的，SQL 语句格式如下所示。

1．查询语句（select）

```
select  *  from 表名 where 查询条件
```

select 语句用于查询数据表中的数据。其中"*"表示所有字段，当不需要查询所有字段时，可以直接在 select 后面写字段名，多个字段名之间用","隔开。

2．删除语句（delete）

```
delete 表名 where 删除条件
```

delete 语句用于删除数据表中的数据，当没有删除条件时会删除整张数据表的数据，所以在进行删除操作时注意添加删除条件，避免造成数据丢失。

3．插入语句（insert）

```
insert  into 表名(字段1,字段2…) values('值1','值2',…)
```

insert 语句用于向数据表中插入一条数据，表名表示要插入数据的表名称，字段名表示该数据表中的列，值表示对应列的数值，值要跟字段一一对应。

4．修改语句（update）

```
update 表名 set 字段名=新值 where 修改条件
```

update 语句用于修改表中的数据，当需要修改多个字段数据时，字段之间用","隔开。

【动手实践】

学习了 select、delete、insert 和 update 等语法，可能大家还是不太了解这些 SQL 语句在数据库中具体能实现什么样的效果。下面打开数据库，大家一起来动手练练吧！

1．创建数据库文件

首先打开 SQL Server 数据库，出现数据库登录界面，在该界面的"服务器类型"中选择【数据库引擎】项，"服务器名称"选择本机名称，"身份验证"选择【SQL Server 身份验证】项，如图 2-2 所示。

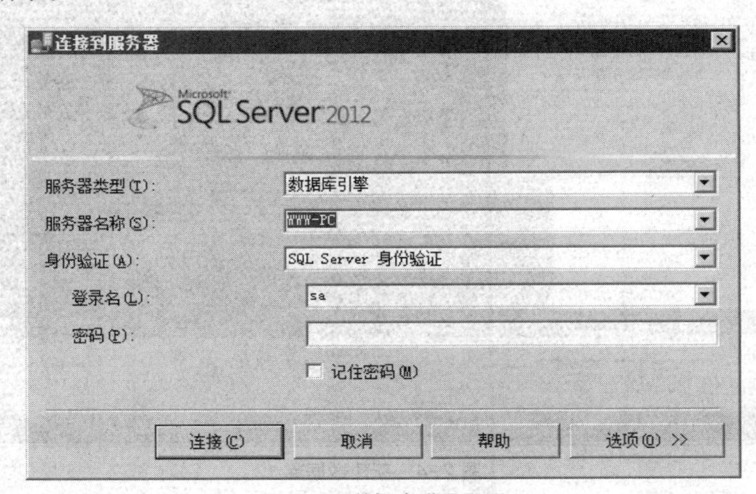

图 2-2　数据库登录界面

如图 2-2 所示，“身份验证”选择【SQL Server 身份验证】方式时，“登录名”默认为【sa】，“密码”为安装 SQL Server 时填写的密码。单击【连接】按钮进入 SQL Server 的主界面，如图 2-3 所示。

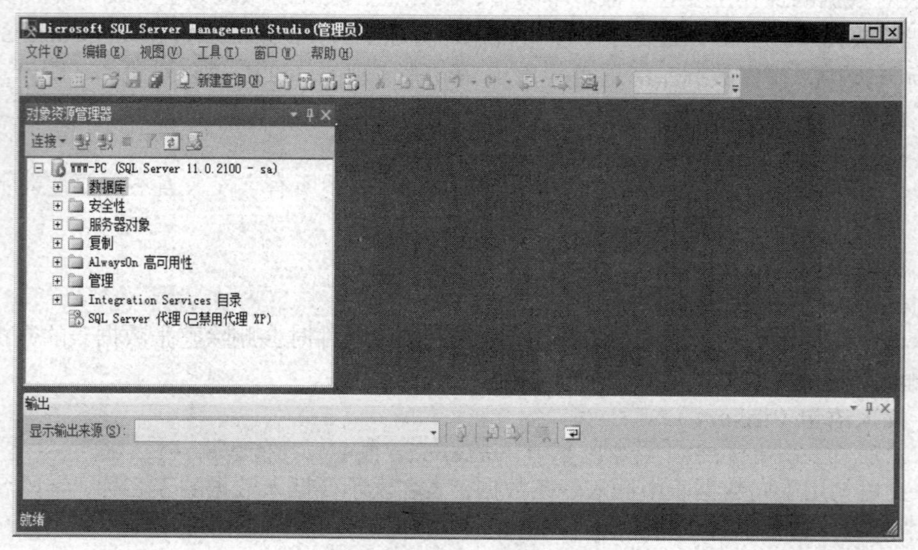

图 2-3　数据库主界面

进入主界面后，就可以进行相关的数据库操作了。首先创建一个数据库，在“对象资源管理器”面板中选择【数据库】节点并单击鼠标右键，选择【新建数据库】命令，如图 2-4 所示。

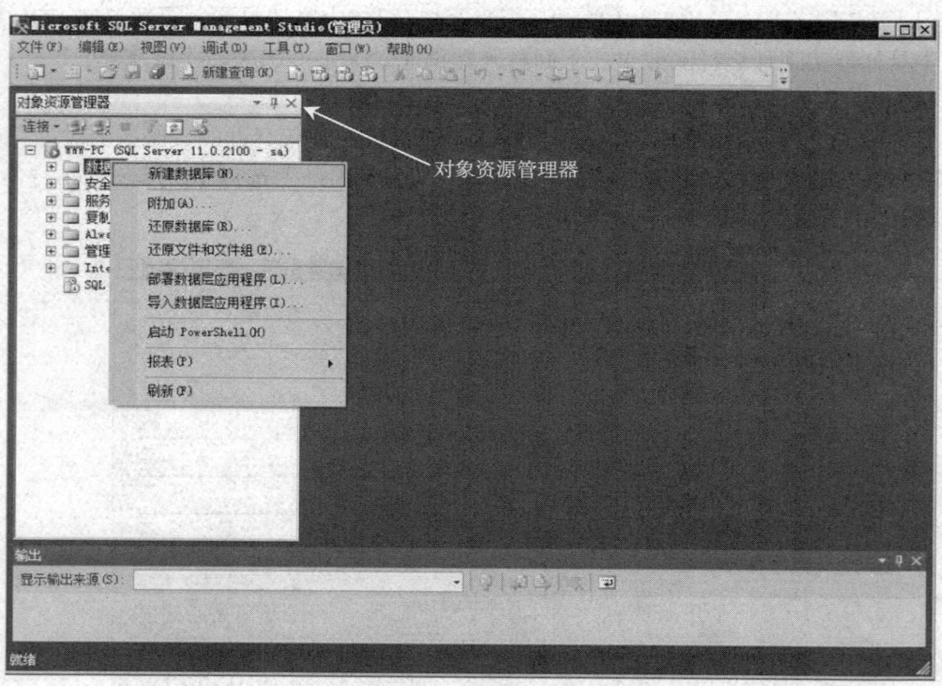

图 2-4　新建数据库

在单击【新建数据库】命令后，进入新建数据库的界面，在该界面中填写数据库名称为“itcast”，其他选项为默认选项，单击【确定】按钮，如图 2-5 所示。

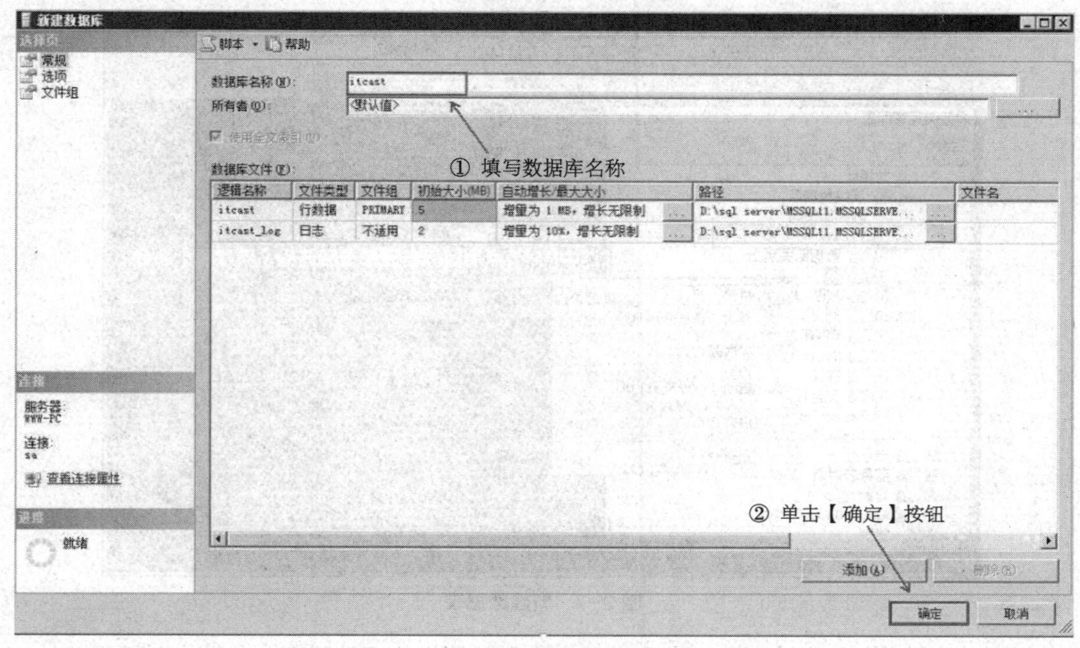

图 2-5　填写数据库名称

2．创建数据表

在完成数据库的创建后，就可以在该数据库中创建数据表来存储数据了，单击左边“对象资源管理器”面板，依次打开【数据库】→【itcast】节点，如图 2-6 所示。

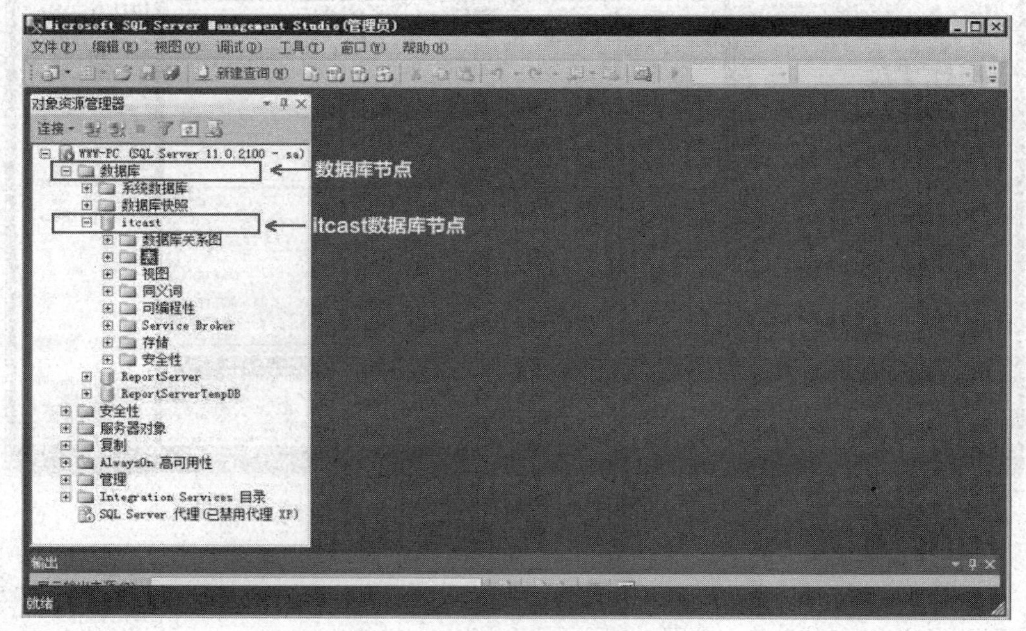

图 2-6　创建好的 itcast 数据库

如图 2-6 所示，选择【itcast】节点下的【表】节点单击鼠标右键，弹出【新建表】命令，如图 2-7 所示。

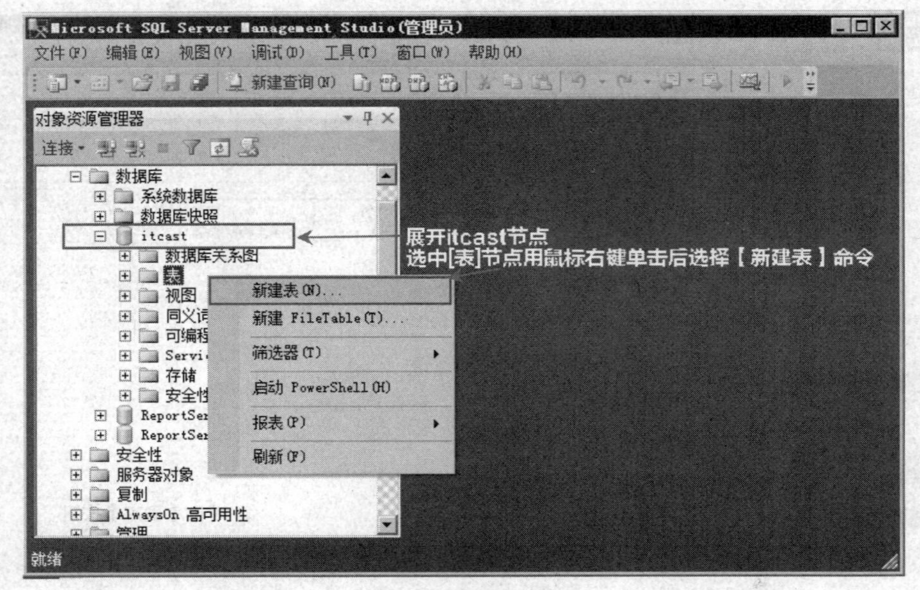

图 2–7　新建数据表

如图 2-7 所示，单击【新建表】命令后，进入数据表的设计界面，如图 2-8 所示。

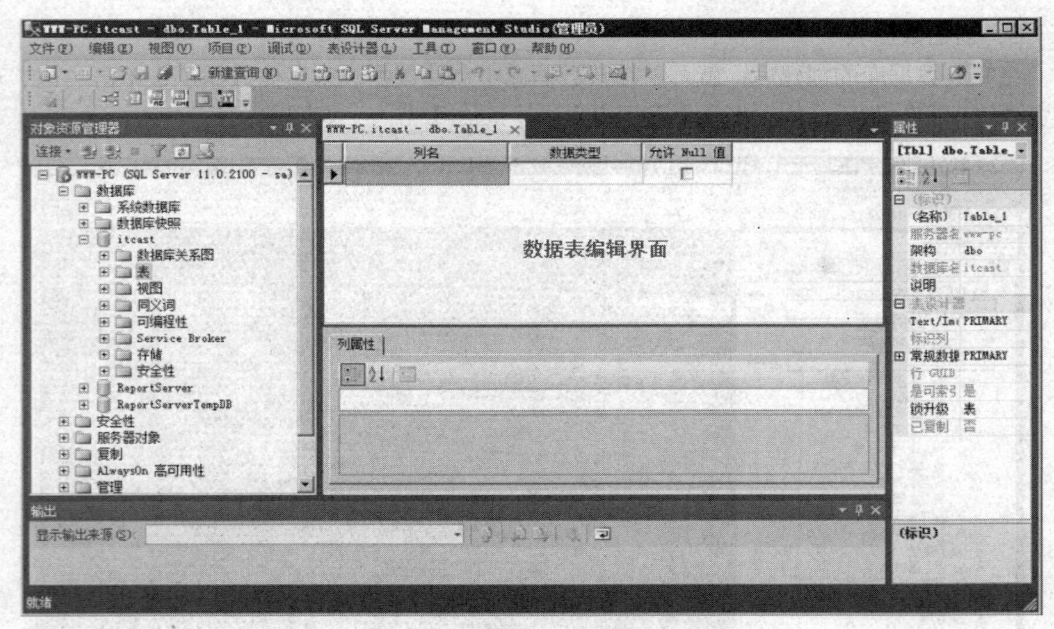

图 2–8　数据表设计界面

3．添加数据列

进入图 2-8 所示的界面，就可以进行详细的数据表结构设计了，在界面中设置“列名”“数据类型”“允许 Null 值”等，如图 2-9 所示。

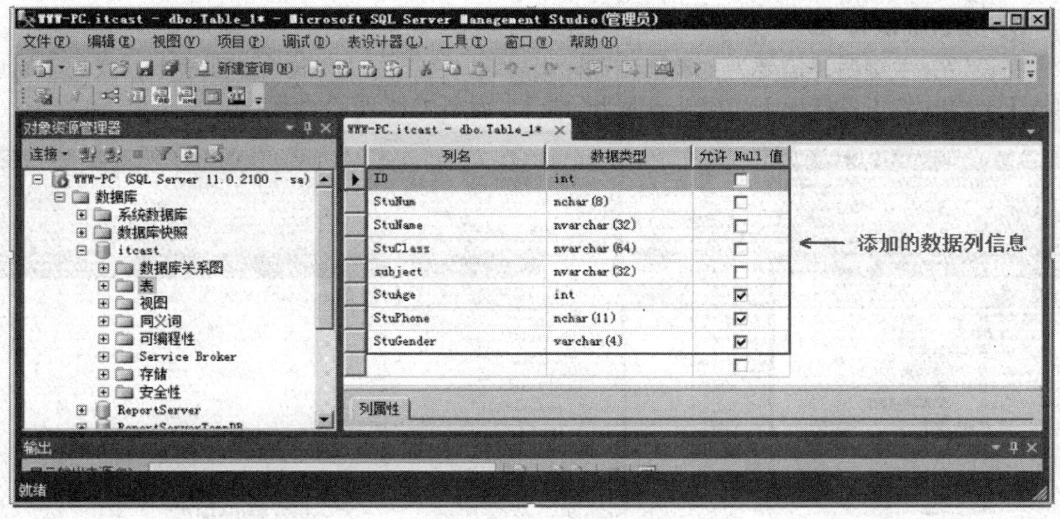

图 2-9 添加数据列

讲解：什么是字段

字段是数据表中的表头名称，例如学生成绩表中的语文成绩、数学成绩等表头名称，在数据库中称为字段或数据列。

4．设置主键

在完成数据列的相关设置后，需要在表中设置一个主键用于唯一标识表中的数据。选中需要设置主键的字段名称单击鼠标右键，选择【设置主键】命令，如图 2-10 所示。

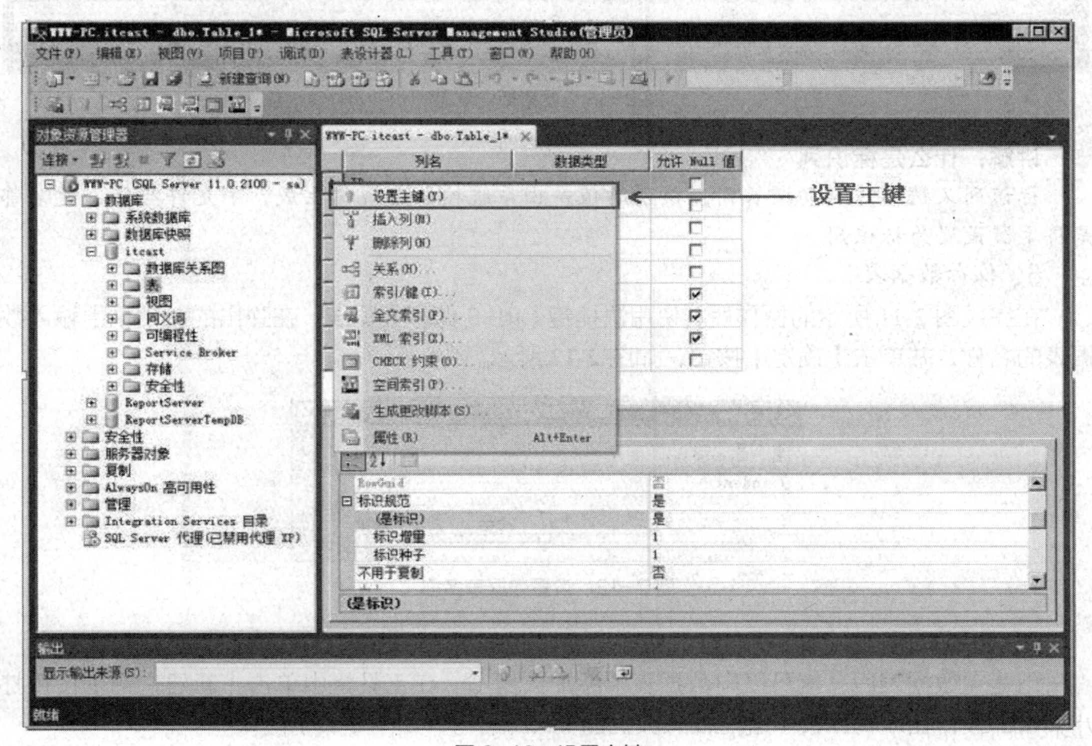

图 2-10 设置主键

5．设置标识列

在设置完主键后，需要为主键列设置标识规范，在下方“列属性”面板中，找到【标识规范】节点，将【是标识】的属性值改为“是”，如图 2-11 所示。

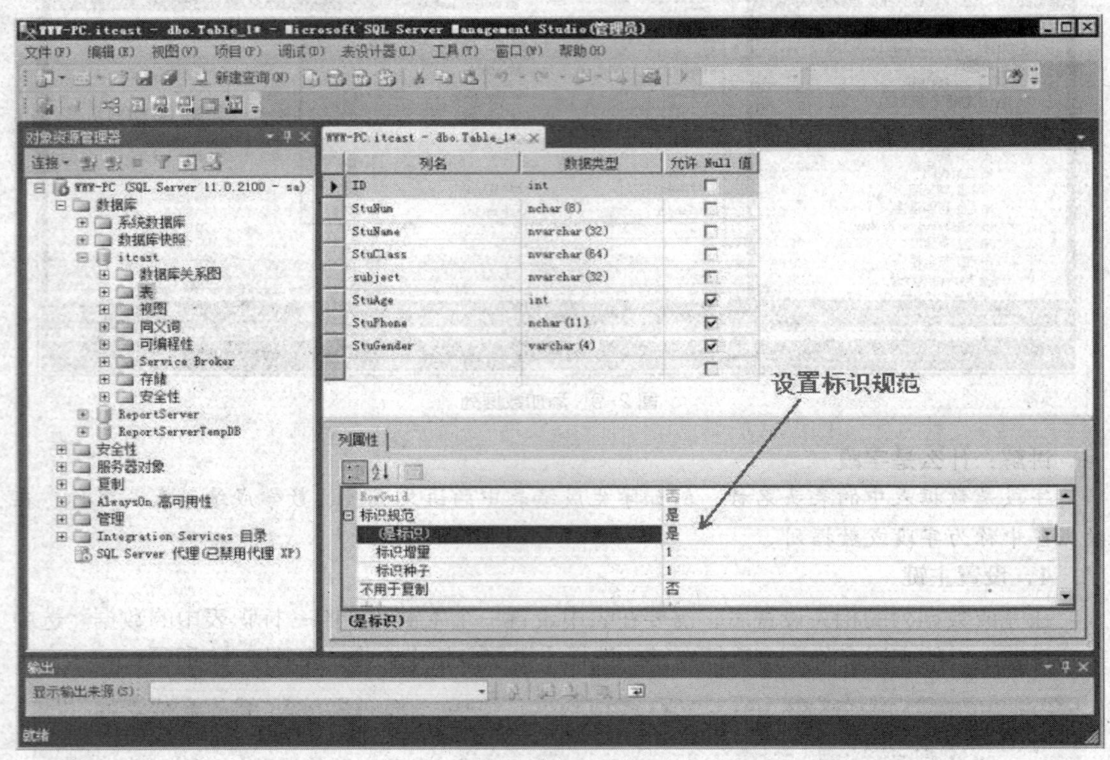

图 2-11　设置标识规范

讲解：什么是标识列

标识列又被称作自动增长列，该列的值是由系统按一定规律生成，不允许空值，通常都是将主键设置为标识列。

6．保存数据表

在完成图 2-11 所示的操作后，使用快捷键 Ctrl+S 保存数据表，在弹出的对话框中输入数据表的名称，并单击【确定】按钮，如图 2-12 所示。

图 2-12　设置数据表名称

7．添加数据

创建完数据表后，就可以向数据表中添加数据了。在工具栏中单击【新建查询】按钮打开编辑面板，在编辑面板中编写插入数据的 insert 语句，如图 2-13 所示。

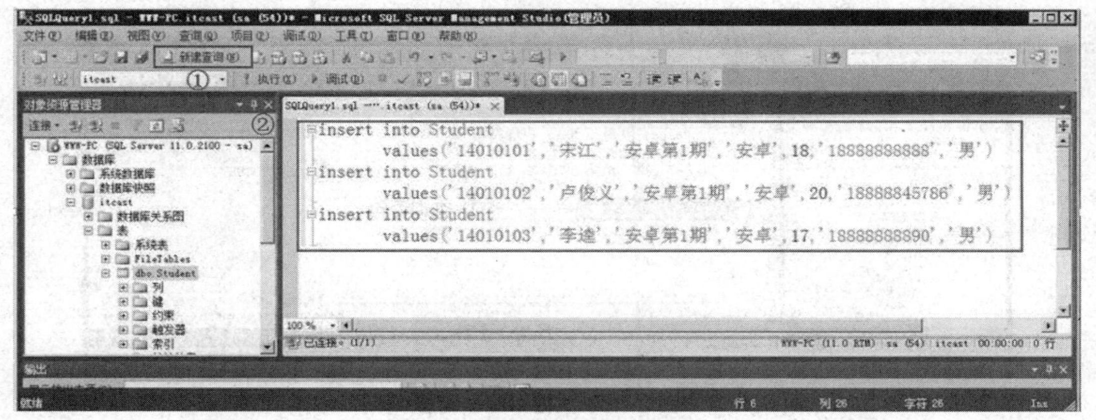

图 2-13　编写 insert 语句

如图 2-13 所示，编写完 3 条 insert 语句，选中需要执行的语句，然后在工具栏中单击【执行】按钮，在下方的“消息”面板中出现执行 SQL 语句影响的行数，如图 2-14 所示。

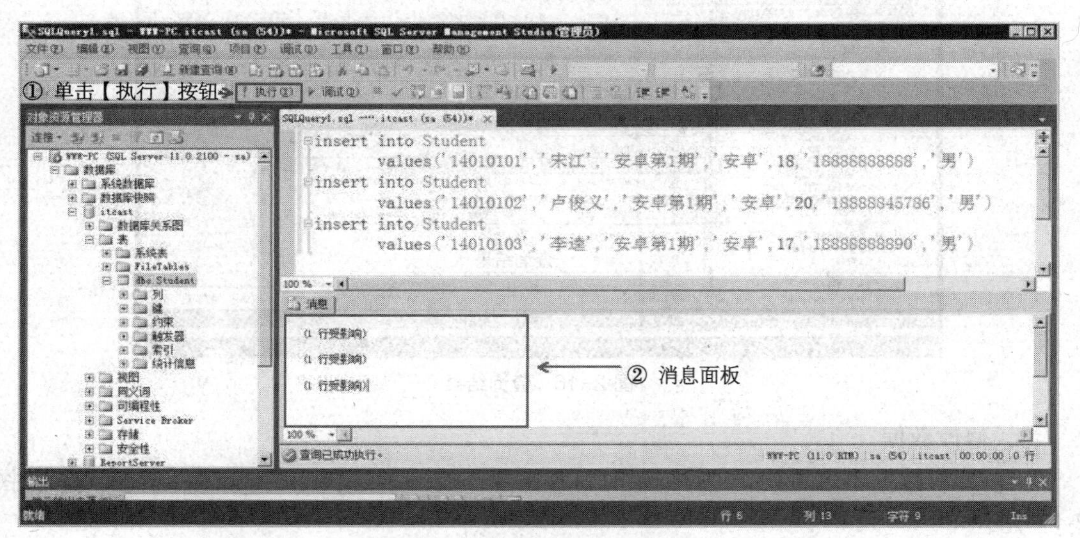

图 2-14　执行 insert 语句结果

在 SQL Server 中每执行一条 SQL 语句，在图 2-14 所示的消息面板中会提示执行结果。如果执行失败，会提示错误信息。

讲解：影响行数的含义

在 SQL Server 中对数据库中的数据进行增、删、改操作后，在消息面板中就会显示执行结果。如果 SQL 语句执行成功，就会提示对数据库的影响行数；如果执行失败，则会提示警告信息。

8．查询数据

执行完插入操作后，现在来查询表中的数据，在编辑面板中编写 select 语句，如图 2-15 所示。

选中需要执行的 select 语句，单击工具栏中的【执行】按钮，查询到的数据在下方的“结果”面板中显示出来，如图 2-16 所示。

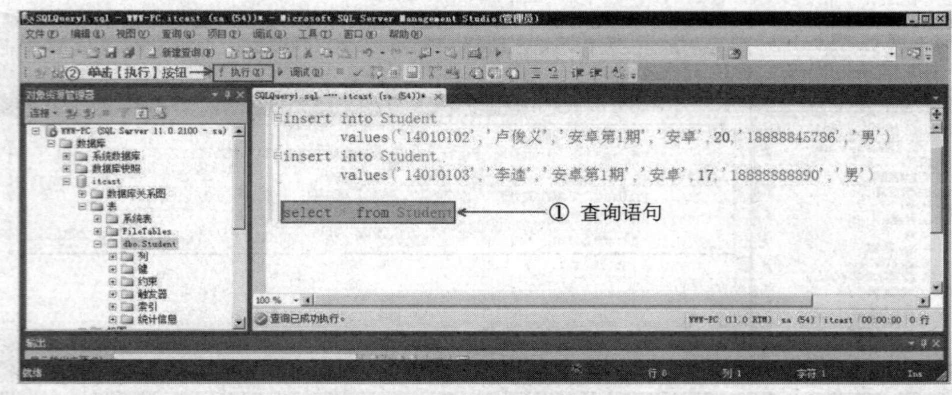

图 2-15 执行 select 语句

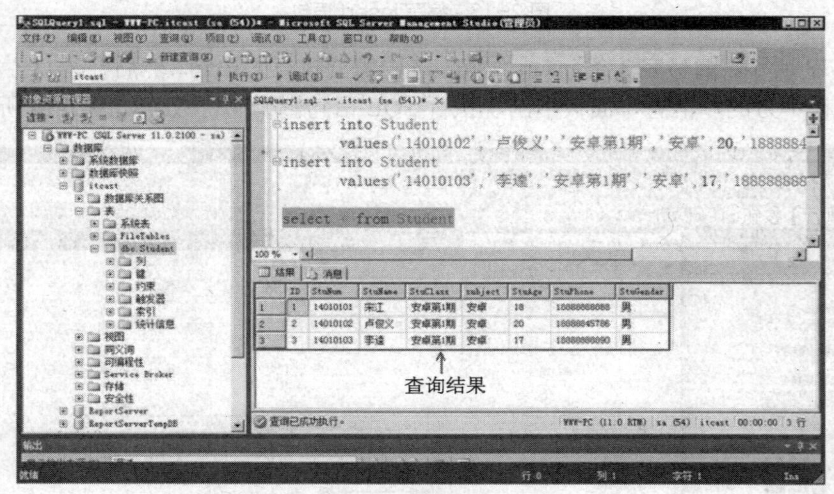

	ID	StuNum	StuName	StuClass	subject	StuAge	StuPhone	StuGender
1	1	14010101	宋江	安卓第1期	安卓	18	18888888888	男
2	2	14010102	卢俊义	安卓第1期	安卓	20	18888845786	男
3	3	14010103	李逵	安卓第1期	安卓	17	18888888890	男

图 2-16 查询结果

9. 修改数据

当需要对数据表中的数据进行修改时，就需要在编辑面板中编写 update 修改语句，如图 2-17 所示。

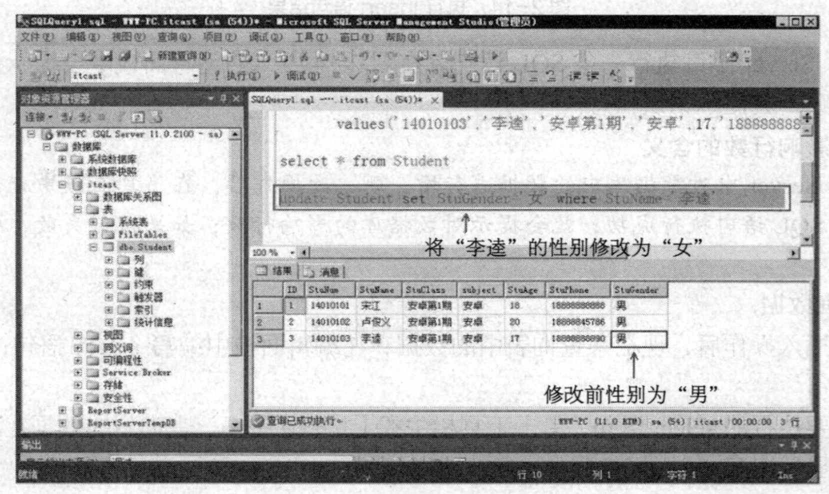

图 2-17 修改数据

选中 update 语句并执行。数据修改后，为了查看修改结果，重新选中之前编写的 select 语句，单击【执行】按钮，结果如图 2-18 所示，数据修改成功。

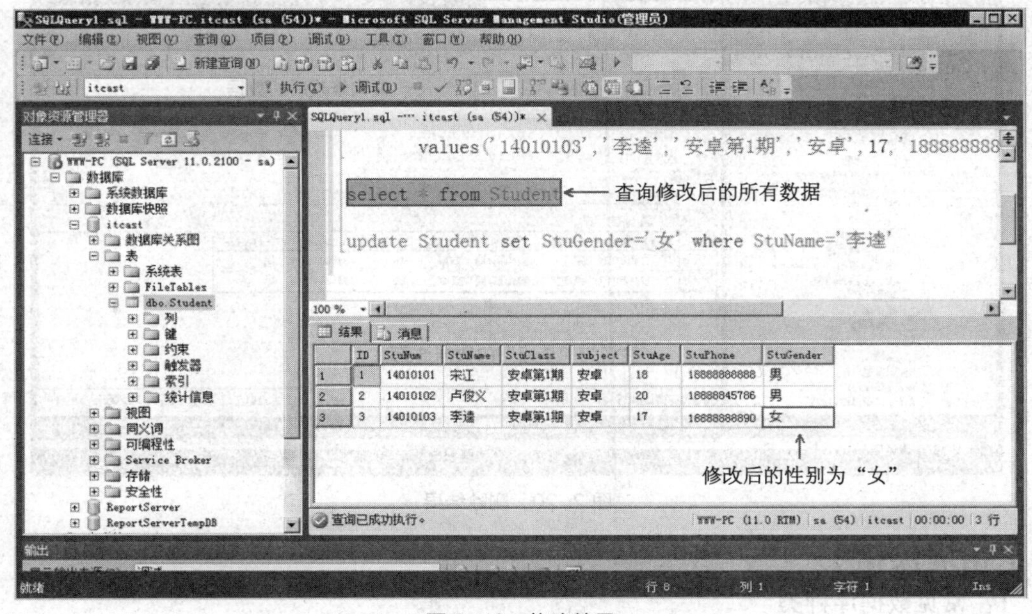

图 2-18　修改结果

10．删除数据

当需要删除数据表中的数据时，在编辑面板中编写 delete 删除语句，如图 2-19 所示。

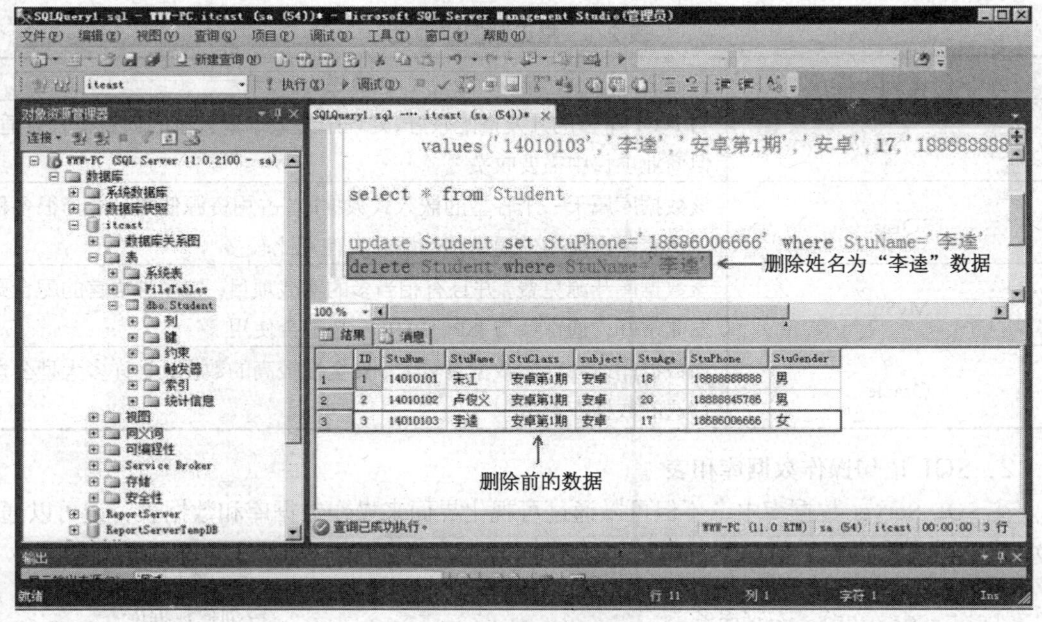

图 2-19　删除数据

选中图 2-19 所示的 delete 语句并单击【执行】按钮。为了查看删除结果，选中 select 语句查询数据表中的所有数据。如图 2-20 所示，学生姓名为“李逵”的数据被删除了。

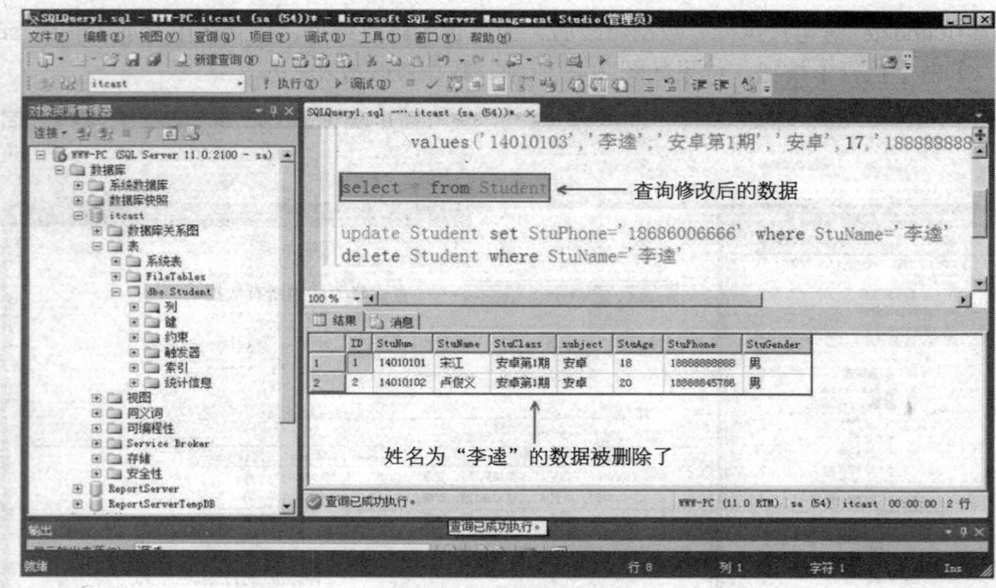

图 2-20 删除结果

【拓展深化】

1．常见数据库种类

在实际开发中，用于存储数据的数据库种类有很多，通常都会根据实际项目中的数据类型以及数据量的大小来选择使用何种数据库来存储数据。关于常用数据库的类型及描述，具体如表 2-1 所示。

表 2-1 常见数据库种类

名称	描述
SQL Server	与.NET 平台的开发搭配较好，处理中型数据量大小的项目比较合适，但商业项目中需要收费
SQLite	该数据库属于一个轻型的嵌入式数据库，占用资源低并且能与很多程序语言结合使用，通常移动端开发使用比较多
MySql	该数据库开源免费，并且有相当多的实战项目，与多种语言的配合开发非常好，通常会与 JSP、PHP 一起配合使用
Oracle	该数据库适合存储数据量较大、安全性较高的数据，是许多大型公司首选的数据库类型

2．SQL 语句操作数据库和表

在 SQL Server 数据库中，不但可以通过可视化界面来操作数据库和数据表，还可以通过 SQL 语句进行操作，具体如下所示。

```
drop table 表名                                          //删除数据表
create database 数据库名                                 //创建数据库
drop database 数据库名                                   //删除数据库
alter  table  表名  add  字段名 数据类型                 //数据表中添加字段
alter  table  表名  drop  column  字段名                 //数据表中删除字段
alter  table  表名  alter  column   字段名  新数据类型   //修改字段的数据类型
```

测一测

学习完前面的内容，下面来动手测一测吧，请思考以下问题。

1. 如何使用 SQL 语句查询两张数据表中的数据？
2. 如何使用 SQL 语句修改数据表中的字段？

扫描右方二维码，查看【测一测】答案！

2.2 ADO.NET 对象的使用

ADO.NET 就是微软提供的一个工具，可以帮助开发人员在程序中使用 SQL 语句来操作数据库，将 SQL 语句交给 ADO.NET 的相关对象，由该对象负责与数据库进行沟通来执行相关的操作。

【知识讲解】

了解了 ADO.NET 可以在程序中操作数据库，现在就来学习一下 ADO.NET 中操作 SQL Server 数据库的五大对象的基本使用方法，具体讲解如下所述。

1．SqlConnection 类：**创建数据库连接对象**。

```
SqlConnection con=new SqlConnection("server=服务器名;uid=用户;
pwd=密码;database=数据库名");
```

在上述代码中，server 表示需要访问的服务器地址，其值可以是 IP 地址、计算机名称、“localhost”或“.”；uid 和 pwd 分别表示使用 SQL Server 身份验证登录的用户名和密码；database 表示需访问的数据库。

2．SqlCommand 类：**执行 SQL 语句的对象**。

```
SqlConnection con=new SqlConnection("server=服务器名;uid=用户;
pwd=密码;database=数据库名");
string cmdStr="select * from Student";
SqlCommand cmd = new SqlCommand(cmdStr,con);
```

在上述代码中，使用 SqlCommand 对象时需要两个参数，第 1 个参数是需要执行的 SQL 语句字符串 cmdStr，第 2 个参数是数据库连接对象 con。

3．SqlDataReader 类：**创建一个查询一条或多条数据的对象**。

```
SqlConnection con=new SqlConnection("server=服务器名;uid=用户;
pwd=密码;database=数据库名");
string cmdStr="select * from Student";
SqlCommand cmd = new SqlCommand(cmdStr,con);
SqlDataReader reader = cmd.ExecuteReader();
```

在上述代码中，SqlDataReader 对象是用来存储一条或多条数据的结果集。通过调用 SqlCommand 对象 cmd 的 ExecuteReader()方法，将查询到的结果以 SqlDataReader 对象返回。

4．SqlDataAdapter 类：**创建一个用于检索和保存数据的对象**。

```
SqlConnection con=new SqlConnection("server=服务器名;uid=用户;
pwd=密码;database=数据库名");
string cmdStr="select * from Student";
SqlCommand cmd = new SqlCommand(cmdStr,con);
SqlDataAdapter adapter = new SqlDataAdapter(cmd);
```

上述代码中，将查询到的数据以 SqlDataAdapter 对象的形式返回，便于检索和保存数据。其中 cmd 表示执行 SQL 语句的 SqlCommand 对象，用于执行 SQL 命令。

5．DataSet 类：**创建一个本地数据存储对象。**

```
SqlCommand cmd = new SqlCommand(cmdStr,con);
SqlDataAdapter adapter = new SqlDataAdapter(cmd);
DataSet ds = new DataSet();
adapter.Fill(ds);
```

在上述代码中，创建了一个 DataSet 对象，用于保存 SqlDataAdapter 对象中的数据，该对象相当于本地内存，数据可以长久保存。

【动手实践】

在学习了 ADO.NET 五大对象的作用和基本使用方法后，接下来学习使用 ADO.NET 结合 Windows 窗体来实现对学生成绩进行增、删、改、查，大家一起来动手练练吧！

1．创建项目

打开 Visual Studio，先创建一个名称为 Module2 的解决方案，并在该解决方案中创建一个项目类型为【Windows 窗体应用程序】的项目，然后填写“项目名称”选择项目的“存储路径”，最后单击【确定】按钮完成项目的创建，如图 2-21 所示。

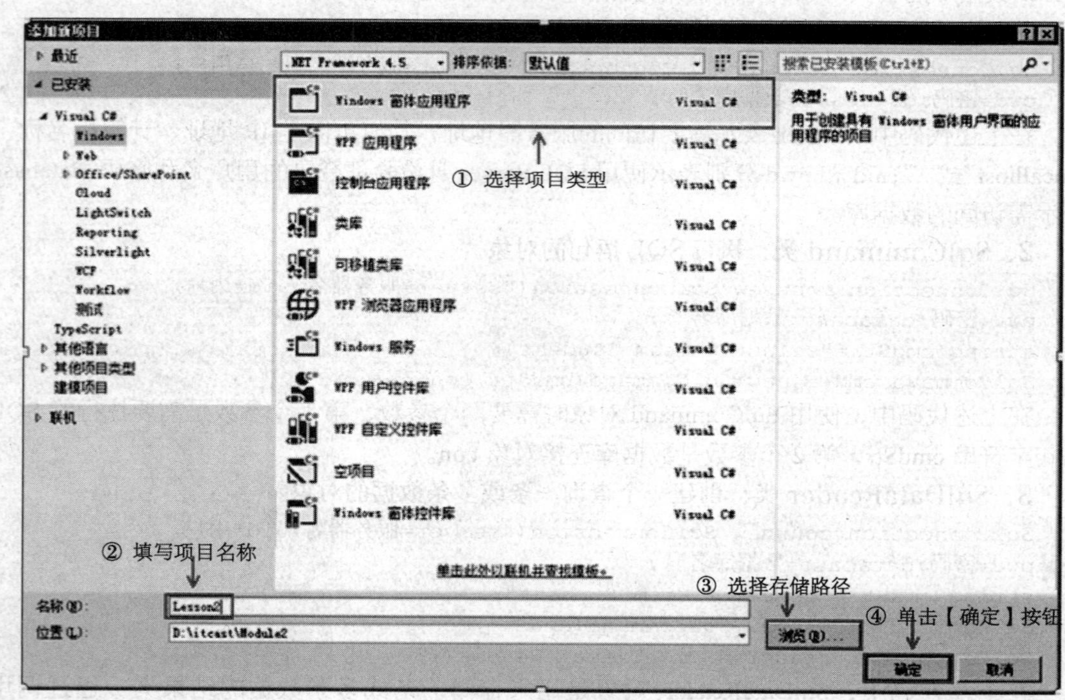

图 2-21 创建项目

提示：创建解决方案的方法是在“添加新项目”对话框中选择【其他项目类型】→【Visual Studio 解决方案】项即可创建解决方案。

2．设置窗体界面

项目创建完成后，在项目中默认会生成一些文件，其中包括 Form1.cs 窗体文件，双击该文件后出现 Form1 窗体界面，如图 2-22 所示。

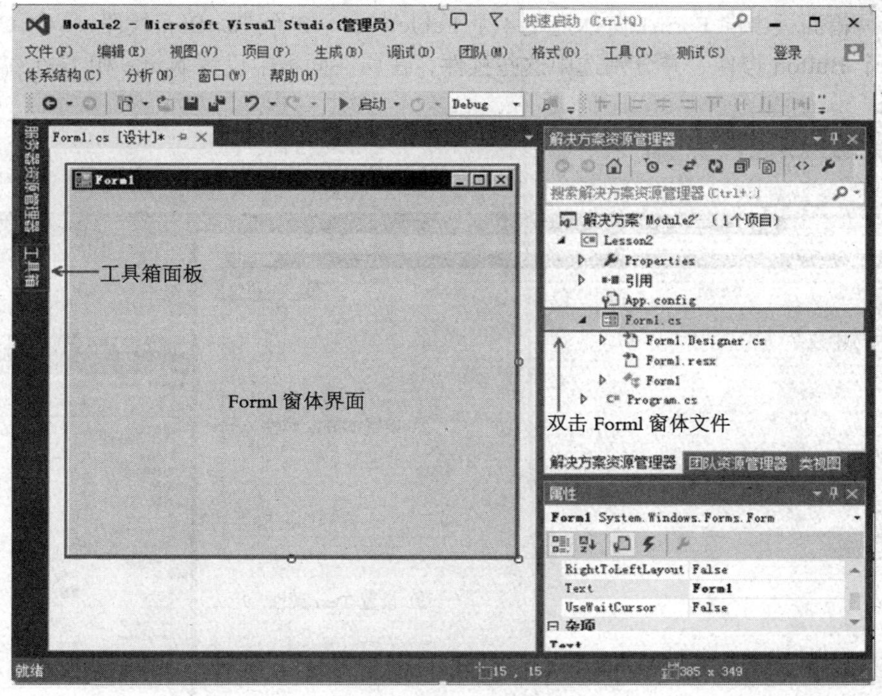

图 2-22　Form1 窗体

单击图 2-22 所示的【工具箱】选项，弹出“工具箱”面板，单击【固定面板】按钮将面板固定显示在 Visual Studio 中，如图 2-23 所示。

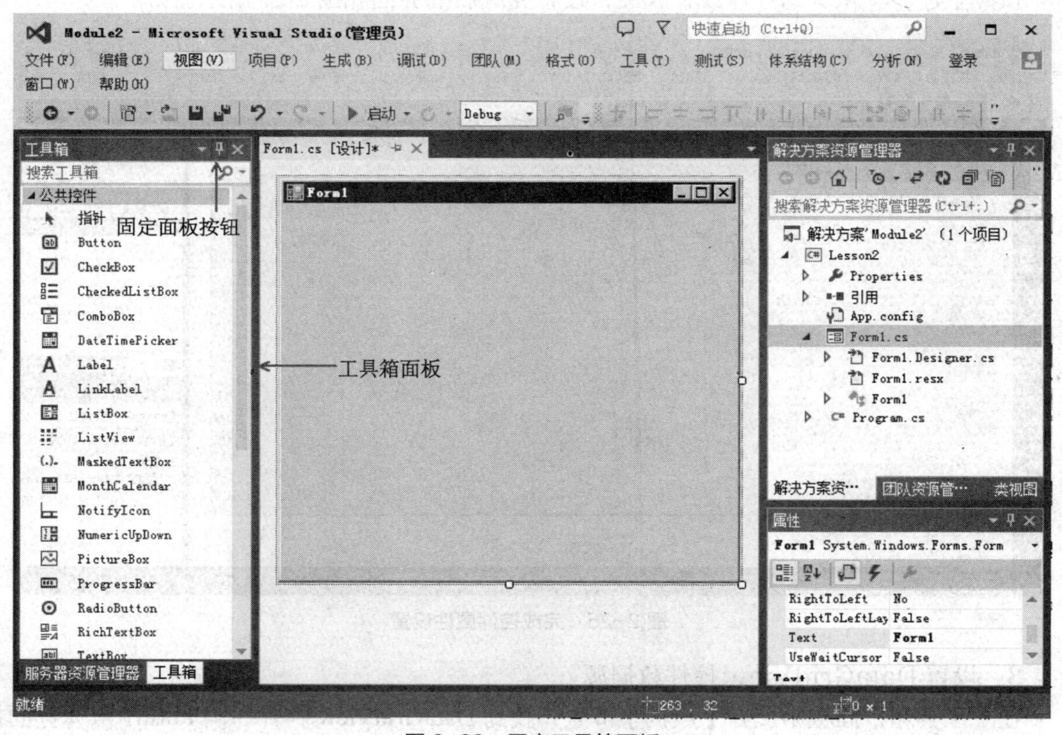

图 2-23　固定工具箱面板

在工具箱面板中向 Form1 窗体拖曳 4 个 Lable 控件、3 个 TextBox 控件、1 个 ComboBox 控件和 1 个 Button 控件，并分别选中这些控件，在属性面板中设置 Name 和 Text 属性，如图 2-24 所示。

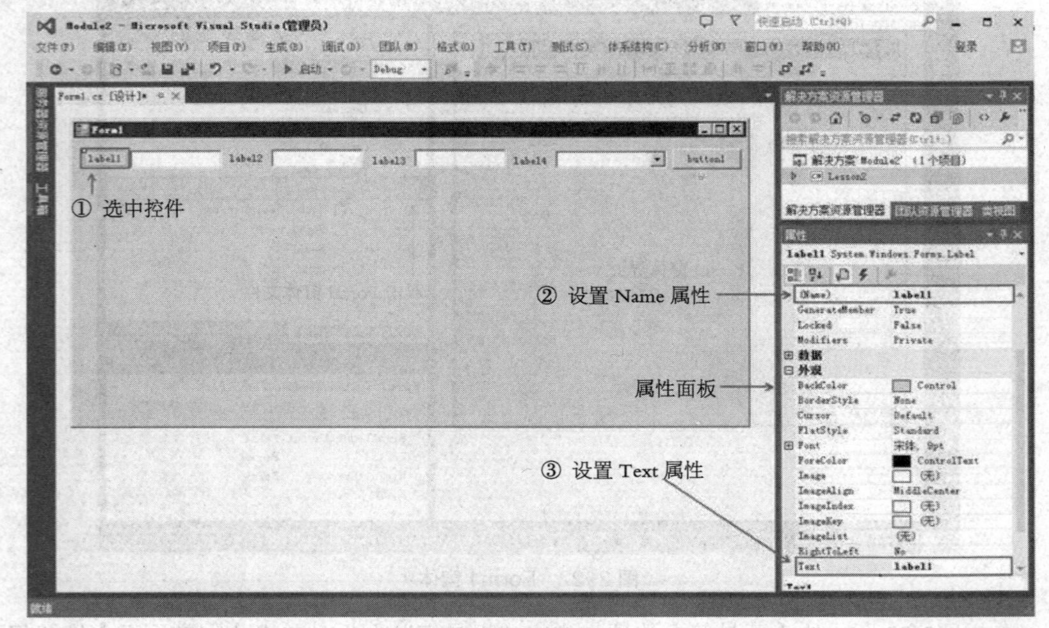

图 2-24　设置控件属性

按照上述步骤依次为控件设置属性，设置完成后的界面如图 2-25 所示。

图 2-25　完成控件属性设置

3．设置 DataGridView 控件数据源

在“工具箱”面板中展开【数据】节点，找到 DataGridView 控件，向 Form1 窗体界面拖曳 1 个 DataGridView 控件，并调整 DataGridView 控件的大小，如图 2-26 所示。

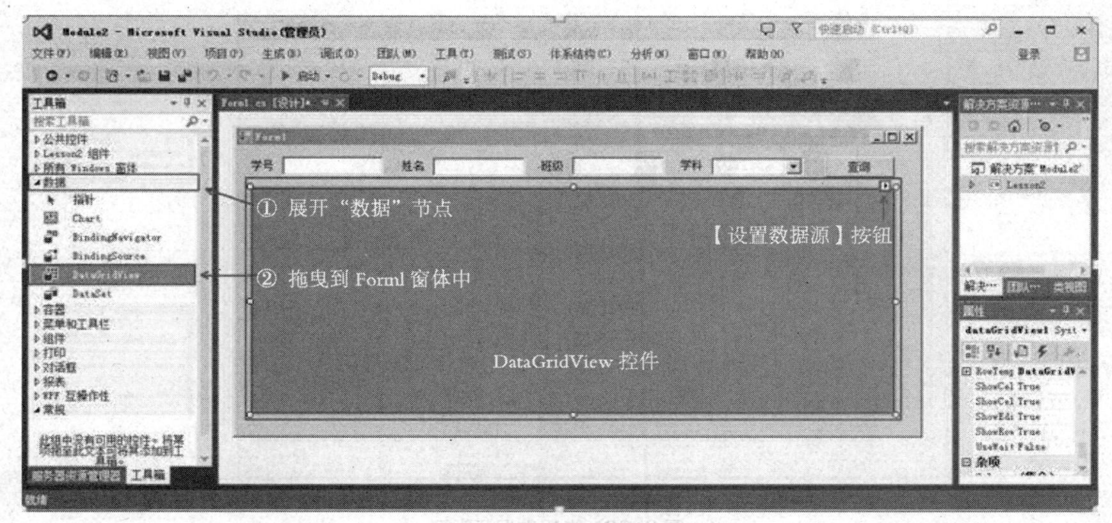

图 2-26　添加 DataGridView 控件

在 Form1 窗体界面中添加一个 DataGridView 控件后，单击图 2-26 所示的【设置数据源】按钮，弹出设置 DataGridView 控件数据源的对话框，单击【选择数据源】下拉列表，并单击【添加项目数据源…】链接，如图 2-27 所示。

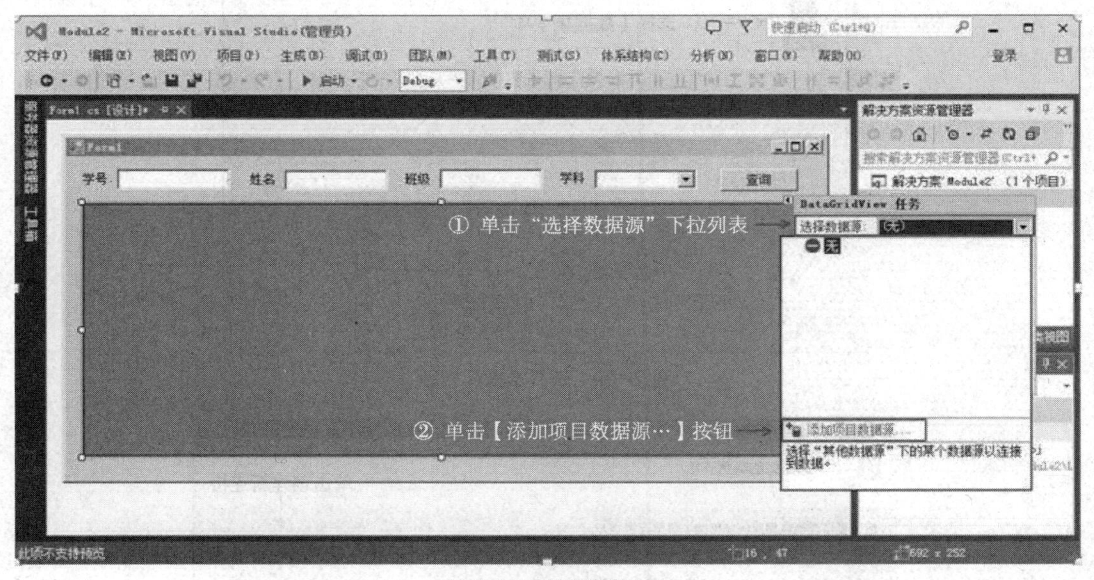

图 2-27　设置数据源

当单击图 2-27 所示的【添加项目数据源…】链接后，弹出“数据源配置向导”对话框，在对话框中选中【数据库】项并单击【下一步】按钮，如图 2-28 所示。

如图 2-28 所示，单击【下一步】按钮后，弹出用于选择数据模型的对话框，在对话框中选择【数据集】项并单击【下一步】按钮，如图 2-29 所示。

单击图 2-29 所示的【下一步】按钮后，弹出用于设置数据连接的对话框，单击【新建连接】按钮，如图 2-30 所示。

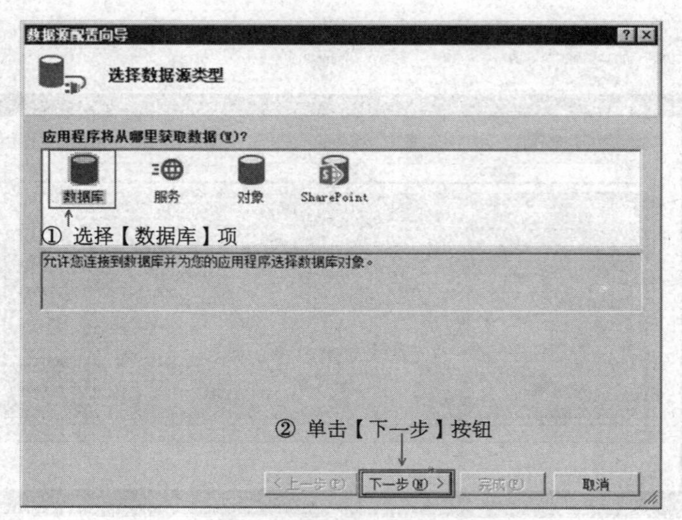

图 2-28　选择数据源类型

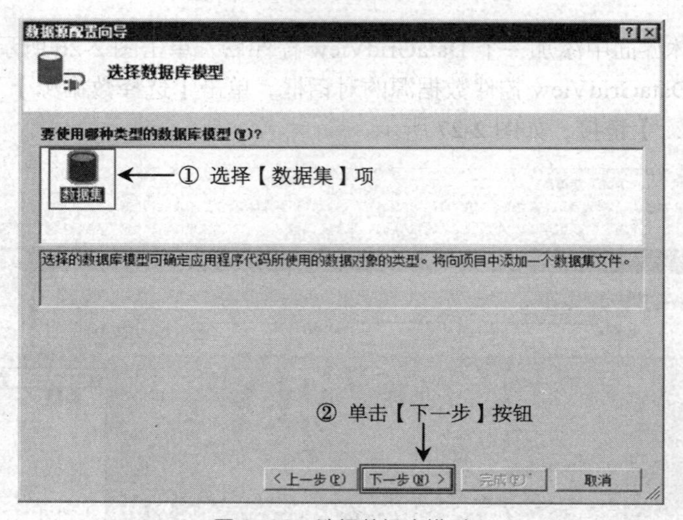

图 2-29　选择数据库模型

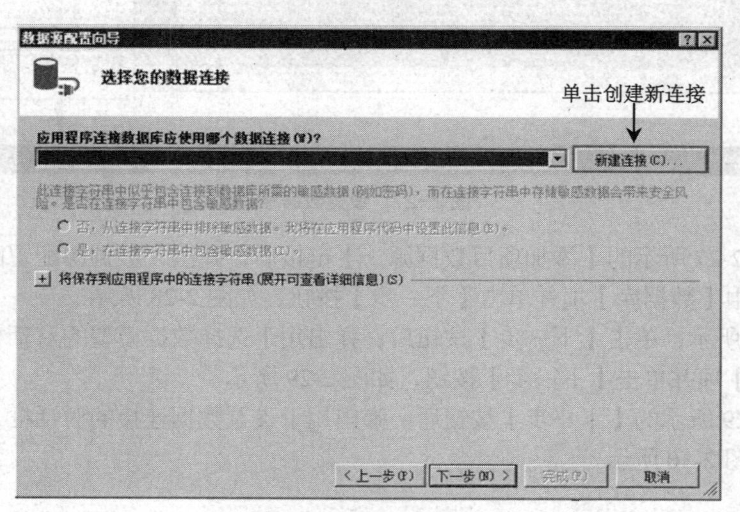

图 2-30　新建连接

单击图 2-30 所示的【新建连接】按钮后，弹出“添加连接”的对话框，在对话框中输入服务器名，选择 SQL Server 身份验证，并输入用户名和密码，在选择数据库名称的下拉列表中选择连接的数据库，最后单击【确定】按钮，如图 2-31 所示。

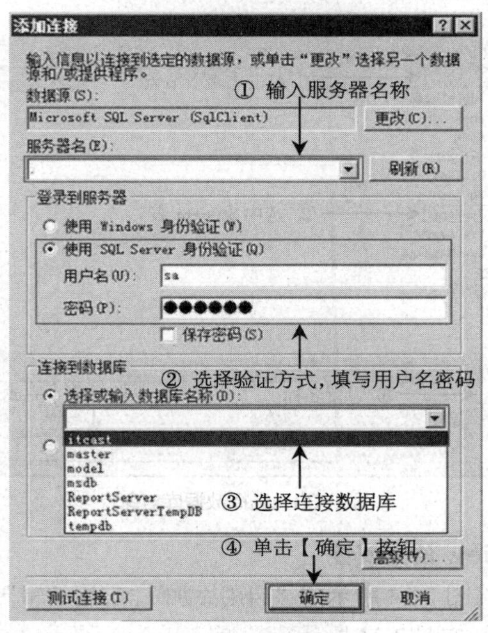

图 2-31 添加连接

单击图 2-31 所示的【确定】按钮后，新建数据连接配置完成，选择【是，在连接字符串中包含敏感数据（I)。】单选项，然后单击【下一步】按钮，如图 2-32 所示。

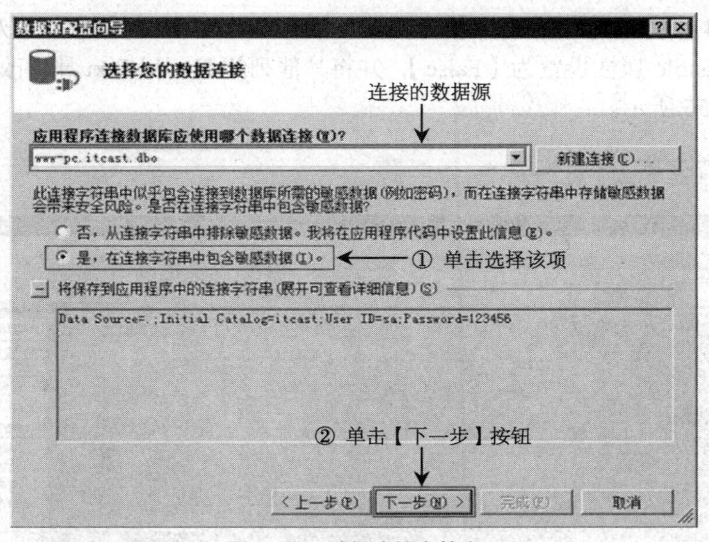

图 2-32 选择连接字符串

当单击图 2-32 所示的【下一步】按钮后将弹出一个对话框，在弹出的对话框中继续单击【下一步】按钮，直至弹出如图 2-33 所示的对话框。在图 2-33 所示的对话框中单击【表】节点，选中【Student】节点前的复选框，设置 DataSet 名称，最后单击【完成】按钮完成数据源的设置，如图 2-33 所示。

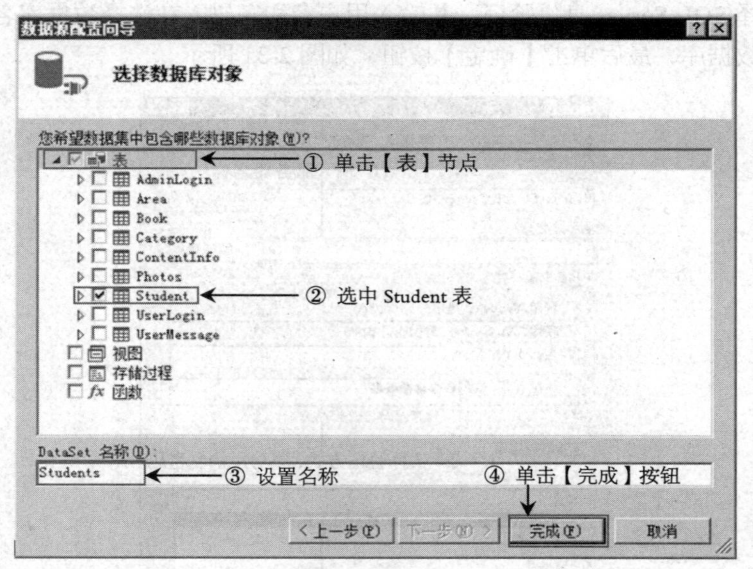

图 2-33　选择数据库对象

4．设置 DataGridView 的列属性

数据源绑定完成后，将图 2-34 所示的“启用添加”“启用编辑”“启用删除”项取消选中，并单击【编辑列…】链接，如图 2-34 所示。

提示：DataGridView 控件在设置了“启用添加”“启用编辑”“启用删除”后就可以直接对显示的数据信息进行增、删、改操作，但是不会修改数据库的数据。

单击图 2-34 所示的【编辑列…】链接后，弹出“编辑列”对话框，在对话框中选中 ID 列，将该列的 Visible 属性设置为【False】，并将其他列的 HeaderText 属性改为对应的中文显示文本，如图 2-35 所示。

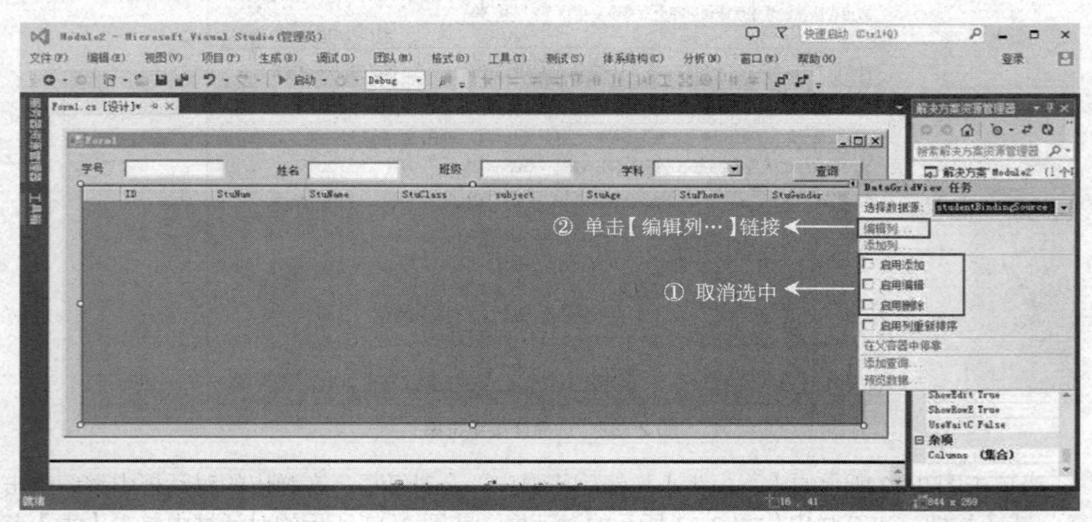

图 2-34　取消增、删、改功能

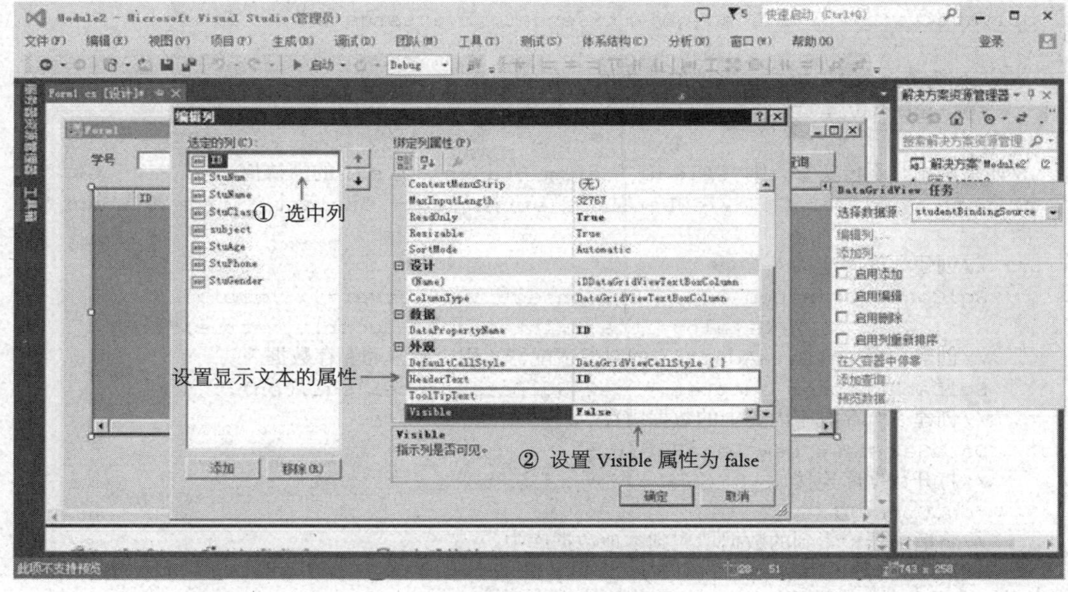

图 2-35　设置列属性

依次为图 2-35 所示的每一列设置 HeaderText 属性后，即完成了 DataGridView 控件的列设置，展示界面如图 2-36 所示。

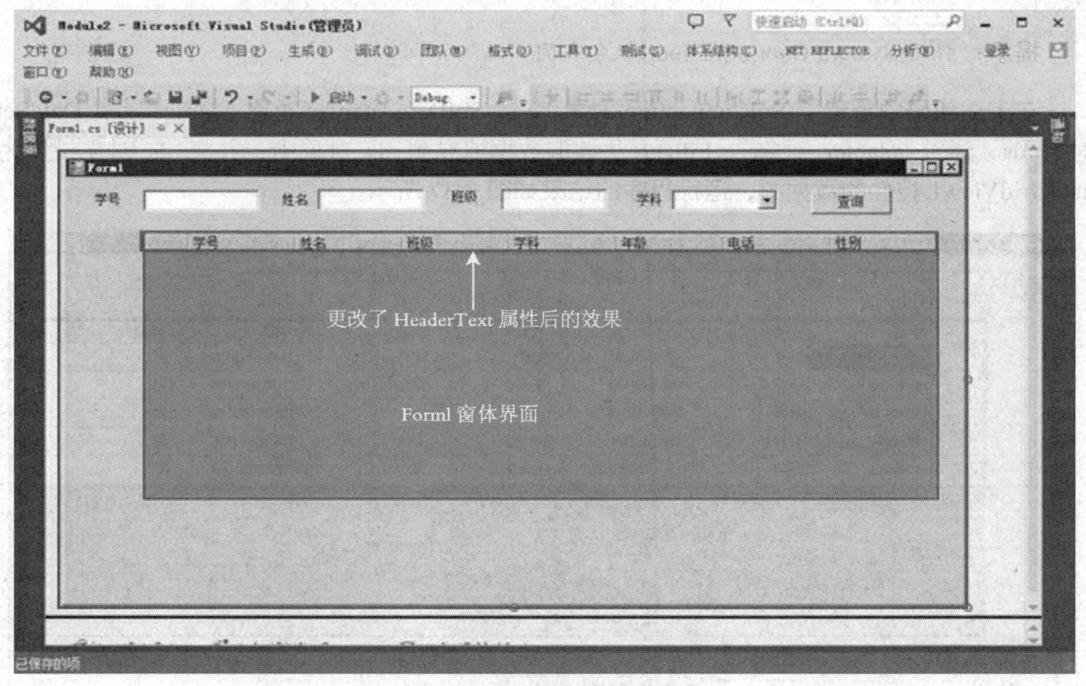

图 2-36　完成界面设置

5．绑定 DataGridView 数据

双击图 2-36 所示的 Form1 窗体界面，在 Form1 的 Load 事件中编写代码。首先在 Form1 类中定义一个 DataGridViewDataLoad()方法，该方法用于为 DataGridView 控件绑定数据，并在 Form1 窗体的 Load 事件中调用该方法，具体代码如下所示。

```
private void Form1_Load(object sender, EventArgs e)
{
     //为 DataGridView 控件加载数据
     DataGridViewDataLoad();
}
//如果调用时不传实参，则"select * from Student"为 sql 的默认值
private void DataGridViewDataLoad(string sql= "select * from Student")
{
    //创建数据库连接
    SqlConnection con = new SqlConnection("server=.; Initial
                  Catalog=itcast;Integrated Security =true;");
    //创建一个 SqlDataAdapter 的对象适配器，用于检索和保存数据。
    SqlDataAdapter adapter = new SqlDataAdapter(sql,con);
    //创建一个存放于内存中的数据缓存
    DataSet ds = new DataSet();
    //打开数据库连接
    con.Open();
    //将适配器检索到的数据填充到本地数据库中。
    adapter.Fill(ds);
    //关闭数据库连接
    con.Close();
    //将本地数据库中的数据表设置为 dataGridView1 控件的数据源
    dataGridView1.DataSource = ds.Tables[0];
}
```

提示：引用 System.Data.SqlClient 命名空间。

在上述代码中创建了 SqlConnection 对象 con、SqlDataAdapter 对象 adapter 以及 DataSet 对象 ds，通过 adapter 对象的 Fill()方法读取数据填充到 ds 对象中，并将 ds 对象设置为 dataGridView1 控件的数据源，运行程序的结果如图 2-37 所示。

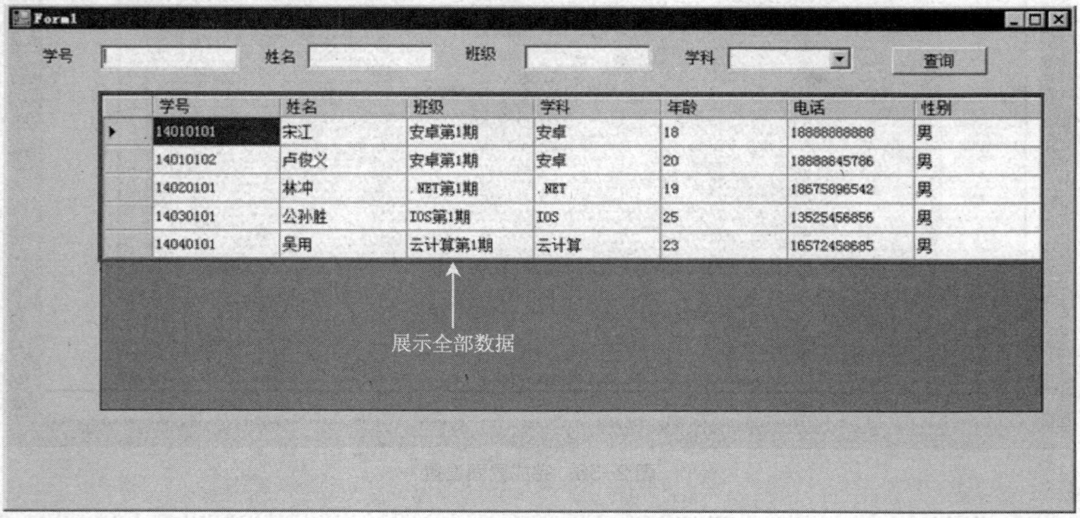

Form1

学号 姓名 班级 学科 查询

学号	姓名	班级	学科	年龄	电话	性别
14010101	宋江	安卓第1期	安卓	18	18888888888	男
14010102	卢俊义	安卓第1期	安卓	20	18888845786	男
14020101	林冲	.NET第1期	.NET	19	18675896542	男
14030101	公孙胜	IOS第1期	IOS	25	13525456856	男
14040101	吴用	云计算第1期	云计算	23	16572458685	男

展示全部数据

图 2-37　绑定数据

提示：双击控件进入事件。

6．加载 ComboBox 数据

在 Form1 类中定义一个 ComboBoxDataLoad()方法，用于将数据绑定到 ComboBox 控件上，并在 Form1 窗体的 Load 事件中调用该方法，具体代码如下所示。

```
private void Form1_Load(object sender, EventArgs e)
{
    //为 DataGridView 控件加载数据
    DataGridViewDataLoad();
    //为 ComboBox 控件加载数据
    ComboBoxDataLoad();
}
    //加载 ComboBox 中的数据
private void ComboBoxDataLoad()
{
    //将 ComboBox 中的所有原始项清空，防止重复绑定
    cmbSubject.Items.Clear();
    cmbSubject.Items.Add("全部");
    cmbSubject.SelectedIndex = 0;
    //创建连接对象
    SqlConnection con = new SqlConnection("server=.; database=itcast;
                                          uid=sa; pwd=123456");
   //sql 语句
   string sql="select distinct subject from Student";
    //创建执行 Sql 命令对象
    SqlCommand cmd = new SqlCommand(sql, con);
    //打开连接
    con.Open();
    //通过命令对象返回一个 SqlDataReader 的对象。
    SqlDataReader reader = cmd.ExecuteReader();
    //reader 的 HasRows 属性表示是否有返回数据
    if (reader.HasRows)
    {
        //通过 Read()方法循环记录
        while (reader.Read())
        {
            //将读取到的第 1 列添加到下拉列表项中
            cmbSubject.Items.Add(reader[0]);
        }
    }
    reader.Close();//关闭 reader 对象
    con.Close();//关闭数据库连接
}
```

在上述代码中创建了 SqlConnection 对象 con 和 SqlCommand 对象 cmd，调用 con 的 Open()方法打开数据库，通过 cmd 的 ExecuteReader()方法获取数据并返回 SqlDataReader 对象，最后将查询的数据绑定到 ComboBox 控件上，运行结果如图 2-38 所示。

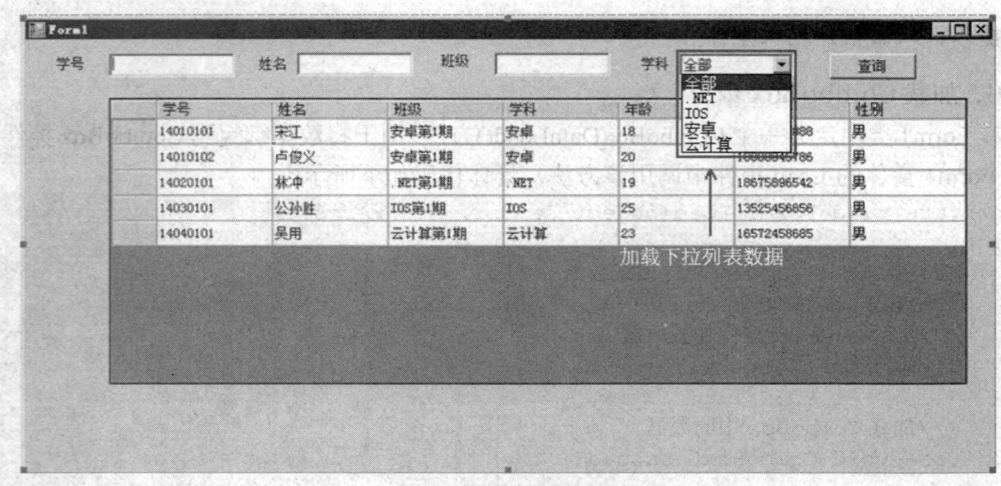

图 2-38　绑定学科数据

提示：SQL 语句中的 distinct 关键字用于去除查询出的重复数据。

7．查询数据

学科下拉列表中的数据绑定完成后，下面为界面中的【查询】按钮编写单击事件的具体代码，选中【查询】按钮并双击，如图 2-39 所示。

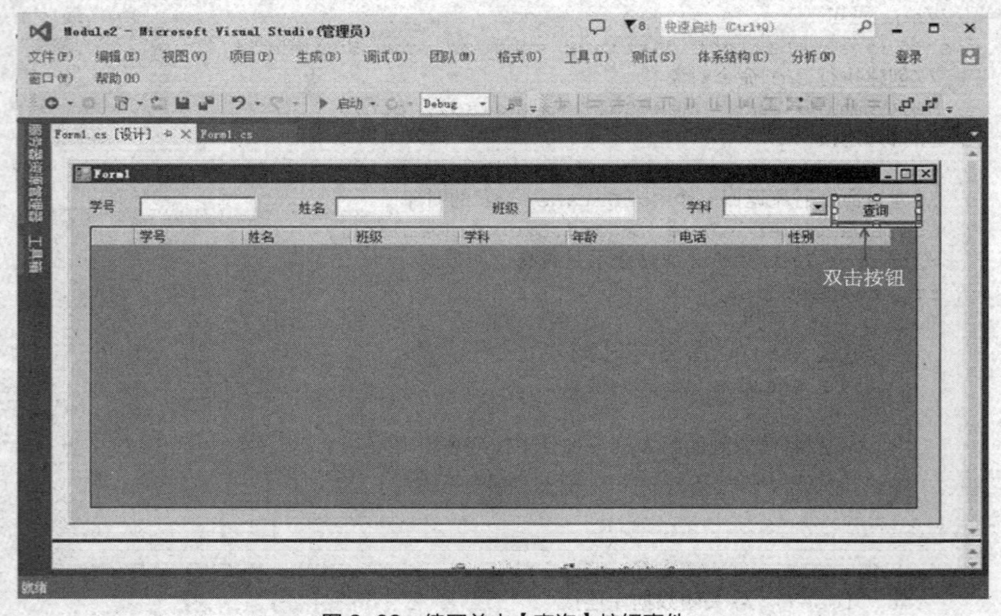

图 2-39　编写单击【查询】按钮事件

在图 2-39 中双击【查询】按钮后，在按钮的 Click 事件中编写查询数据的代码，具体代码如下所示。

```
private void btnSelect_Click(object sender, EventArgs e)
{
    //获取所有需查询的字段值。
    string stuNum = txtStuNum.Text.Trim();
    string stuName = txtStuName.Text.Trim();
```

```
        string stuClass = txtStuClass.Text.Trim();
        string subject = cmbSubject.Text.Trim();
        //拼接Sql查询语句
        StringBuilder sql=new StringBuilder("select * from Student where 1=1");
        //查询的学号不为空时，就在原始的sql语句后加一个查询条件
        if(!String.IsNullOrEmpty(stuNum))
        {
            sql.Append(" and stuNum="+stuNum);
        }
        //查询的姓名、班级或学科不为空时，就在sql语句后加一个模糊匹配查询条件
        if(!String.IsNullOrEmpty(stuName))
        {
            sql.Append(" and stuName like '%"+stuName+"%'");
        }
        if (!String.IsNullOrEmpty(stuClass))
        {
            sql.Append(" and stuClass like '%" + stuClass + "%'");
        }
        if (!String.IsNullOrEmpty(subject))
        {
            sql.Append(" and subject like '%" + subject + "%'");
        }
        //重新加载 DataGridView中的数据
        DataGridViewDataLoad(sql.ToString());
    }
```

在上述代码中，通过获取输入框中的数据拼接SQL语句，并调用DataGridViewDataLoad()方法重新将查询到的数据加载到DataGridView控件中。运行项目，在“姓名”输入框中输入“卢”，学科选中“安卓”，并单击【查询】按钮获取查询的数据，运行结果如图2-40所示。

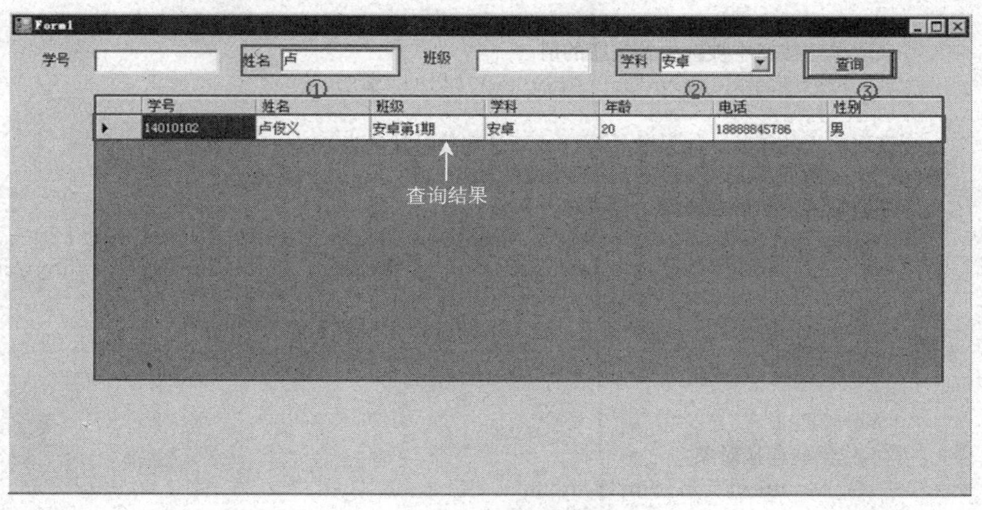

图2-40 查询结果展示

8．实现添加数据功能

在项目Lesson2中添加一个名为“AddStudent.cs”的Windows窗体，并在该窗体中添加7个Label控件、6个TextBox控件、两个RadioButton控件、两个Button控件和一个Panel控件，并为这些控件设置Text属性和Name属性，设置完成后的界面如图2-41所示。

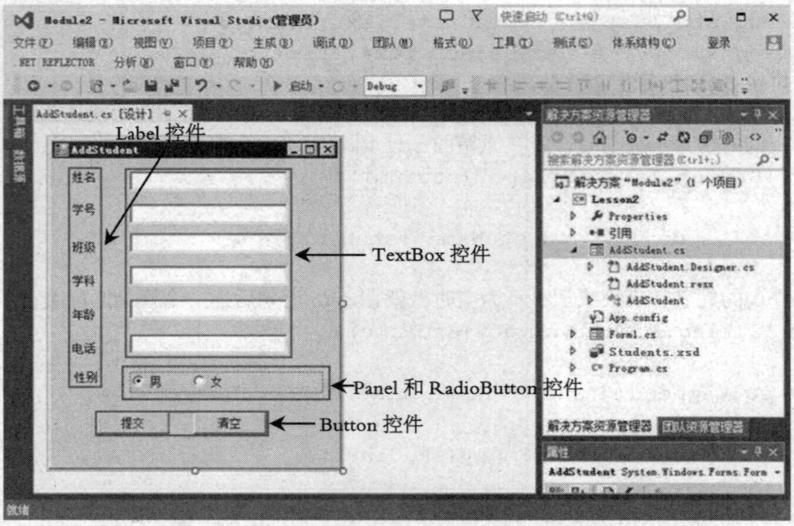

图 2-41　添加信息窗体

如图 2-41 所示，完成 AddStudent 窗体的设置后，在界面中双击【提交】按钮编写 Click 事件的代码，具体代码如下所示。

```
// 添加页面【提交】按钮的单击事件
private void btnSave_Click(object sender, EventArgs e)
{
    //获取输入框中所有的输入信息
    string StuName = txtStuName.Text.Trim();
    string StuNum = txtStuNum.Text.Trim();
    string StuClass = txtStuClass.Text.Trim();
    string subject = txtSubject.Text.Trim();
    string StuPhone=txtStuPhone.Text.Trim();
    //获取单选按钮中被选中的按钮的值
    string stuGender=radioB.Checked?"男":"女";
    int StuAge;
    //获取输入的年龄，如果输入为""或不是整数时默认为 0
    Int32.TryParse(txtStuAge.Text.Trim(),out StuAge);
    //判断姓名、学号、班级、学科是否为空
    if (String.IsNullOrEmpty(StuName) || String.IsNullOrEmpty(StuNum)
    || String.IsNullOrEmpty(StuClass) || String.IsNullOrEmpty(subject))
    {
        MessageBox.Show("姓名、学号、班级、学科都不能为空");
    }
    else
    {
        //创建连接对象
        SqlConnection con = new
        SqlConnection("server=.;database=itcast;uid=sa;pwd=123456");
        string sql = string.Format("insert into Student
                 values('{0}','{1}','{2}','{3}',{4},'{5}','{6}')"
               ,StuNum,StuName,StuClass,subject,StuAge,StuPhone, Gender);
        //创建执行命令对象
        SqlCommand cmd = new SqlCommand(sql, con);
        //打开连接
```

```
            con.Open();
            //返回执行影响的行数
            int count = cmd.ExecuteNonQuery();
            //关闭连接
            con.Close();
            //当返回的影响条数大于 0 时，弹出"添加成功"
            if (count > 0)
            {
                MessageBox.Show("添加成功");
            }
            //关闭当前对话框
            this.Close();
        }
    }
```

在上述代码中创建了一个 SqlConnection 的 con 对象和 SqlCommand 的 cmd 对象，打开连接，调用 cmd 对象的 ExecuteNonQuery()方法向数据库中插入数据，并通过返回的结果判断插入是否成功，最后关闭连接。接下来为【清空】按钮编写 Click 事件的代码，具体代码如下所示。

```
    // 添加对话框中的清空按钮
    private void btnClear_Click(object sender, EventArgs e)
    {
        txtStuAge.Text = "";
        txtStuClass.Text = "";
        txtStuName.Text = "";
        txtStuNum.Text = "";
        txtStuPhone.Text = "";
        txtSubject.Text = "";
    }
```

在上述代码中，将所有的 TextBox 的 Text 属性都设置为空。回到 Form1 窗体页面，在 Form1 窗体界面中添加一个 Button 按钮并设置 Text 属性和 Name 属性，如图 2-42 所示。

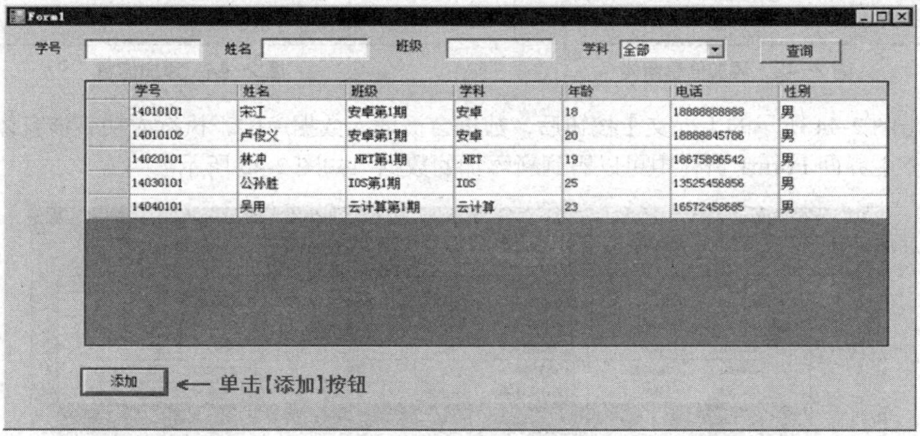

Form1

学号 ____ 姓名 ____ 班级 ____ 学科 全部 查询

学号	姓名	班级	学科	年龄	电话	性别
14010101	宋江	安卓第1期	安卓	18	18888888888	男
14010102	卢俊义	安卓第1期	安卓	20	18888845786	男
14020101	林冲	.NET第1期	.NET	19	18675896542	男
14030101	公孙胜	IOS第1期	IOS	25	13525456856	男
14040101	吴用	云计算第1期	云计算	23	16572458685	男

添加 ← 单击【添加】按钮

图 2-42　添加按钮

在图 2-42 所示的界面中，设置好【添加】按钮的属性后，双击该按钮，编写添加操作的实现代码，具体代码如下所示。

```
    // 添加按钮单击事件
    private void btnAdd_Click(object sender, EventArgs e)
```

```
{
    //创建一个 AddStudent 类型的窗体实例
    AddStudent addStudent = new AddStudent();
    //将窗体使用对话框的形式弹出
    addStudent.ShowDialog();
    //添加数据框关闭后重新加载 ComboBox 控件和 DataGridView 控件中的数据
    ComboBoxDataLoad();
    DataGridViewDataLoad();
}
```

在上述代码中创建了一个 AddStudent 类型的窗体对象，并调用该窗体对象的 ShowDialog() 方法，将该窗体对象以弹出框的形式展示出来，在该窗体关闭后重新加载 ComboBox 以及 DataGridView 控件中的数据。运行程序，单击列表界面中的【添加】按钮后弹出添加对话框，如图 2-43 所示。

如图 2-43 所示，依次添加学生的基本信息为“鲁智深”“14050101”“平面设计第 1 期”“平面设计”“18”“15672364582”，然后单击【提交】按钮，如图 2-44 所示。

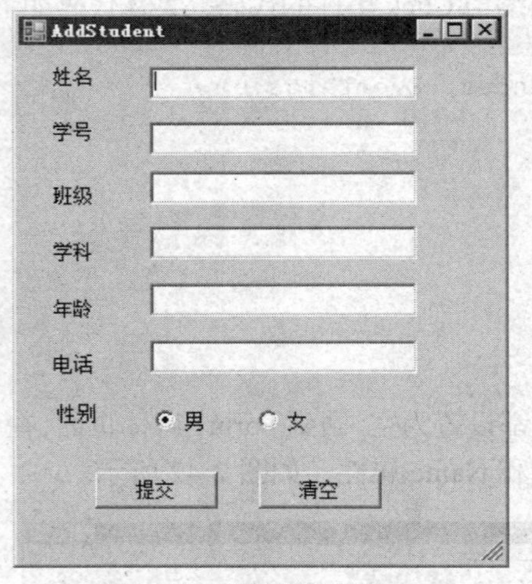

图 2-43　添加信息窗体

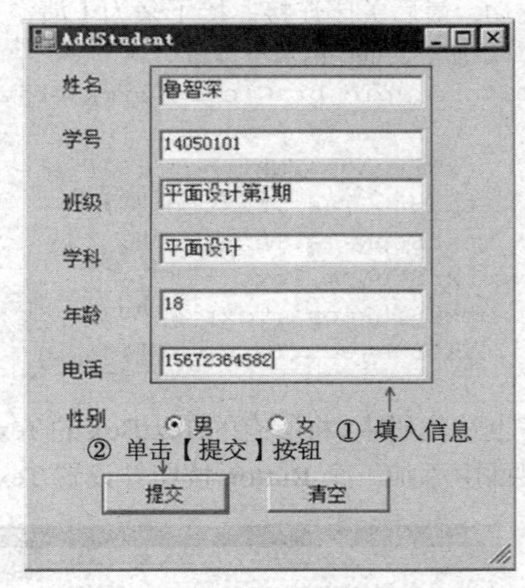

图 2-44　添加信息

单击图 2-44 所示的【提交】按钮后，数据会被插入数据库中，执行成功后该窗体会自动关闭，在主界面 Form1 窗体中可以看到新添加的数据，如图 2-45 所示。

Form1

学号　　姓名　　班级　　学科 全部　　查询

学号	姓名	班级	学科	年龄	电话	性别
14010101	宋江	安卓第1期	安卓	18	18888888888	男
14010102	卢俊义	安卓第1期	安卓	20	18888845786	男
14020101	林冲	.NET第1期	.NET	19	18675896542	男
14030101	公孙胜	IOS第1期	IOS	25	13525456856	男
14040101	吴用	云计算第1期	云计算	23	16572456685	男
14050101	鲁智深	平面设计第1期	平面设计	18	15672364582	男

新添入的数据

添加

图 2-45　添加后的数据

9．修改数据

在项目 Lesson2 中添加一个名为“UpdateStudent.cs”的 Windows 窗体，并向窗体中添加 8 个 Label 控件、6 个 TextBox 控件、两个 Radio Button 控件、两个 Button 控件和一个 Panel 控件，并为其设置 Text 和 Name 属性。其中，将一个 Label 控件的 Text 属性值设为 ID，Visible 属性设置为 False，如图 2-46 所示。

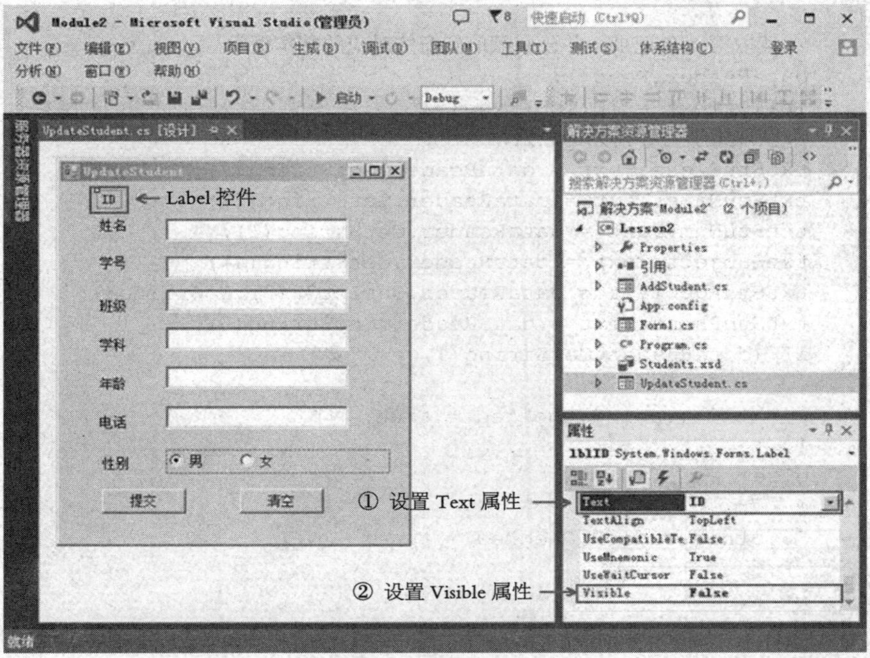

图 2-46 设置属性

如图 2-46 所示，设置完成更新数据的界面后，为 UpdateStudent 窗体编写 Load 事件代码，并在该类中定义一个字段 ID，将 UpdateStudent 类的无参构造方法改为带一个 int 类型参数的构造方法，具体代码如下所示。

```
public partial class UpdateStudent : Form
{
    public int ID;
    //实例化时传递修改的数据的主键
    public UpdateStudent(int Id)
    {
        ID = Id;
        //该方法是由系统生成的
        InitializeComponent();
    }
   private void UpdataStudent_Load(object sender, EventArgs e)
  {
    //创建连接
   SqlConnection con = new
          SqlConnection("server=.;database=itcast;uid=sa;pwd=123456");
   //创建执行对象
   SqlCommand cmd = con.CreateCommand();
   //设置执行的 Sql 语句，查询数据库表中字段 ID 的值为传递的值的数据
```

```
    cmd.CommandText = "select * from Student where ID=" + ID;
    //打开连接
    con.Open();
   //执行查询语句，返回查询的 SqlDataReader 对象
    SqlDataReader dataReader = cmd.ExecuteReader();
    //判断是否查询到数据
    if (dataReader.HasRows)
    {
        //读取第 1 条记录，并分别赋值到窗体对应的文本框中
        dataReader.Read();
        lblID.Text = ID.ToString();
        //获取索引为 3 的列的数据
        txtStuClass.Text = dataReader.GetString(3);
        txtStuName.Text = dataReader.GetString(2);
        txtStuNum.Text = dataReader.GetString(1);
        txtSubject.Text = dataReader.GetString(4);
        txtStuAge.Text = dataReader.GetInt32(5).ToString();
        txtStuPhone.Text = dataReader.GetString(6);
        if (dataReader.GetString(7) == "女")
        {
            this.radioG.Checked = true;
        }
        else
        {
            this.radioB.Checked = true;
         }
    }
}
}
```

在上述代码中通过构造函数获取到点击列的 ID 值，并在 UpdateStudent 的 Load 事件中使用 SqlCommand 的 cmd 对象查询数据表中该 ID 对应的数据，将查询到的数据赋给对应控件的 Text 属性。回到 UpdateStudent 窗体界面，为【提交】按钮和【清空】按钮注册 Click 事件，实现代码与 AddStudent 窗体中的实现代码类似，只需将 AddStudent 窗体的【提交】按钮事件中的 SQL 语句进行修改，修改后的代码如下所示。

```
string sql = string.Format("update Student set StuNum='{0}',
StuName='{1}',StuClass='{2}',subject='{3}',StuAge={4},StuPhone='{5}',
StuGender='{6}'
where ID={7}", StuNum, StuName, StuClass, subject, StuAge, StuPhone, StuGender,Id);
```

回到 Form1 窗体界面，选中窗体中的 DataGridView 控件，并在属性面板中单击【⚡】图标，找到 CellContentClick 事件双击，如图 2-47 所示。

提示： CellContentClick 事件在单击单元格中的内容时触发。

在图 2-47 所示的属性面板中双击事件后，在 DataGridView 控件的 CellContentClick 事件中编写代码，具体代码如下所示。

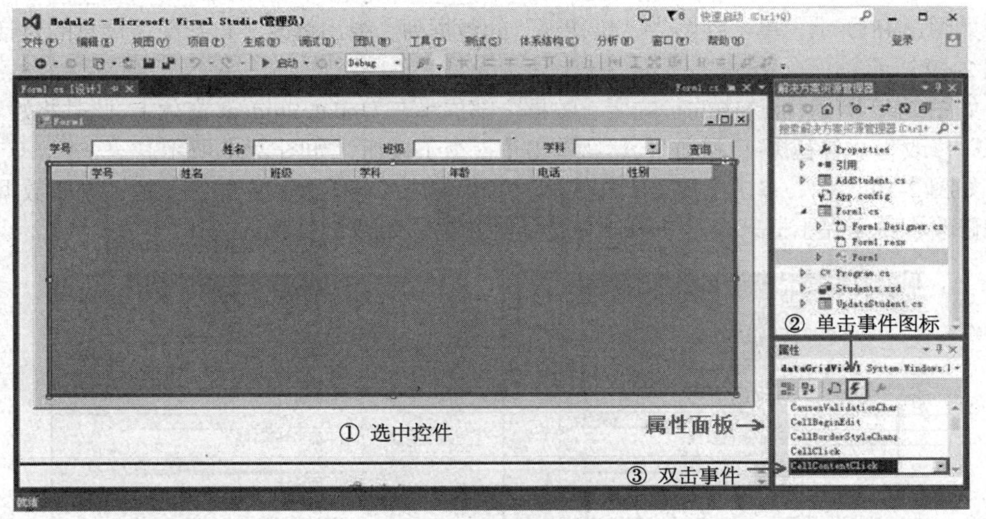

图 2-47　注册事件

```
private void dataGridView1_CellContentClick(object sender,
                  DataGridViewCellEventArgs e)
{
   //获取单击的行的第 1 列数据，第 1 列为隐藏的 ID 列，该列的数据为数据库表中的主键列的数据
   int id = Convert. ToInt32(this. dataGridView1. Rows[e.RowIndex]. Cells[0]. Value);
   //创建一个修改信息的窗体，把修改行的主键传递到该窗体中
   UpdateStudent  updataStudent = new  UpdateStudent(id);
   //以对话框形式将窗体弹出
  updataStudent.ShowDialog();
  //对话框执行完毕后重新加载 Form1 窗体中的 ComboBox 以及 DataGridView 控件中的数据
  ComboBoxDataLoad();
  DataGridViewDataLoad();
}
```

在上述代码中获取单击的行的第 1 列值，该值为隐藏的 ID 列，并将该值作为参数创建一个 UpdateStudent 类型的窗体对象，将该窗体对象以弹出框的形式展示出来。运行程序，单击 DataGridView 列表的一行中任意列的文字内容，如图 2-48 所示。

Form1

学号　　姓名　　班级　　学科 全部　　查询

学号	姓名	班级	学科	年龄	电话	性别
14010101	宋江	安卓第1期	安卓	18	18888888888	男
14010102	卢俊义	安卓第1期	安卓	20	18888845786	男
14020101	林冲	.NET第1期	.NET	19	18675896542	男
14030101	公孙胜	IOS第1期	IOS	25	13525456856	男
14040101	吴用	云计算第1期	云计算	23	18572458685	男
14050101	鲁智深	平面设计第1期	平面设计	18	15872364582	男

单击该行任意列的文字

添加

图 2-48　单击文字内容

如图 2-48 所示，单击姓名为“鲁智深”的数据列，弹出修改“鲁智深”信息的对话框，如图 2-49 所示。

如图 2-49 所示，被选中的行的所有数据全部展示在 UpdateStudent 窗体上，此时将姓名“鲁智深”修改为“鲁智深-花和尚”，然后单击【提交】按钮，如图 2-50 所示。

如图 2-50 所示，单击【提交】按钮后，如果弹出“修改成功”的提示框，说明数据已被成功修改，关闭提示框，查看 Form1 窗体中的数据，如图 2-51 所示。

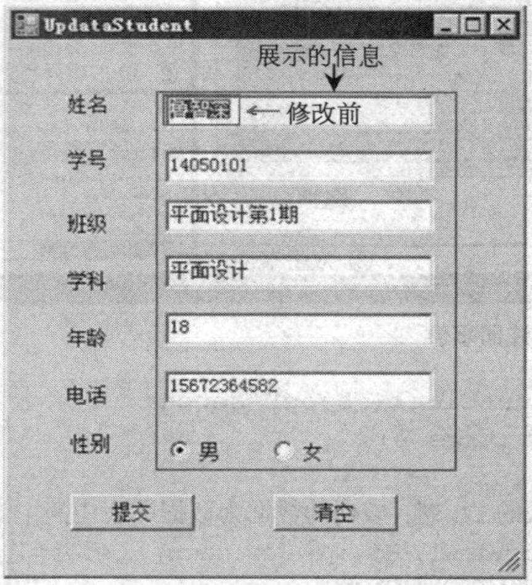

图 2-49　修改信息对话框

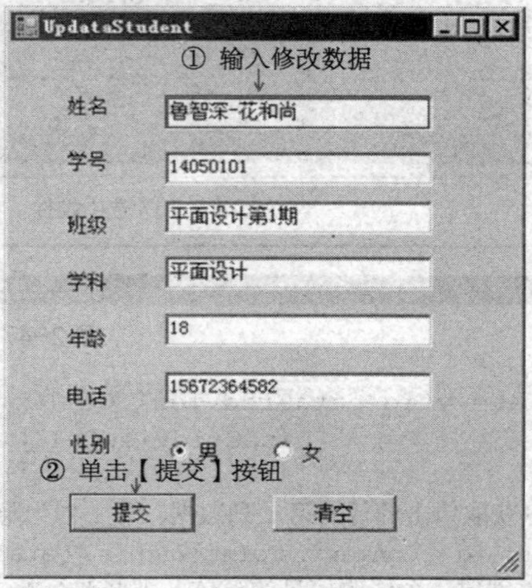

图 2-50　修改信息

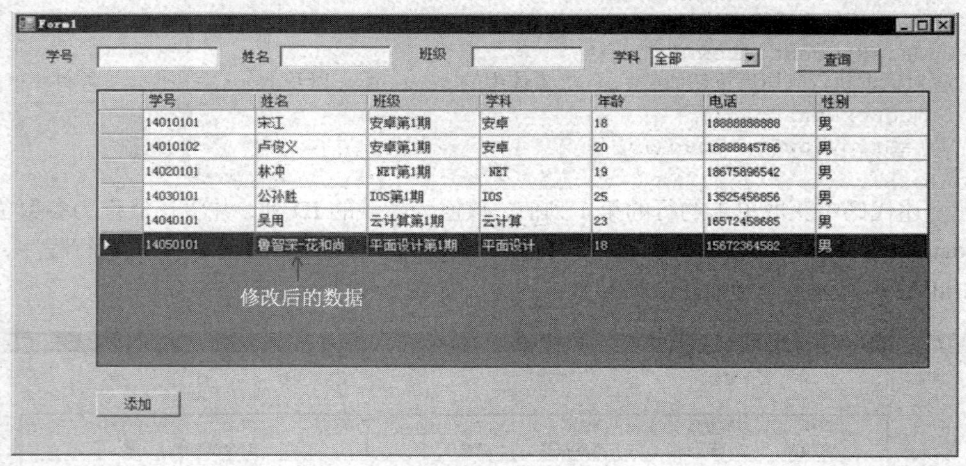

学号	姓名	班级	学科	年龄	电话	性别
14010101	宋江	安卓第1期	安卓	18	18888888888	男
14010102	卢俊义	安卓第1期	安卓	20	18888845786	男
14020101	林冲	.NET第1期	.NET	19	18675896542	男
14030101	公孙胜	IOS第1期	IOS	25	13525456856	男
14040101	吴用	云计算第1期	云计算	23	16572458685	男
14050101	鲁智深-花和尚	平面设计第1期	平面设计	18	15672364582	男

图 2-51　修改成功

10．删除数据

回到 Form1 窗体界面中，参照图 2-47 所示的步骤，为 DataGridView 控件添加 CellDoubleClick 事件。当在 DataGridView 控件中双击某一行数据时弹出提示框，询问是否删除数据，具体代码如下所示。

```
private void dataGridView1_CellDoubleClick(object sender,
                                          DataGridViewCellEventArgs e)
  {
    //创建一个弹出框
    DialogResult result= MessageBox.Show("确定删除该数据？", "确定删除？",
```

```
        MessageBoxButtons.OKCancel);
      //result 表示弹出框的返回值
    if (result==DialogResult.OK)
      {
          //获取要删除的数据的主键 ID
          int id=Convert.ToInt32(dataGridView1.Rows[e.RowIndex].Cells[0].Value);
          //创建连接对象
          SqlConnection con=new SqlConnection("server=.;database=itcast;uid=sa;
                          pwd=123456");
          string sql="delete Student where ID="+id;
          //创建执行命令对象
          SqlCommand cmd =new SqlCommand(sql,con);
          //打开连接
          con.Open();
          //执行删除命令
          cmd.ExecuteNonQuery();
          //关闭连接
          con.Close();
      }
      //重新加载数据
      ComboBoxDataLoad();
      DataGridViewDataLoad();
}
```

在上述代码中，当触发该事件时会弹出“确定删除该数据？”对话框，当用户单击了对话框中的【确定】按钮时，获取选中行的 ID 值，通过创建的 SqlCommand 类的对象 cmd 调用 ExecuteNonQuery()方法执行删除操作。运行程序，双击 DataGridView 中的最后一行数据，并在弹出的对话框中单击【确定】按钮，如图 2-52 所示。

提示：CellDoubleClick 事件在双击单元格中的任意位置触发。

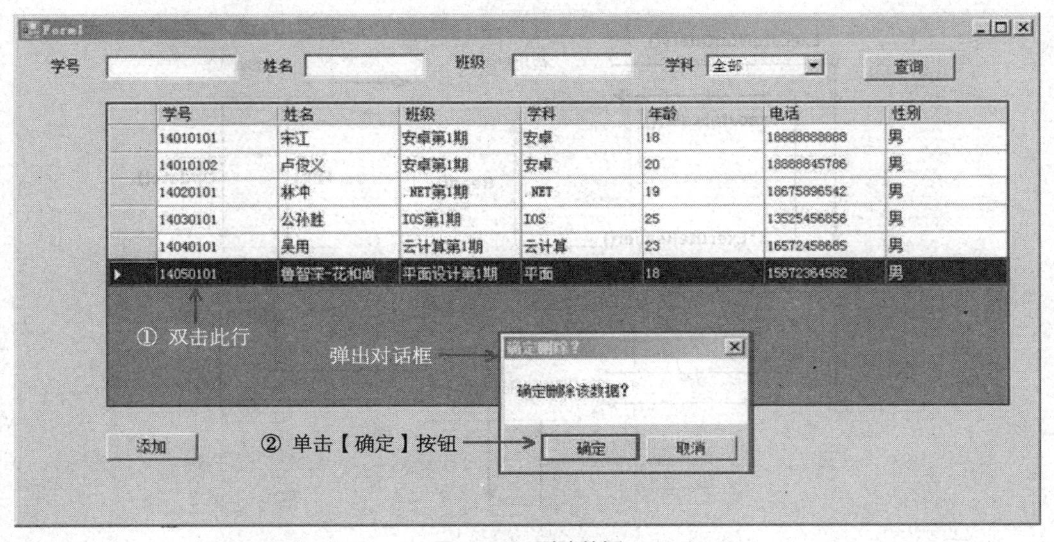

图 2-52 删除数据

如图 2-52 所示，单击【确定】按钮后，DataGridView 控件中的数据会被重新加载，被双击的数据删除成功，如图 2-53 所示。

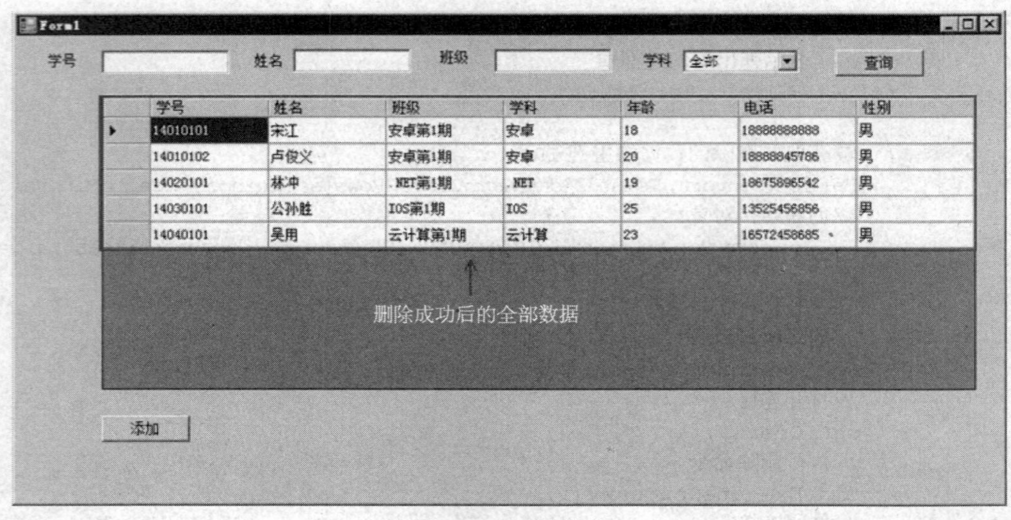

图 2-53　删除成功

【拓展深化】

1．数据库操作常用命名空间

在对 SQL Server 数据库进行操作时经常会用到一些系统提供的类，这些类都需要引用相关的命名空间。其中，SqlConnection 类、SqlCommand 类、SqlDataReader 类和 SqlDataAdapter 类都位于 System.Data.SqlClient 命名空间，DataSet 类位于 System.Data 命名空间。

2．ADO. NET 对象的关系

在操作数据库时经常会同时使用多个 ADO.NET 对象，通过这些对象的配合使用，可以更加灵活、方便地操作数据库，接下来通过一个图来描述 ADO.NET 对象之间的关系，如图 2-54 所示。

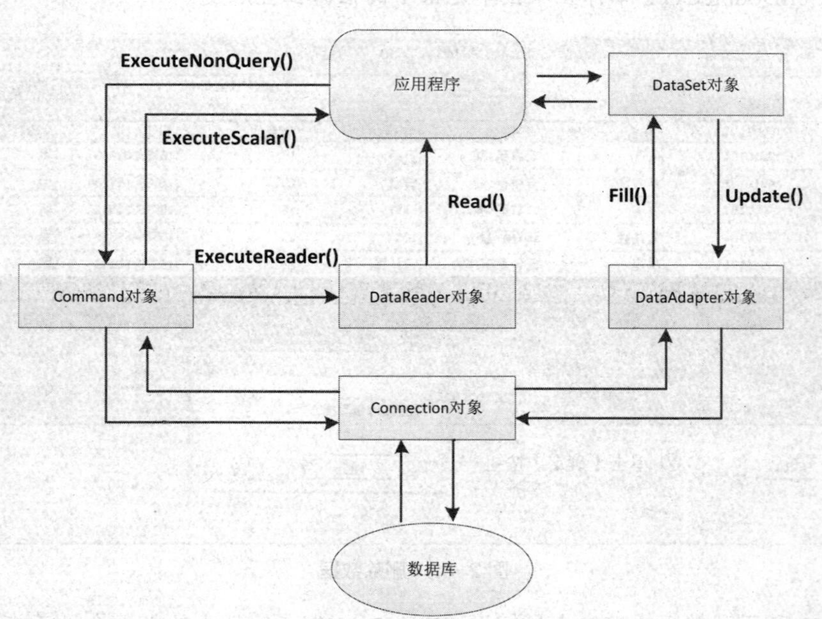

图 2-54　ADO.NET 五大对象关系图

测一测

学习完前面的内容，下面来动手测一测吧，请思考以下问题。

1. 在程序中操作数据时，使用 DataTable 和 DataSet 的区别是什么？
2. ADO.NET 五大对象之间是如何配合使用的？

扫描右方二维码，查看【测一测】答案！

2.3 SqlHelper 工具类的使用

由于操作数据库的代码很多都是重复的，在实际开发中为了提高项目的开发效率，通常将常用的数据库操作封装到一个工具类中，在后续的项目中直接使用即可，无需重新编写代码。

讲解：什么是工具类

工具类是指可以重复使用的功能代码，例如数据库的连接、增、删、查、改操作。

【知识讲解】

1. 添加数据库连接字符串

当在程序中需要连接数据库时，首先需要在配置文件中添加连接字符串，配置文件一般为 App.config 或 Web.config，然后打开配置文件，在<configuration></configuration>标签中添加如下代码。

```
<connectionStrings>
  <add name="connectionStr" connectionString="server=.;
  database=itcast;uid=sa;pwd=123456"/>
</connectionStrings>
```

上述代码中<connectionStrings> </connectionStrings>标签表示连接字符串集合， <add/>标签中的 name 属性表示连接字符串的名称，用于调用时唯一识别，connectionString 属性表示连接的字符串。

2. 程序中引用连接字符串

为了能在程序中调用数据库，需要在程序中通过 ConfigurationManager 类来获取连接字符串，具体代码如下所示。

```
public string constr =
ConfigurationManager.ConnectionStrings["connectionStr"].ConnectionString;
```

上述代码中，通过静态 ConfigurationManager 类的 ConnectionStrings 属性获取配置文件中的数据库连接字符串。参数“connectionStr”表示配置文件中数据库连接字符串 name 的值。

提示：添加 System.Configuration 引用。

3. 编写 SQL 语句

在程序中，可以根据需要对数据库所进行的操作编写 SQL 语句，并将 SQL 语句以字符串的形式保存，具体代码如下所示。

```
string sql = "select * from  Student ";
```

上述代码中表示查询 Student 表中的所有数据，SQL 语句的内容可以根据需要执行的操作进行编写。

4．参数化替换（SqlParameter）

当查询数据库的 SQL 语句中包含查询条件时，有可能出现 SQL 注入攻击漏洞，导致程序出现安全隐患，所以需要使用 SqlParameter 对象进行参数化查询，具体代码如下所示。

```
int id=1;
string sql = "select  StuName,StuNum  from  Student where Id=@id";
SqlConnection  con = new SqlConnection(constr);
SqlCommand  cmd = new SqlCommand(sql, con);
SqlParameter  par=new SqlParameter("@id", id);
cmd.Parameters.Add(par);
```

上述代码中，SQL 查询语句有查询条件，此时就需要使用 SqlParameter 对象来进行参数化替换，在需要替换的条件中使用“@”符号标识，然后创建一个 SqlParameter 的对象替换查询条件，最后将 SqlParameter 的对象添加到 SqlCommand 对象的 Parameters 属性中。

【动手实践】

在学习完上述代码操作数据库的相关知识后，接下来将通过一个阅读器案例来巩固所学的知识，下面大家一起动手练练吧。

1．创建数据表

由于在前面的小节中已经创建了 itcast 数据库，这里直接在 itcast 数据库中创建 Category 和 ContentInfo 数据表。其中，Category 表用于存储文章分类，ContentInfo 表用于存储文章的具体内容，编写 SQL 语句创建数据表，如图 2-55 所示。

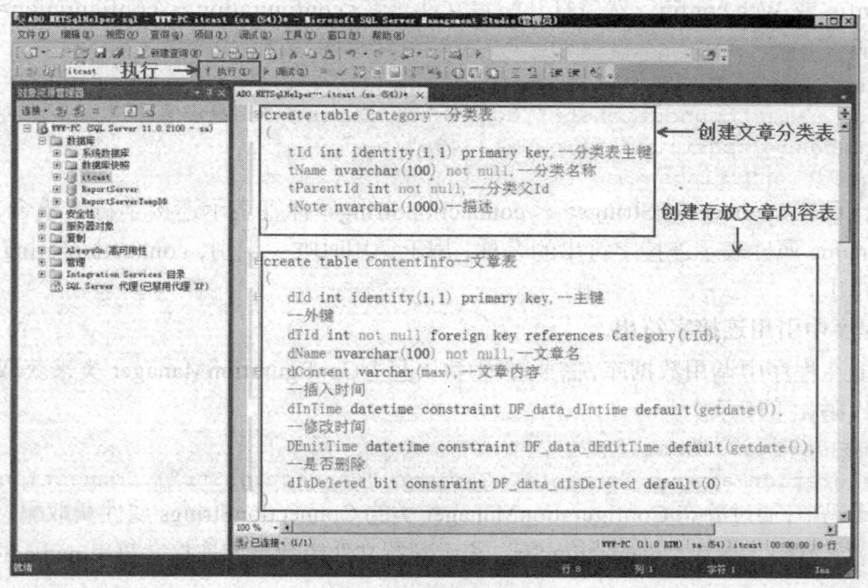

图 2-55　创建数据表

如图 2-55 所示，编写完代码后选中创建 Category 表的 SQL 语句，单击【执行】按钮。执行成功后，然后再选中创建 ContentInfo 表的 SQL 语句，单击【执行】按钮，执行成功后数据库 itcast 中便会出现 Category 和 ContentInfo 表，如图 2-56 所示。

提示：当创建的两个表之间存在关联时，需要先创建外键。在上述添加的表中 ContentInfo 为外键表，Category 为主键表，因为 ContentInfo 表中的 dTId 列关联 Category 表的主键列，

ContentInfo 表中的 dTId 列称为外键，Category 表称为主键表。

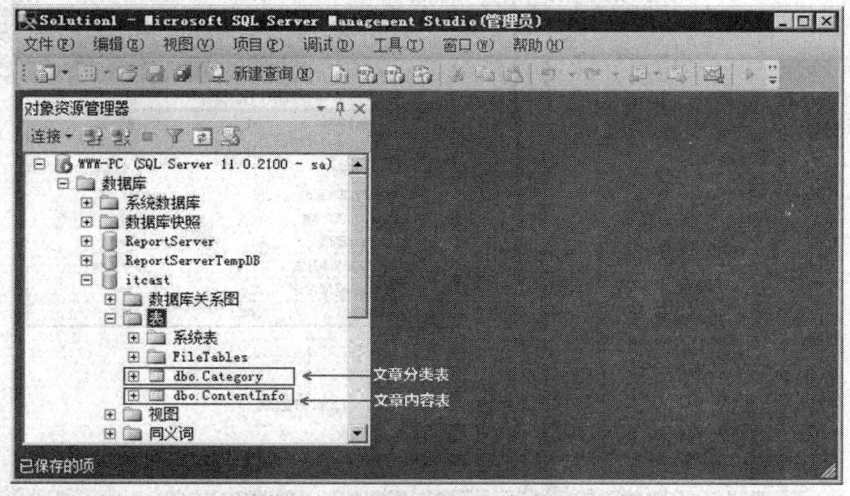

图 2-56　数据库的表结构

如图 2-56 所示，选中 Category 表单击鼠标右键，在弹出的菜单中单击【编辑前 200 行】命令，如图 2-57 所示。

图 2-57　打开编辑表数据面板

当单击图 2-57 所示的【编辑前 200 行】命令后，编辑 Category 表数据的可视化面板在 SQL Server 中打开，在该可视化面板中添加数据，添加完成后的效果如图 2-58 所示。

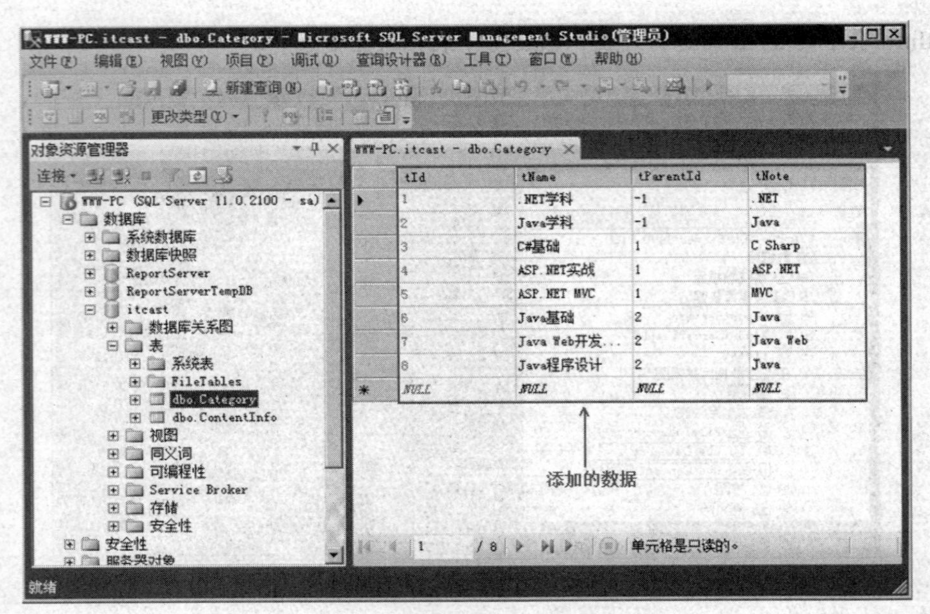

图 2-58　添加 Category 表中的数据

添加完 Category 表中的数据后，接下来根据图 2-57 所示的步骤打开 ContentInfo 表数据编辑面板，并向该表中添加数据，数据添加完成后的效果如图 2-59 所示。

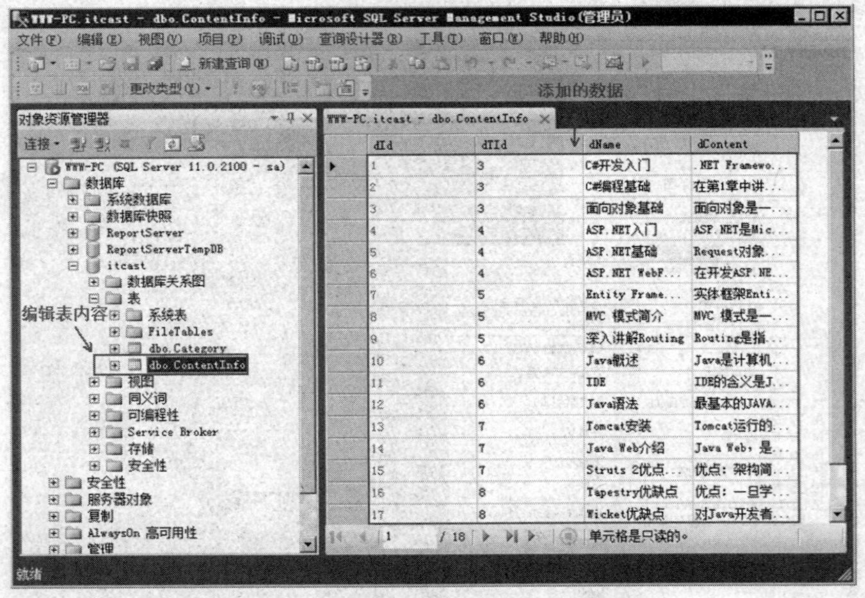

图 2-59　添加 ContentInfo 表中的数据

2．编写程序界面

数据准备完毕后，下面就可以实现将数据显示到程序界面上的功能。在 Module2 的解决方案中创建一个名称为“Lesson3”的 Windows 应用程序，并在 Form1 窗体中依次添加 TreeView、ListBox、Label 和 TextBox 控件并为其设置属性，如图 2-60 所示。

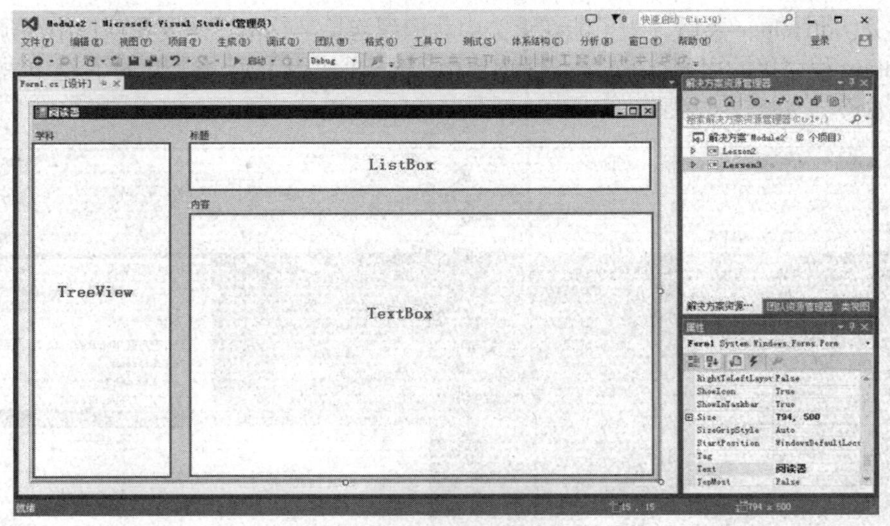

图 2-60　程序界面

如图 2-60 所示，完成了对 TreeView、ListBox、Label 和 TextBox 控件的属性设置后，接下来就可以编写操作数据库并将数据显示到界面中的代码了。

3．添加连接字符串

在程序中操作数据库，首先需要添加数据库连接字符串。打开 App.config 配置文件，在<configuration></configuration>标签下添加如下代码。

```
<connectionStrings>
        <add name="connectionStr"
         connectionString="server=.;database=itcast;uid=sa;pwd=123456"/>
  </connectionStrings>
```

4．编写 SqlHelper 类

添加完数据库连接字符串后，就可以在程序中通过 ADO.NET 对象来操作数据库了。与使用代码操作数据库的步骤基本类似，因此将其封装成一个 SqlHelper 工具类，在项目中创建一个名称为“SqlHelper.cs”的类文件，如图 2-61 所示。

图 2-61　创建 SqlHelper 类

创建完 SqlHelper 类后，为了能在该类中获取到连接字符串，需要在项目中添加 System.Configuration 程序集的引用。在 Lesson3 项目中，选择【引用】项，并用鼠标右键单击选择【添加引用】命令，如图 2-62 所示。

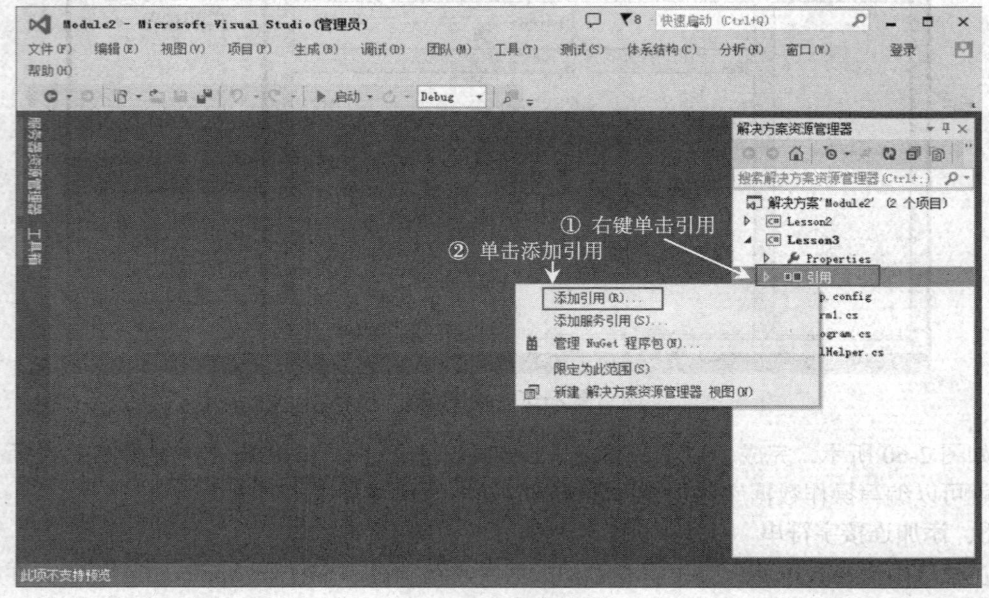

图 2-62　添加引用

如图 2-62 所示，单击【添加引用】命令后，弹出“引用管理器”的对话框，在该对话框中单击【框架】项，勾选“System.Configuration”前的复选框，并单击【确定】按钮，如图 2-63 所示。

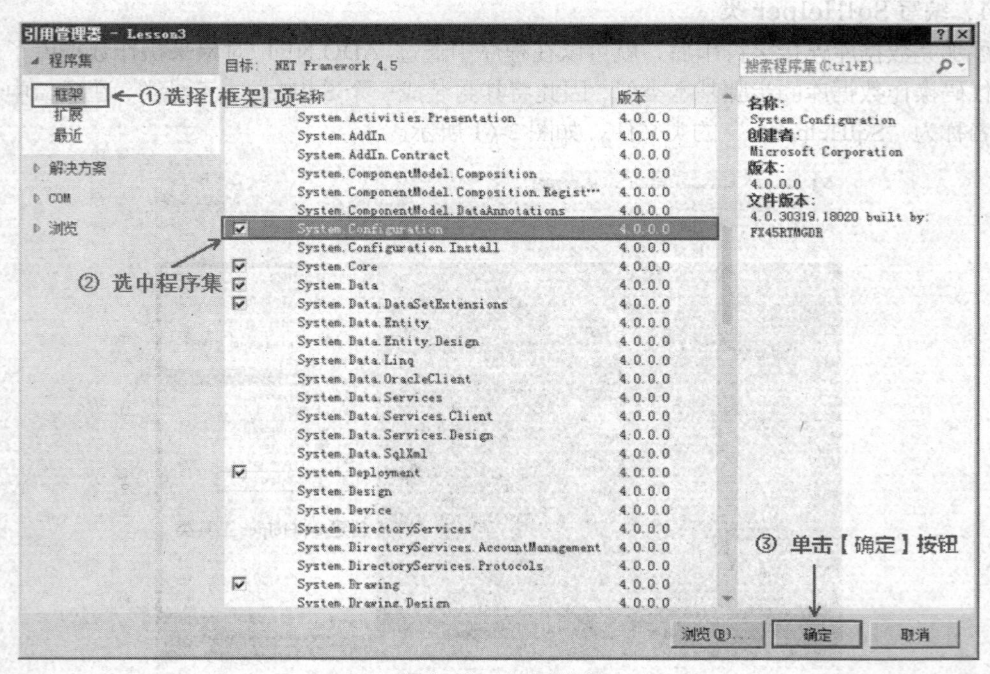

图 2-63　添加引用

如图 2-63 所示，添加程序集后就可以在 SqlHelper 中使用 ConfigurationManager 类获取到数据库连接字符串了，编写的代码如下所示。

```
public static class SqlHelper
{
    //获取连接字符串
    private static readonly string constr =
    ConfigurationManager. ConnectionStrings["connectionStr"]. ConnectionString;
    // ExecuteNonQuery()方法
    // ExecuteScalar ()方法
    // ExecuteReader ()方法
    // ExecuteDataTable ()方法
}
```

提示：*在程序中使用 using 引用 System.Configuration 命名空间。*

上述代码中创建了一个 string 类型的 constr 变量用于接收通过 ConfigurationManager 类获取到的数据库连接字符串。获取连接字符串后，在该类中将要定义一个 ExecuteNonQuery()方法，具体代码如下所示。

```
//执行增删改的
public static int ExecuteNonQuery(string sql, params SqlParameter[] pms)
{
//使用 using 关键字定义一个范围，在范围结束时自动调用这个类实例的 Dispose 处理对象。
    using (SqlConnection con = new SqlConnection(constr))
    {
        //创建执行 Sql 命令对象
        using (SqlCommand cmd = new SqlCommand(sql, con))
        {
          //判断是否传递了 sql 参数
            if (pms != null)
            {
                //将参数添加到 Parameters 集合中
                cmd.Parameters.AddRange(pms);
            }
            con.Open();
            return cmd.ExecuteNonQuery();
        }
    }
}
```

上述代码中的 ExecuteNonQuery()方法一般用于对数据库进行删除、修改和插入的操作，并返回对数据库的影响行数，简单地说就是通过 int 类型的返回值来判断操作是否成功。其中，参数 sql 表示需要执行的 SQL 语句，数组 pms 表示 sql 参数中需要替换的占位符以及对应的值，使用 using 关键字可以在数据库连接对象使用完后自动销毁。接下来编写 ExecuteScalar()方法的代码，具体代码如下所示。

```
//执行返回单个值的
public static object ExecuteScalar(string sql, params SqlParameter[] pms)
{
    using (SqlConnection con = new SqlConnection(constr))
    {
        using (SqlCommand cmd = new SqlCommand(sql, con))
```

```
            {
                if (pms != null)
                {
                    cmd.Parameters.AddRange(pms);
                }
                con.Open();
                return cmd.ExecuteScalar();
            }
        }
    }
```

在实际开发中，ExecuteScalar ()方法常用来执行查询单个数据的操作，并将查询结果以 object 类型返回。其中，先创建一个 SqlConnection 连接对象，然后创建一个 SqlCommand 对象来执行 SQL 语句，查询对象 cmd 调用 Parameters 属性替换 SQL 语句中的占位符，最后调用 ExecuteScalar()方法返回查询结果。接下来实现 ExecuteReader()方法，具体代码如下所示。

```
// 执行返回 SqlDataReader
public static SqlDataReader ExecuteReader(string sql, params SqlParameter[] pms)
  {
     SqlConnection con = new SqlConnection(constr);
     using (SqlCommand cmd = new SqlCommand(sql, con))
     {
      if (pms != null)
      {
          cmd.Parameters.AddRange(pms);
      }
        try
       {
       con.Open();
       return cmd. ExecuteReader(System. Data. CommandBehavior. CloseConnection);
       }
       catch (Exception)
       {
         con.Close();
         con.Dispose();
         throw;
       }
     }
  }
```

上述代码中的 ExecuteReader ()方法一般用于获取一条或多条数据，并将查询的结果以 SqlData Reader 类型返回。其中，cmd 对象的 ExecuteReader()方法的参数值 CloseConnection 为枚举类型，表示当返回的对象销毁时关闭数据库连接。接下来编写 ExecuteDataTable()方法的代码，具体代码如下所示。

```
//执行返回 DataTable
public static DataTable ExecuteDataTable(string sql, params SqlParameter[] pms)
  {
     DataTable dt = new DataTable();
     using (SqlDataAdapter adapter = new SqlDataAdapter(sql, constr))
     {
        if (pms != null)
```

```
            {
                adapter.SelectCommand.Parameters.AddRange(pms);
            }
            adapter.Fill(dt);
        }
        return dt;
    }
```

上述代码中的 ExecuteDataTable ()方法一般用于查询数据并以 DataTable 表格类型数据返回，所以在代码中需要先创建一个 DataTable 对象用于存储查询到的数据，而 adapter 对象的 Fill()方法就是用于获取数据并将数据填充到 DataTable 对象中。

5．创建数据实体类

编写完 SqlHelper 类后，就可以通过调用该类的方法获取数据库中的数据了。为了方便数据的使用，需要将这些数据封装到类的对象中，用于封装数据的类称为表实体类。接下来在项目中创建两个名为 Category 和 ContentInfo 的类，创建完成后的项目文件结构如图 2-64 所示。

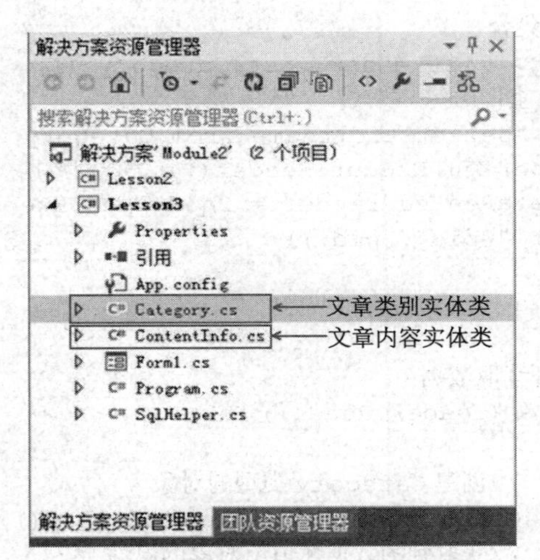

图 2-64　Lesson3 应用程序结构图

讲解：什么是实体类

实体类也称为实体模型类，通常类名与数据表的名称一致，该类中包含一系列属性，这些属性与数据库中的字段一一对应，从数据库中查询出来的数据都使用该类的对象来保存，以便在程序中使用。

创建了 Category 和 ContentInfo 类后，接下来就分别编写这两个类的实现代码，具体代码如下所示。

```
class Category        //分类
{
    public int TId { get; set; }
    public string TName { get; set; }
    public int TParentId { get; set; }
    public string TNote { get; set; }
}
class ContentInfo        //内容信息
{
    public int DId { get; set; }
```

```
        public int DTId { get; set; }
        public string DName { get; set; }
        public string DContent { get; set; }
    }
```

上述代码中分别定义了多个属性，这些属性与数据库中的字段一一对应，当使用查询语句在数据库中查询出数据时，分别存储到对应类的对象中，这样就将数据库中的数据复制到当前程序中了，一般这种用于存储数据的类称为数据实体类。

6．加载文章分类到 TreeView

数据实体类创建完后，接下来就可以在窗体加载时给 TreeView 控件绑定数据了，为了让程序逻辑结构严谨，将数据绑定操作的代码封装到 LoadCategory()方法中，将查询数据库获取数据的操作封装到 GetDataByParentId()方法中。接下来先来实现 GetDataByParentId()方法，具体代码如下所示。

```
//根据指定的父 Id 查询当前的子类别
 private List<Category> GetDataByParentId(int pid)
{
        //创建一个类别集合
        List<Category> list = new List<Category>();
        //带参数的 sql 查询语句
        string sql = "select tid,tname from Category where tparentId=@pid";
        //调用 SqlHelper 类的 ExecuteReader()方法查询数据
         using (SqlDataReader reader = SqlHelper.ExecuteReader(sql, new
         SqlParameter("@pid", pid)))
        {
            if (reader.HasRows)
            {
                //循环读取数据
                 while (reader.Read())
                 {
                        //创建 Category 类型的对象
                        Category model = new Category();
                        //获取到的数据赋值给对象的属性
                         model.TId = reader.GetInt32(0);
                         model.TName = reader.GetString(1);
                         //将对象添加到集合中
                         list.Add(model);
                 }
            }
        }
         return list;
}
```

上述代码实现了从数据表中查询数据并保存到 Category 对象中，然后将该对象添加到 List 集合中。其中，GetDataByParentId()方法的返回值为 Category 类型的泛型集合，当获取到数据后，就需要循环遍历数据然后加载到 TreeView 控件上，具体实现代码如下所示。

```
//加载类别信息到 TreeView
private void LoadCategory(List<Category> listRoot, TreeNodeCollection
                                                  treeNodeCollection)
{
      //循环集合 listRoot 中的每条数据加载到 treeNodeCollection
      foreach (var mode in listRoot)
```

```
    {
        TreeNode tnode = treeNodeCollection.Add(mode.TName);
        //tnode 就是刚刚增加的节点
        tnode.Tag = mode.TId;
        //使用递归调用的方法加载所有子节点
        LoadCategory(GetDataByParentId(mode.TId), tnode.Nodes);
    }
}
```

上述代码中，LoadCategory()方法用来获取数据库中的数据并在 TreeView 控件中创建节点。其中，第 1 个参数表示 Category 类型的泛型集合，第 2 个参数表示 TreeNode 对象集合。第 1 个参数的 Category 集合是调用 GetDataByParentId()方法返回的数据集合。当使用 GetDataByParentId()获取到了数据后，然后使用 LoadCategory()方法将数据加载到 TreeView 控件中，最后需要在 Form1_Load()方法中调用这两个方法，具体实现代码如下所示。

```
private void Form1_Load(object sender, EventArgs e)
{
    List<Category> listRoot = GetDataByParentId(-1);
    //加载类别信息到 TreeView
    LoadCategory(listRoot, treeView1.Nodes);
}
```

上述代码中，实现了将根节点的数据加载到窗体界面中。通过 GetDataByParentId()方法获取学科信息的数据，并通过 LoadCategory()方法将数据加载到 Form1 窗体的 TreeView 控件上，运行程序的结果如图 2-65 所示。

图 2-65 加载分类节点

7. 加载文章名称

如图 2-65 所示，单击左侧 TreeView 控件中的节点后，在 ListBox 中会显示该书的章节名称，要实现这个功能需要先获取到选中的节点对应的数据，这里将具体代码封装到 GetContentInfoByCategoryId()方法中，具体实现代码如下所示。

```
//根据类别id,查询当前类别下的所有的文章对象
private List<ContentInfo> GetContentInfoByCategoryId(int cateId)
{
    List<ContentInfo> list = new List<ContentInfo>();
     //带参数的查询语句
     string sql = "select  did,dName from ContentInfo where dtid=@tid";
     using (SqlDataReader reader = SqlHelper.ExecuteReader(sql, new
             SqlParameter("@tid", cateId)))
     {
         //判断是否存在数据
          if (reader.HasRows)
          {
              //循环读取数据
              while (reader.Read())
              {
                  ContentInfo model = new ContentInfo();
                  model.DId = reader.GetInt32(0);
                  model.DName = reader.GetString(1);
                  list.Add(model);
              }
          }
      }
      return list;
  }
```

上述代码实现了通过参数 Id 编写 SQL 语句，并调用 SqlHelper 中的 ExecuteReader()方法查询 Content Info 表中的数据并保存到 model 对象中，最后返回对象的集合。当获取到数据后就需要展示到 ListBox 中，在 TreeView 控件的属性栏中找到 AfterSelect 事件方法，编写代码如下所示。

```
//当选中某项时触发该事件
private void treeView1_AfterSelect(object sender, TreeViewEventArgs e)
{
     //清空 listBox1
     listBox1.Items.Clear();
     //清空 textBox1
     textBox1.Text = string.Empty;
     //获取当前选中项的 id
     int tid = (int)treeView1.SelectedNode.Tag;
     List<ContentInfo> list = GetContentInfoByCategoryId(tid);
     foreach (ContentInfo item in list)
     {
         listBox1.Items.Add(item);
         listBox1.DisplayMember = "DName";
     }
}
```

在上述代码中，当 treeView1 控件中的某一项被选中时会被执行。首先清空 listBox1 和 textBox1 控件中的内容，通过 treeView1.SelectedNode 属性获取 Tag 属性，然后调用 GetContentInfoByCategoryId()方法获取该节点下的分类数据并显示到 listBox1 中，编写完代码后运行程序，结果如图 2-66 所示。

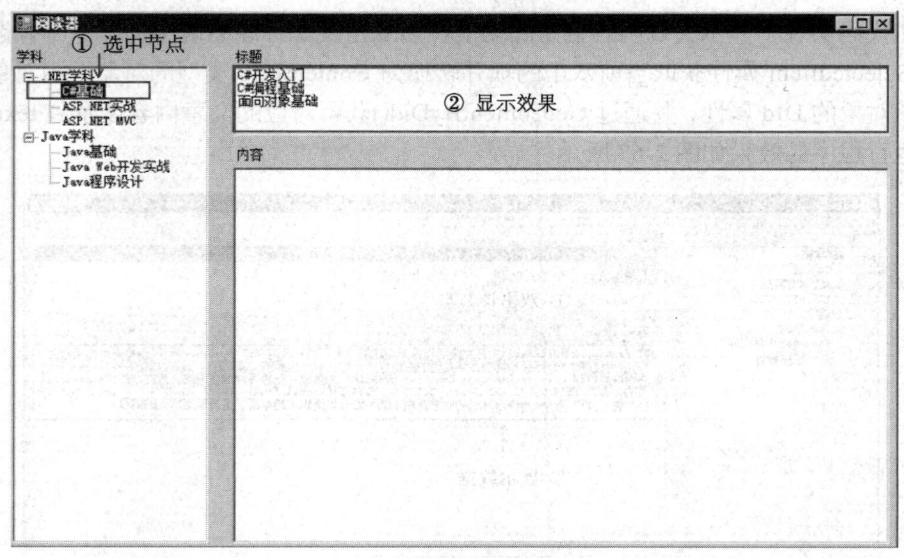

图 2-66 加载文章名称

如图 2-66 所示，选中“C#基础”节点，在右边的“标题”列表框中就展示了所有相关的文章标题。

8．展示文章内容

双击“标题”列表栏中的某一个文章标题时，在右下角的“内容”面板中显示对应的文章内容。实现该功能需要两个步骤，一是获取相应的数据，二是展示到 Text Box 中。接下来定义 GetContentByDid()方法获取数据，具体代码如下所示。

```
private string GetContentByDid(int did)
{
    string sql = "select d Content from ContentInfo where did=@did";
    string content = Convert.ToString(SqlHelper.ExecuteScalar(sql, new
    SqlParameter("@did", did)));
    return content;
}
```

在上述代码的 GetContentByDid()方法中，通过参数 did 编写 SQL 查询语句，然后调用 SqlHelper 的 ExecuteScalar()方法得到数据并显示到 TextBox 中。在 List Box 控件的属性面板中找到 MouseDoubleClick 事件，双击进入事件编写代码，具体代码如下所示。

```
private void listBox1_MouseDoubleClick(object sender, MouseEventArgs e)
{
   //当选项被选中的时候
    if (listBox1.SelectedItem != null)
    {
        ContentInfo model = listBox1.SelectedItem as ContentInfo;
        if (model != null)
        {
            int did = model.DId;
            //这里要根据文章的 Id,查询文章的内容
            textBox1.Text = GetContentByDid(did);
        }
    }
}
```

上述代码实现了显示文章内容信息的功能。当双击文章标题列表中的某一个标题时，首先通过 SelectedItem 属性获取当前双击的项并转换为 ContentInfo 类型的对象，当对象不为空时获得该对象的 DId 属性，并通过 GetContentByDid()获得对应的文章内容展示到 textBox1 控件上，运行程序的效果如图 2-67 所示。

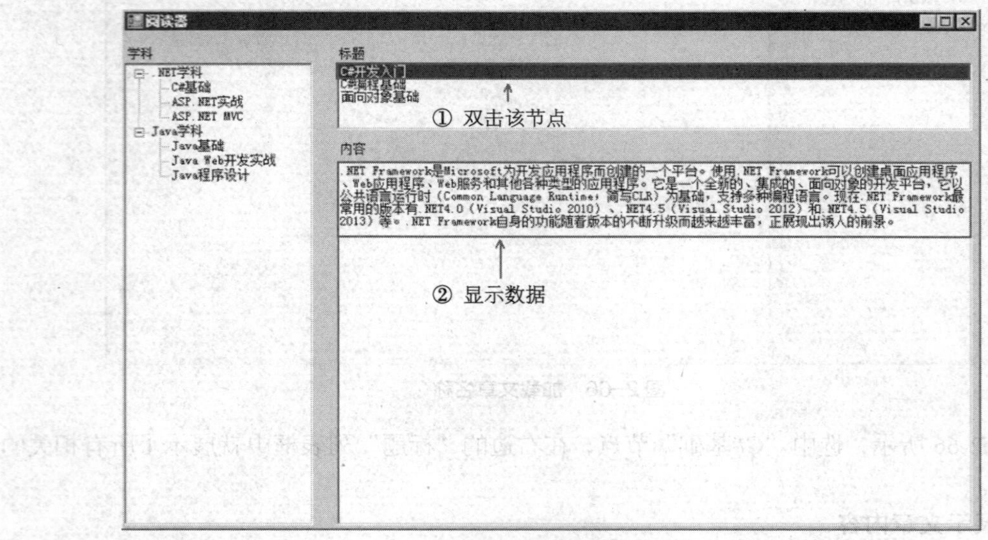

图 2-67　加载文章内容

【拓展深化】

1．SQL 注入攻击

通常在程序中操作数据库时，都需要编写 SQL 语句，然后将 SQL 语句字符串当做 SqlCommand 对象的参数来执行对数据库的操作。由于 SQL 语句带的查询条件是通过字符串拼接完成的，这样拼接的查询条件可以是任意内容，示例代码如下所示。

```
string name = "张三";
string sql = "select * from ContentInfo where Name="+name+"";
```

上述代码中直接编写了 SQL 语句，当字符串 name 的值为“1 or 1”时，那么 SQL 语句的条件判断就一定为真，此时就会查询出数据库中的所有数据，这就是所谓的 SQL 注入攻击，解决 SQL 注入攻击的办法就是通过 SqlParameters 参数来查询。

2．using 关键字的使用

using 关键字不仅具有添加命名空间的作用，还有释放非托管资源的作用。数据库连接属于非托管代码，无法进行自动销毁，在数据库相关的连接对象前使用 using 关键字，可以使该对象在使用完后自动释放。但为了保证数据处理的安全性，通常都会加入 try-catch 异常处理。

测一测

学习完前面的内容，下面来动手测一测吧，请思考以下问题。

1. 如何在 SqlHelper 中添加其他的数据库操作方法？
2. 如果使用的是其他类型的数据库，SqlHelper 还能使用吗？

扫描右方二维码，查看【测一测】答案！

2.4 本章小结

【重点提炼】

本章主要讲解了数据库的基本操作以及 ADO.NET 对象的使用，其中重点讲解了如何自己封装 SqlHelper 工具类，并通过具体案例讲解了这些知识点的使用方法，具体内容如表 2-2 所示。

表 2-2 第 2 章重点内容

小节名称	知识重点	案例内容
2.1 小节	数据库的增、删、查、改 SQL 语句	SQL Server 数据库的基本使用
2.2 小节	ADO.NET 的五大对象	使用 WinForm 控件实现学生信息的增、删、查、改操作
2.3 小节	数据库连接字符串、参数化查询语句	文本阅读器案例

PART 3

第3章 一般处理程序——编写网站处理页面

学习目标

在实际开发中，高效快速地处理用户请求是至关重要的。在网站开发中，一般处理程序就能起到这样的作用。本章学习的一般处理程序就是使用 ASP.NET 内置对象来高效处理用户请求与显示数据，在学习过程中需要掌握以下内容。

- 能够掌握一般处理程序的使用
- 能够掌握 ASP.NET 内置对象的使用
- 能够掌握数据的增、删、查、改操作

情景导入

小明是一个爱好读书的程序员，经常在一些网站上看书。他在浏览一些图书网站时发现网站的页面加载非常慢，影响用户阅读，于是他决定自己开发一个图书阅读的网站，那么开发网站首先就需要解决网页加载速度慢的问题。通过研究学习，小明发现使用一般处理程序可以快速高效地处理页面请求，经过详细的设计与思考，将实现步骤整理了出来，如图 3-1 所示。

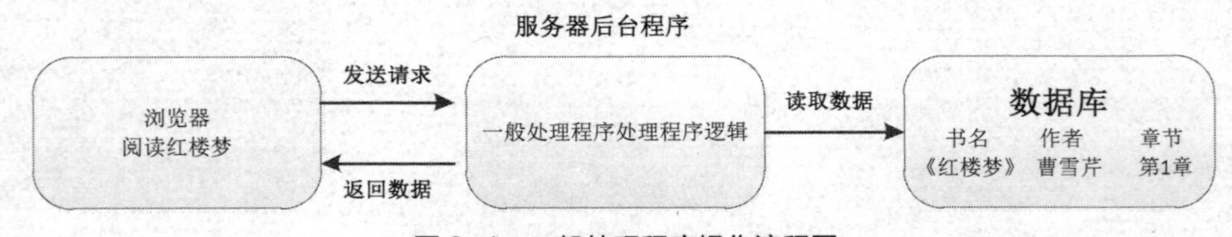

图 3-1　一般处理程序操作流程图

图 3-1 所示的流程图模拟了一个用户阅读红楼梦书籍的情景，那么该网站如何处理用户请求并快速返回该书籍的内容，并且展示给用户呢？当用户在网站页面上单击《红楼梦》书籍的链接时会发送一个用户请求到网站后台程序，为了能快速高效地显示数据，直接使用一般处理程序读取数据库书籍信息并读取 HTML 界面模板进行数据替换，然后将替换好的页面字符串返回给浏览器，这样用户就可以看到《红楼梦》书籍内容了。

3.1 普通登录

在大多数网站项目中都会包含登录功能，通常用户登录时都需要验证用户名和密码是否正确，此时需要发送请求到后台来进行判断，而后台接收用户请求就可以使用一般处理程序，在一般处理程序中可以对用户请求进行相关的逻辑处理。

【知识讲解】

1．什么是一般处理程序

一般处理程序是一个后缀名为.ashx 的代码文件，该文件的类实现了 IHttpHandler 接口，这个类用于负责处理它所对应的 URL 的访问请求，并接受客户端发送的请求信息和发送响应内容。

提示： 实现 IHttpHandler 接口的类是作为一个外部请求程序的前提，凡是没有实现该接口的类都不能被浏览器访问。

2．Get 和 Post 的请求方式

Get 和 Post 是向服务器端发送请求的两种方式，其中 Get 请求是将需要提交给服务器端的数据放在 URL 地址中，而 Post 请求则是将请求数据封装到请求报文中进行发送。

讲解：请求报文

请求报文由请求行、请求头部、空行和请求数据 4 个部分组成，其中请求行中包括请求方式、URL 和 HTTP 协议版本 3 个字段；请求头部是通知服务器端有关于客户端请求的信息；空行用于通知服务器端以下不再是请求头；请求数据是使用 Post 方式发送的数据。

3．Request 对象的使用

Request 对象的作用是获取从客户端向服务器端发出的请求信息。根据请求方式的不同，可以通过 3 种方式来接收客户端的值，当使用 Get 方式发送请求时可以通过 QueryString 属性来获取值；当用户通过 Post 方式发送请求时，可以通过 Form 属性来获取值；当不确定请求方式时，可以通过 Request 对象直接获取，具体示例代码如下所示。

```
string name = context.Request.QueryString["Name"];   //get 请求
string name = context.Request.Form["Name"];         //post 请求
string name = context.Request["Name"];             //get 和 post 请求
```

4．Response 对象的使用

Response 对象用于将服务器端响应的数据发送到客户端，此对象中包含了有关该响应的信息，并且通过 Response 对象的方法可以执行一些特定操作。例如通过该对象的 Write()方法可以向页面输出内容，Redirect()方法可以跳转到另一个页面，具体示例代码如下所示。

```
context.Response.Write("登录成功");
context.Response.Redirect("http://www.itcast.cn");
```

【动手实践】

在学习了一般处理程序、Request 和 Response 对象的相关知识后，可能大家还是不太理解如何在项目中来使用一般处理程序，下面通过一个用户登录的案例来进行讲解，大家一起动手练练吧！

1．创建登录界面

打开 Visual Studio，新建一个空的 Web 应用程序，在该项目中添加一个 Login.html 文件，编写 html 界面代码，具体代码如下所示。

```
<body>
     <table>
        <form method="post" action="login.ashx">
            <tr>
              <td><label for="username">用户名:</label></td>
              <td colspan="2"><input type="text" name="name"
              value="" /></td>
            </tr>
            <tr>
             <td><label for="pwd">密 码:</label></td>
             <td colspan="2"><input type="password" name="pwd" /></td>
           </tr>
          <tr>
           <td></td>
           <td><input type="submit" value="登录" /></td>
           <td><input type="button" value="取消" /></td>
         </tr>
      </form>
    </table>
</body>
```

上述代码中通过一个 table 布局实现了登录界面效果。其中，form 标签中的 method 属性指定了页面请求方式为 post，action 属性指定了请求页面的地址。浏览页面，运行结果如图 3-2 所示。

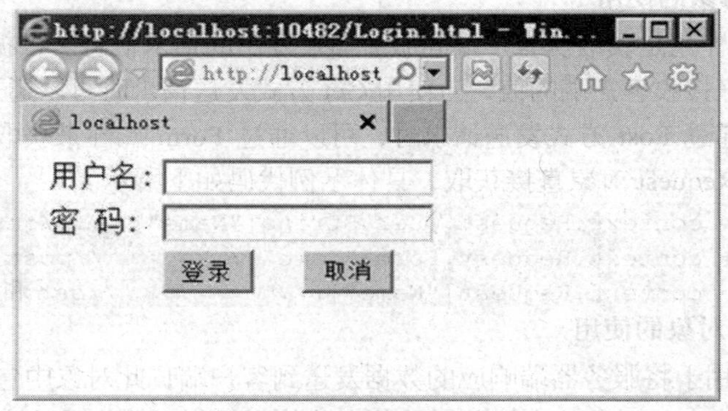

图 3-2 界面效果图

2．创建一般处理程序

设置完界面的展示效果后，接下来使用一般处理程序来处理请求数据。在项目中添加一个 Login.ashx 文件并打开，文件中会自动生成很多代码，这些代码无需进行修改，只需找到 ProcessRequest()方法，并在该方法中编写代码，具体代码内容如下所示。

```
public void ProcessRequest(HttpContext context)
      {
          context.Response.ContentType = "text/plain";
          //获取用户名密码
          string name = context.Request.Form["name"];
```

```
            string pwd=context.Request.Form["pwd"];
            //判断用户名密码是否正确
            if (name == "itcast" && pwd == "123456")
            {
               context.Response.Write("登录成功");
            }
            else
            {
               context.Response.Write("登录失败");
            }
        }
```

在上述代码中，通过 Request 对象的 Form 属性获取 name 和 pwd 的值，然后判断用户名是否为“itcast”、密码是否为“123456”，如果用户名、密码正确则使用 Response 对象的 Write() 方法在页面输出“登录成功”，否则在页面输出“登录失败”。

3．结果测试

编写完上述代码后，选择 Login.html 文件并用鼠标右键单击，选择“在浏览器中查看”命令打开登录界面，并在页面的用户名和密码输入框中分别输入“itcast”和“123456”，效果如图 3-3 所示。

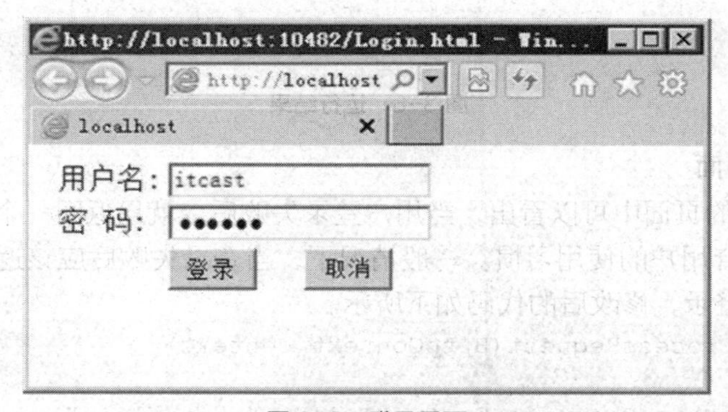

图 3-3 登录界面

在图 3-3 所示的页面中输入用户名和密码后，单击【登录】按钮，运行结果如图 3-4 所示，用户登录成功。

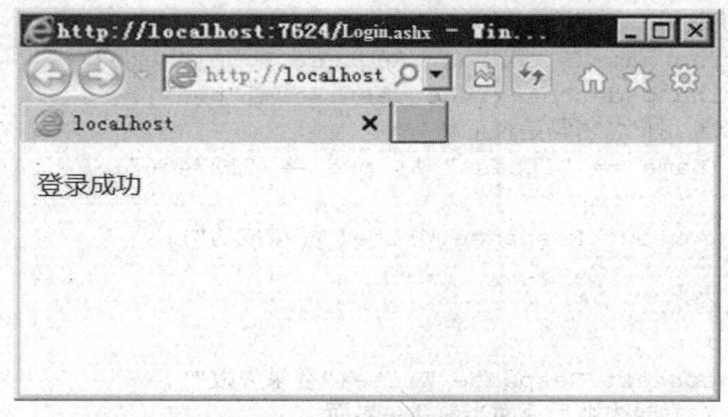

图 3-4 登录成功

接下来测试一下登录失败的情况，重新运行 Login.html 并在页面中输入用户名为“itcast”和密码为“123”，如图 3-5 所示。

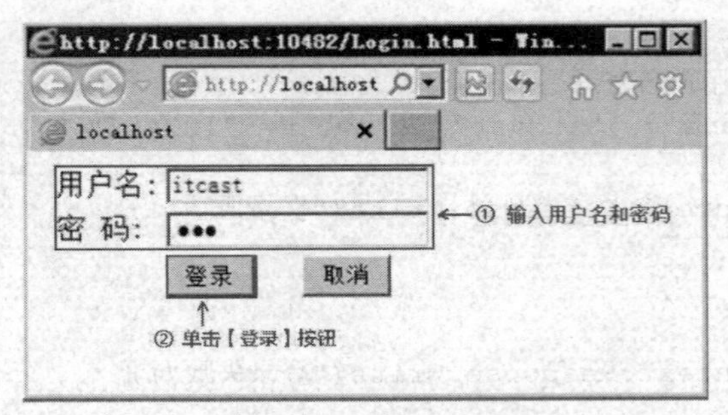

图 3-5　登录界面

在图 3-5 所示的页面中输入用户名和密码后，单击【登录】按钮，运行结果如图 3-6 所示。

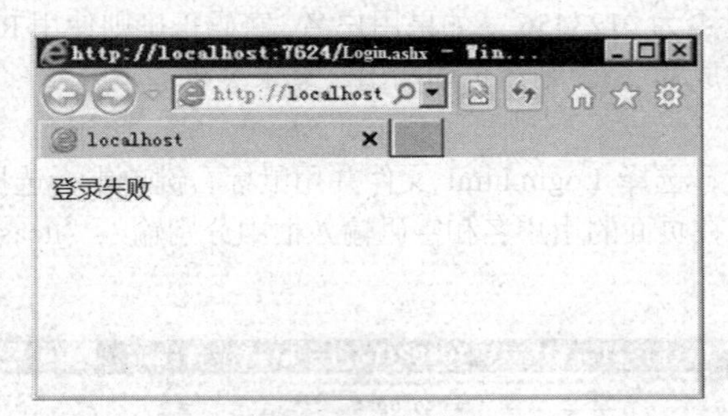

图 3-6　运行结果

4．返回登录界面

从图 3-6 所示的页面中可以看出，当用户登录失败后，就只返回一个“登录失败”的提示，这样明显不符合用户的使用习惯。一般情况下，当登录失败后应该返回当前登录界面，然后提示用户重新登录，修改后的代码如下所示。

```
public void ProcessRequest(HttpContext context)
        {
            context.Response.ContentType = "text/plain";
            //将 Login.html 文件的相对路径转换为绝对路径
            string path = context.Request.MapPath("Login.html");
            //读取该文件内容
            string html = System.IO.File.ReadAllText(path);
            //获取用户名密码
            string name = context.Request.Form["name"];
            string pwd=context.Request.Form["pwd"];
            //判断用户名密码是否正确
            if (name == "itcast" && pwd == "123456")
            {
                context.Response.Write("登录成功");
            }
            else
            {
                context.Response.Write("登录失败");
                //登录失败后返回当前登录界面
                context.Response.Write(html);
            }
        }
```

上述代码中通过文件读取的方式将 Login.html 当作模板来使用，当登录失败后返回登录界面。由于一般处理程序不能直接在项目中运行，这里我们先运行 Login.html 页面来启动 IIS 服务器，然后在地址栏中将 Login.html 修改为 Login.ashx 页面，效果如图 3-7 所示。

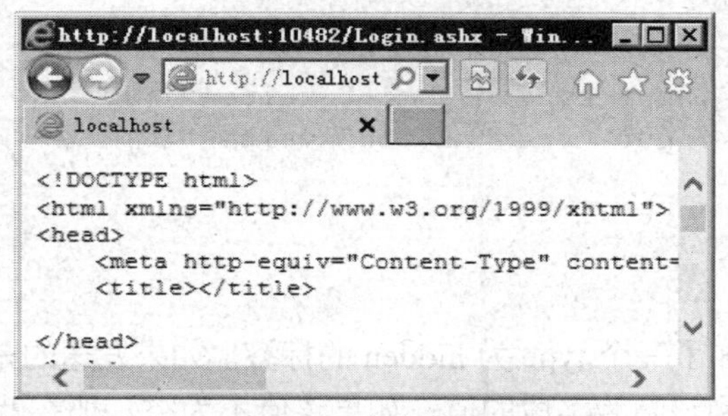

图 3-7 运行结果

提示：在项目中一般处理程序无法作为起始页或使用【在浏览器中查看】命令来直接访问，而是需要将项目启动后手动在地址栏中输入一般处理程序的地址才能访问。

从图 3-7 所示的页面中可以看出运行结果以字符串的形式显示在网页中，这是因为一般处理程序在返回页面时需要指定返回的内容格式。将 ProcessRequest ()方法中的 ContentType = "text/plain"的值修改为“text/html”即可，修改完毕后重新运行，效果如图 3-8 所示。

图 3-8 运行结果

提示：ContentType 属性表示响应内容的类型，不同的 ContentType 值会影响浏览器端看到的效果。

从图 3-8 所示的页面中可以看出，第 1 次运行直接就显示登录失败，这样的效果明显不正确。因此需要对用户是否是第 1 次访问该页面进行判断，如果用户是以单击【登录】按钮的方式发送请求到后台，则是 post 请求，所以可以通过判断是否是 post 请求来解决，具体代码如下所示。

```
<body>
    <table>
        <form method="post" action="login.ashx">
            <input type="hidden" name="_viewstate" value="hidden" />
            <tr>
                <td><label for="username">用户名:</label></td>
                <td colspan="2"><input type="text" name="name" value=""
                /></td>
            </tr>
```

```
            <tr>
                <td><label for="pwd">密 码:</label></td>
                <td colspan="2"><input type="text" name="pwd" /></td>
            </tr>
            <tr>
                <td></td>
                <td><input type="submit" value="登录" /></td>
                <td><input type="button" value="取消" /></td>
            </tr>
        </form>
    </table>
</body>
```

在上述代码中，添加了一个 type 为 hidden 的标签。如果发送的是 post 请求，那么就可以在一般处理程序中获取到该隐藏字段的值；如果该值不为空，那么就可以确定不是第 1 次访问。下面就来实现判断用户是否是第 1 次访问的功能，具体代码如下所示。

```
public void ProcessRequest(HttpContext context)
{
    context.Response.ContentType = "text/html";
    //将 Login.html 文件的相对路径转换为绝对路径
    string path = context.Request.MapPath("Login.html");
    //读取该文件内容
    string html = System.IO.File.ReadAllText(path);
    //判断页面是否首次加载 get
    string _vs=context.Request.Form["_viewstate"];
    bool ispostback = !string.IsNullOrEmpty(_vs);
    if (ispostback)
    {
        //获取用户名密码
        string name = context.Request.Form["name"];
        string pwd = context.Request.Form["pwd"];
        //判断用户名密码是否正确
        if (name == "itcast" && pwd == "123456")
        {
            context.Response.Write("登录成功");
        }
        else
        {
            context.Response.Write("登录失败");
            //登录失败后返回当前登录界面
            context.Response.Write(html);
        }
    }
    else  //是首次加载是 get 请求
    {
        //返回界面效果
        context.Response.Write(html);
    }
}
```

上述代码中分别通过两个 if 语句来判断当前是否为第 1 次访问以及验证登录是否成功，当用户登录失败后，返回原来的登录界面让用户重新登录，并提示登录失败。重新运行

Login.ashx 文件，效果如图 3-9 所示。

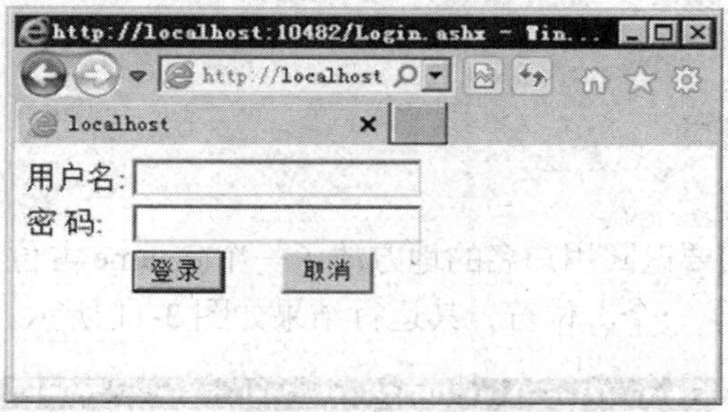

图 3-9 运行结果

在图 3-9 所示的页面中输入用户名为“itcast”、密码为“123”并单击【登录】按钮后，由于密码不正确，登录失败。此时会显示登录失败的页面，效果如图 3-10 所示。

图 3-10 运行结果

5．记住用户名

从图 3-10 所示的页面中可以看出，登录失败后返回用户登录界面的功能已经实现，但是重新登录的界面中的数据需要重新填写，在实际开发中一般会将用户填写的数据进行保存，提高用户体验。

由于返回的界面是通过 html 模板的读取来实现的，在返回界面效果的时候可以将用户名加入到返回字符串中。首先在需要返回数据的地方放上占位符，然后在一般处理程序中将用户名替换占位符并返回，具体代码如下所示。

```
<body>
    <table>
        <form method="post" action="login.ashx">
            <input type="hidden" name="_viewstate" value="hidden" />
            <tr>
                <td><label for="username">用户名:</label></td>
                <td colspan="2">
                    <input type="text" name="name" value="@name" /></td>
            </tr>
            <tr>
                <td><label for="pwd">密 码:</label></td>
                <td colspan="2"><input type="text" name="pwd" /></td>
            </tr>
            <tr>
              <td></td>
              <td><input type="submit" value="登录" /></td>
```

```
            <td><input type="button" value="取消" /></td>
         </tr>
        </form>
    </table>
    <span>@msg</span>  <br />
</body>
</html>
```

上述代码中通过在需要返回用户名的地方放了一个@name占位符，同时在需要提示用户“登录失败”的位置也放了一个占位符，其运行结果如图 3-11 所示。

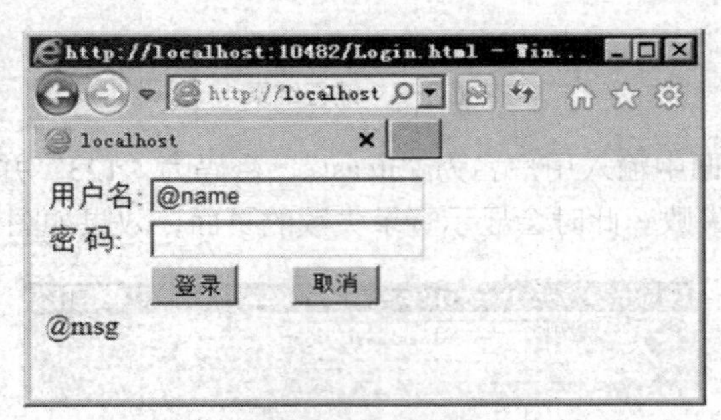

图 3-11　运行结果

从图 3-11 所示的页面中可以看出，在 html 模板中的占位符会直接被显示出来，那么在返回当前模板之前需要将占位符替换成我们需要的数据，同样需要考虑是否是第 1 次访问的情况，具体实现代码如下所示。

```
    public void ProcessRequest(HttpContext context)
        {
            context.Response.ContentType = "text/html";
            //将 Login.html 文件的相对路径转换为绝对路径
            string path = context.Request.MapPath("Login.html");
            //读取该文件内容
            string html = System.IO.File.ReadAllText(path);
            //判断页面是否首次加载 get
            string _vs=context.Request.Form["_viewstate"];
            bool ispostback = !string.IsNullOrEmpty(_vs);
            if (ispostback)
            {
                //获取用户名密码
                string name = context.Request.Form["name"];
               string pwd = context.Request.Form["pwd"];
                //判断用户名密码是否正确
                if (name == "itcast" && pwd == "123456")
                {
                    context.Response.Write("登录成功");
                }
                else
                {
                    html = html.Replace("@name", name).Replace("@msg",
                                                               "登录失败");
                    //登录失败后返回当前登录界面
                    context.Response.Write(html);
                }
```

```
            }
            else   //是首次加载是 get 请求
            {
                html = html.Replace("@name", "").Replace("@msg", "");
                //返回界面效果
                context.Response.Write(html);
            }
        }
```

上述代码中，首先获取 HTML 模板页中的内容，并替换模板页中的两个占位符的内容，当页面第 1 次被访问时则将占位符替换为空，如果不是第 1 次访问则将占位符替换为用户名。访问该一般处理程序页面，运行结果如图 3-12 所示。

http://localhost:10482/Login.ashx - Win...
http://localhost
localhost
用户名:
密 码:
登录　取消

图 3-12　运行结果

从图 3-12 所示的页面中可以看出，第 1 次访问页面时占位符都被替换为空了，在页面中输入用户名为“itcast”、密码为“123”，单击【登录】按钮后的运行结果如图 3-13 所示。

http://localhost:10482/Login.html - Win...
http://localhost
localhost
用户名: itcast
密 码:
登录　取消
登录失败

图 3-13　运行结果

在图 3-13 所示的页面中，用户登录失败后返回了登录界面，并保留了原有的用户名。此时输入正确的密码“123456”，并单击【登录】按钮，运行结果如图 3-14 所示。

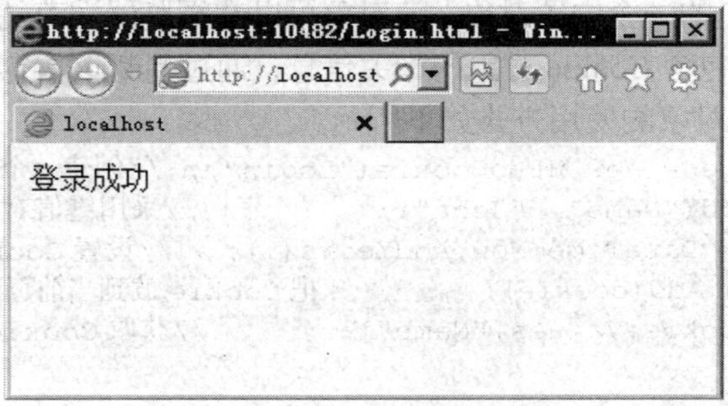

http://localhost:10482/Login.html - Win...
http://localhost
localhost
登录成功

图 3-14　运行结果

【拓展深化】

1．服务器表单标签

服务器表单是指 form 标签，该标签可以向服务器发送请求。同时在该标签下可以发送数据到服务器的标签称为表单标签，它们分别是<input>、<select>、<option>和<textarea>。

2．IsPostBack 属性

IsPostBack 是一个组合单词，常用来表示当前页面是否是第 1 次被访问。由于页面第 1 次访问是通过 get 请求，通过是否是 post 请求来判断页面的访问情况，由此来进行相关的页面逻辑处理。因为判断页面是否是第 1 次加载的情况非常频繁，所以在 ASP.NET 内置的 Page 类中已经存在 IsPostBack 属性，在程序中直接使用即可。

3．相对路径与绝对路径

相对路径是指当前文件相对于其他文件（或文件夹）的路径关系，而绝对路径是指文件在磁盘上的完整路径。例如，路径 D:\itcast\a\b\a.txt 就表示 a.txt 文件相对于磁盘的完整路径，在程序中使用该路径时，若文件夹的位置发生改变，那么很可能会导致程序产生不可预料的错误，因此在程序中普遍使用相对路径。相对路径使用文件夹符号斜杠“/”表示，在斜杠前面加一个点“./”表示上一级目录。

测一测

学习完前面的内容，下面来动手测一测吧，请思考以下问题。

1. 如何在一般处理程序中实现跳转功能？
2. 如何在浏览器中查看响应报文？

扫描右方二维码，查看【测一测】答案！

3.2 ASP.NET 对象的使用

在开发一个 Web 项目时，不仅需要处理用户发送的请求，同时还要解决用户的状态管理问题，其中使用 Cookie 和 Session 来保存用户状态信息最为常见。Cookie 和 Session 都是 ASP.NET 的内置对象，通过这些对象可以存储和读取一些数据，但这两个对象存储数据的不同之处在于 Cookie 对象将数据放置在浏览器端，而 Session 对象将数据存放在服务器端。

【知识讲解】

1．Cookie 对象

Cookie 是 ASP.NET 的一个内置对象，该对象可以在浏览器端存储一定的数据。当页面向服务器发送请求时都会包含 Cookie 对象的相关信息，通过判断该信息来确定用户的状态，例如记住用户名，Cookie 对象的使用方式如下所示。

```
HttpCookie cookie = new HttpCookie("Login"); //创建一个 Cookie
cookie.Values.Add("Name", "John");            //采用键值对方式添加要存储的信息
cookie.Expires = DateTime.Now.AddYears(1);   //设置 Cookie 为 1 年
Response.Cookies.Add(cookie);         //把 Cookie 放到当前页面的 Response 对象里面
string name = cookie.Values["Name"];          //获取 Cookie 中的值
```

2. Sesssion 对象

Session 对象也是 ASP.NET 的内置对象，该对象可以用来将数据保存在服务器端，同时会生成一个 SessionID 发送到客户端浏览器。每次客户端浏览器发送请求时都会包括 SessionID，服务器端代码通过获取 SessionID 来找到保存的数据，Session 对象的使用方法如下所示。

```
Session["ItemCount"] = 0;              //设置 Session 的值
int i = (int)Session["ItemCount"];   //获取 Session 的值
```

提示：客户端需要接收、存储和回送 Session 对象的 ID，因此，通常情况下 Session 是借助 Cookie 来传递 ID 属性的。

3. Server 对象

Server 对象是 ASP.NET 的一个内置对象，该对象提供了一些方法和属性可以用于对服务器上的资源进行访问，其使用方法如下所示。

```
string machineName = Server.MachineName;  //获取服务器的计算机名称
int timeOut = Server.ScriptTimeout;        //获取请求超时值（以秒计）
string path = Server.MapPath(".");         //获取当前目录所在服务器的物理路径
```

4. Application 对象

Application 是一个全局对象，表示应用程序状态。该对象可以供应用程序中所有类使用，其原理是在服务器端建立一个状态变量来存储所需要的数据。该对象经常用来记录网站被访问的次数，其使用方法如下所示。

```
Application["Visitors"] = 0; //设置对象的值
Application.Lock();          //锁定当前对象
Application.UnLock();        //解锁当前对象
```

【动手实践】

在学习完 ASP.NET 内置对象 Cookie 和 Session 后，接下来结合上面所学到的数据库相关的知识，使用 Cookie 对象、SqlHelper 和一般处理程序来实现一个登录功能，大家一起动手练练吧！

1. 获取界面模板

首先创建一个空的 Web 应用程序，并在该应用程序中添加一个 Login.html 文件，编写登录界面的 HTML 布局代码。由于该 HTML 布局是当做模板使用的，在需要填写数据的地方要使用占位符，具体代码如下所示。

```
<body>
    <form method="post" action="LoginHandler.ashx">
    <input type="hidden" name="_viewstate" value="hidden" />
    <table>
        <tr>
          <td><label for="username">用户名:</label></td>
          <td colspan="2">
               <input type="text" name="name" value="@name" />
          </td>
        </tr>
        <tr>
          <td><label for="pwd">密 码:</label></td>
          <td colspan="2">
               <input type="password" name="pwd" value="@pwd"/>
          </td>
```

```
            </tr>
            <tr>
                <td><input type="submit" value="登录" /></td>
            </tr>
        </table>
        </form>
            <span>@msg</span>  <br />
    </body>
```

上述代码中使用了一个 table 布局，将需要提交的数据放在 Form 表单中。其中，表单的请求方式为 Post 方式，数据提交到 LoginHandler.ashx 页面，运行效果如图 3-15 所示。

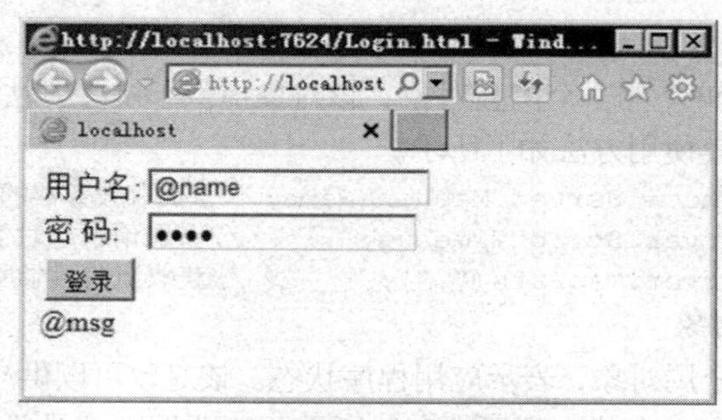

图 3-15　运行结果

完成了用户登录界面模板的编写后，接下来在项目中创建一个 LoginHandler.ashx 的一般处理程序，代码如下所示。

```
    public void ProcessRequest(HttpContext context)
     {
             context.Response.ContentType = "text/html";
             //将 Login.html 文件的相对路径转换为绝对路径
             string path = context.Request.MapPath("Login.html");
             //读取该文件内容
             string html = System.IO.File.ReadAllText(path);
             //判断页面是否首次加载 get
              string _vs=context.Request.Form["_viewstate"];
              bool ispostback = !string.IsNullOrEmpty(_vs);
              if (ispostback)
               {
                 //获取用户名密码
                 string name = context.Request.Form["name"];
                 string pwd = context.Request.Form["pwd"];
                   //判断用户名密码是否正确
                   if (name == "itcast" && pwd == "123456")
                   {
                       context.Response.Write("登录成功");
                   }
                   else
                   {
                     html = html.Replace("@name", name).Replace("@msg", "登录失败
                        ").Replace("@pwd", "");
                     //登录失败后返回当前登录界面
                      context.Response.Write(html);
                   }
```

```
            }
            else  //是首次加载是 get 请求
            {
                html = html.Replace("@name", name).Replace("@msg", "登录失败
                    ").Replace("@pwd", "");                    //返回界面效果
                context.Response.Write(html);
            }
}
```

在上述代码中，首先将 Login.html 文件当做模板读取出来，并且通过 ispostback 来判断用户是否首次登录；接下来进行相应的字符串拼接操作；最后将需要的值替换到 HTML 代码的占位符位置，将结果输出到页面。运行项目，并访问 LoginHandler.ashx 一般处理程序页面，运行结果如图 3-16 所示。

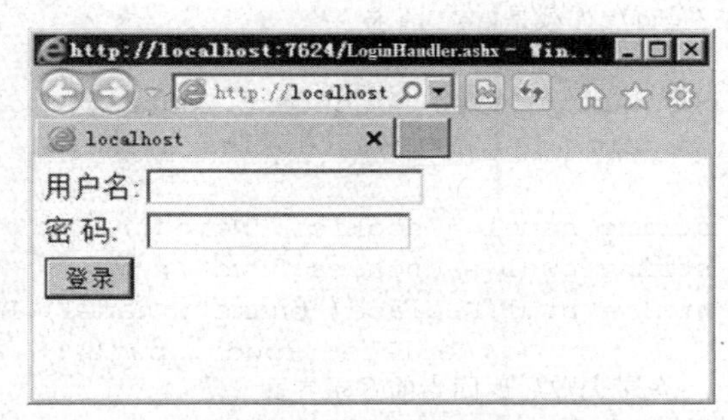

图 3-16　运行结果

2．使用 Cookie 对象实现记住密码功能

通过使用一般处理程序将 HTML 模板读取并进行登录判断，而在实际开发中通常会使用 Cookie 来保存用户名和密码，当用户下次登录时就不用填写登录信息了，具体实现代码如下所示。

```
    public void ProcessRequest(HttpContext context)
        {
            context.Response.ContentType = "text/html";
            //将 Login.html 文件的相对路径转换为绝对路径
            string path = context.Request.MapPath("Login.html");
            //读取该文件内容
            string html = System.IO.File.ReadAllText(path);
            //判断页面是否首次加载 get
            string _vs = context.Request.Form["_viewstate"];
            bool ispostback = !string.IsNullOrEmpty(_vs);
            if (ispostback)
            {
                //获取用户名密码
                string name = context.Request.Form["name"];
                string pwd = context.Request.Form["pwd"];
                //判断用户名密码是否正确
                if (name == "itcast" && pwd == "123456")
                {
                    context.Response.Write("登录成功");
                    //如果登录成功就写入到 Cookie 中
                    HttpCookie cookies = new HttpCookie("Login");
                    cookies.Values.Add("Name",name);
```

```
                    cookies.Values.Add("Pwd", pwd);
                    cookies.Expires = System.DateTime.Now.AddYears(1);
                    HttpContext.Current.Response.Cookies.Add(cookies);
                    context.Response.Cookies.Add(cookies);
                }
                else
                {
                  html = html.Replace("@name", name).Replace
                       ("@msg", "登录失败").Replace("@pwd", "");
                  //登录失败后返回当前登录界面
                  context.Response.Write(html);
                }
            }
            else  //是首次加载是get请求
            {
                HttpCookie cookies = context.Request.Cookies["Login"];
                if (cookies != null && cookies.HasKeys)
                {
                    string name1 = cookies["Name"];
                    string pwd1 = cookies["Pwd"];
                    html = html.Replace("@name", name1).Replace("@msg", "")
                           .Replace("@pwd", pwd1);
                    //登录失败后返回当前登录界面
                    context.Response.Write(html);
                }
                else
                {
                    html = html.Replace("@name", "").Replace("@msg", "")
                          .Replace("@pwd", "");
                    //返回界面效果
                    context.Response.Write(html);
                }
            }
    }
```

上述代码中，当用户名和密码都正确时，将用户名和密码保存到Cookie对象中，当下次再访问该页面时，先判断Cookie值是否为空，不为空则获取Cookie中的用户名和密码，再拼接到字符串中输出到页面。运行项目，访问LoginHandler.ashx一般处理程序，运行结果如图3-17所示。

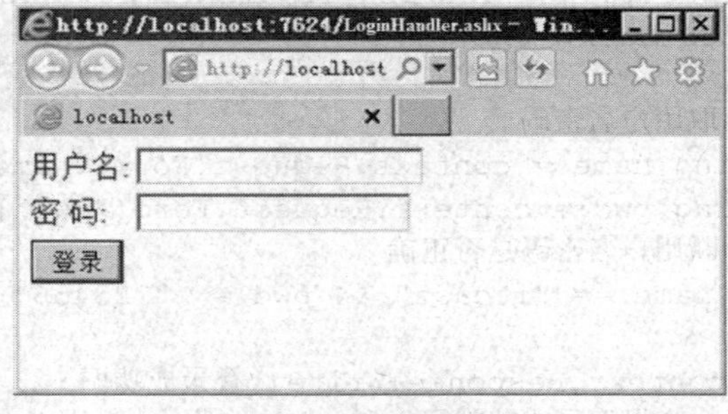

图3-17　运行结果

在图 3-17 所示的页面中，在用户名输入框中输入“itcast”，密码输入框中输入“123456”，并单击【登录】按钮。完成上述操作后，单击【 】按钮刷新页面，刷新后的效果如图 3-18 所示。

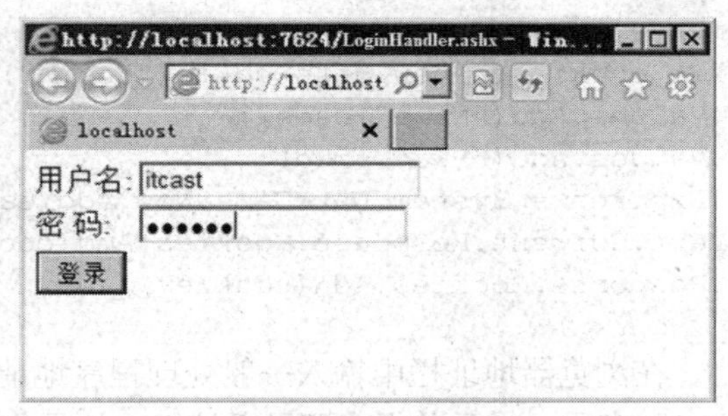

图 3-18 运行结果

在完成用户的登录和记住密码的功能后，现在需要将登录信息与数据库中用户信息进行对比，如果用户名密码对比结果相同，就进行用户登录成功操作。

3．获取数据

在使用数据库之前，需要在 web.app 配置文件中添加连接字符串，连接字符串的内容如下所示。

```
<connectionStrings>
    <add name="itcast"
    connectionString="server=.;uid=sa;pwd=123456;database=itcast;"/>
 </connectionStrings>
```

添加完连接字符串后，将需要将使用的 SqlHelper 文件复制到当前项目中。为了让程序的逻辑更加清楚，在项目中添加一个 LoginSQL 类，并在该类中定义一个 Login()静态方法，代码如下所示。

```
public class LoginSQL
  {
      public static bool Login(string name, string pwd)
      {
          string sql = "select * from Login_info where UserName=@name
                 and PassWord=@pwd;";
          SqlParameter[] ps ={
                               new SqlParameter("@name",name),
                               new SqlParameter("@pwd",pwd)
                            };
          int result = (int)SqlHelper.ExecuteNonQuery(sql, ps);
          if (result > 0)
          {
              return true;
          }
          return false;
      }
  }
```

在上述代码中，定义了一个 SQL 查询语句，并将需要查询的条件使用占位符代替，然后通过 SqlParameter 对象将实际查询条件替换占位符，最后调用 SqlHelper 的 ExecuteNonQuery()方法。接下来在 LoginHandler.ashx 文件中调用 Login()方法即可，修改 LoginHandler.ashx 文件中判断用户名和密码是否正确的判断条件，修改后的代码如下所示。

```
if (LoginSQL.Login(name,pwd))
    {
            context.Response.Write("登录成功");
            //如果登录成功就写入到 Cookie 中
            HttpCookie cookies = new HttpCookie("Login");
            cookies.Values.Add("Name",name);
            cookies.Values.Add("Pwd", pwd);
            cookies.Expires = System.DateTime.Now.AddYears(1);
            HttpContext.Current.Response.Cookies.Add(cookies);
            context.Response.Cookies.Add(cookies);
     }
```

重新生成项目并运行，在浏览器地址栏中输入一般处理程序地址 LoginHandler.ashx，并在展示的页面中输入用户名和密码，最后单击【登录】按钮，效果如图 3-19 所示。

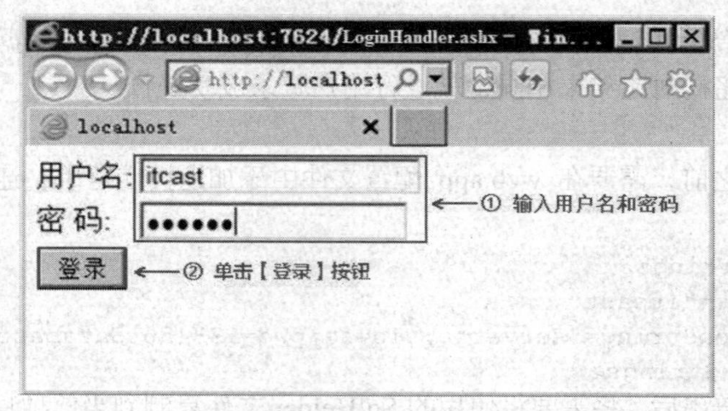

图 3-19　运行结果

在图 3-19 所示的页面中，单击【登录】按钮登录后，再单击【 】按钮刷新页面，刷新后的页面效果如图 3-20 所示。

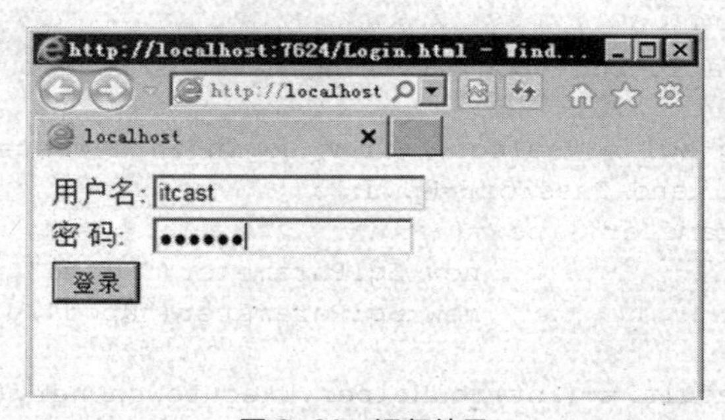

图 3-20　运行结果

从图 3-20 所示的页面中可以看出，刷新页面时用户名、密码已经填写好了，只需要单击【登录】按钮就可以执行登录操作。

【拓展深化】

1. Server 对象常用的属性和方法

在 ASP.NET 的 Server 对象中包含了很多属性和方法，通过这些属性和方法可以解决页面重定向、获取服务器的物理地址、对字符串进行编码和解码等问题。关于 Server 对象中常用的属性和方法的讲解，具体如表 3-1 所示。

表 3-1　Server 的属性和方法

属性和方法	描述
MachineName 属性	获取服务器的计算机名称
ScriptTimeout 属性	获取和设置请求超时值（以秒计）
Execute(string path)方法	在当前请求的上下文中执行指定资源的处理程序
HtmlDecode(string s)方法	对 HTML 编码的字符串进行解码，并返回已解码的字符串
HtmlEncode(string s)方法	对字符串进行 HTML 编码并返回已编码的字符串
MapPath(string path)方法	返回与 Web 服务器上的指定虚拟路径相对应的物理文件路径
UrlDecode(string s)方法	对字符串进行 URL 解码并返回已解码的字符串
UrlEncode(string s)方法	对字符串进行 URL 编码，并返回已编码的字符串

2．Cookie 的常用属性

ASP.NET 中提供了 Cookie 对象来实现状态管理，该对象包含许多属性和方法用于对 Cookie 的增加、删除、取值等操作，具体如表 3-2 所示。

表 3-2　Cookie 的常用属性

属性和方法	描述
Expires 属性	获取或设置 Cookie 的过期日期和时间
Name 属性	获取或设置 Cookie 的名称
Path 属性	获取或设置输出流的 HTTP 字符集
Add()方法	添加一个 Cookie 变量
Clear()方法	清除 Cookie 变量
Get()方法	通过索引或变量名得到 Cookie 变量值
GetKey()方法	以索引值获取 Cookie 变量名称
Remove()方法	通过 Cookie 变量名称来删除 Cookie 变量

3．Cookie 和 Session 的对比

Cookie 和 Session 都是解决 HTTP 协议无状态问题的办法，都可以用来记录用户的信息，只是 Cookie 将用户的信息保存在浏览器端，Session 将信息保存到服务器端。在 Cookie 中存放的信息存在安全隐患，而且有可能存在用户的浏览器 Cookie 被禁用，那么 Cookie 功能将会失效；Session 存放在服务器端较为安全，可以存放用户名、密码等安全数据。

测一测

学习完前面的内容，下面来动手测一测吧，请思考以下问题。

1. 如何在浏览器端删除 Cookie 信息?
2. 在同一个浏览器中对 Cookie 的限制有哪些?

扫描右方二维码，查看【测一测】答案！

3.3 数据的增、删、查、改操作

当大家学完了网页的前端知识以及ASP.NET状态管理对象的使用后，基本上就具备了一定的实际开发能力。而在实际的开发过程中，对于数据的处理又是必不可少的，所以掌握好对数据库的增、删、查、改操作是非常重要的。

【知识讲解】

1．SqlHelper工具类的使用

SqlHelper是一个对数据库操作进行封装的工具类，在很多项目中都有增、删、查、改操作，所以为了提高项目开发效率，避免重复编写相同功能的代码，通常都会将已有的SqlHelper工具类直接在项目中使用，具体使用步骤如下所示。

① 拷贝SqlHelper类到项目中，并改变原有命名空间。

② 在配置文件中添加数据库连接字符串，并修改SqlHelper中连接字符串的数据库参数。

③ 添加System.Configuration引用，并在程序中引用SqlHelper的命名空间。

④ 定义SQL语句，然后使用SqlParameter参数化查询替换查询条件。

⑤ 调用SqlHelper中的相关方法，获取返回结果。

2．页面生成的两种方式

在项目中除了一些简单的html展示页面外，还可以通过ASP.NET程序来生成页面代码，生成方式有以下两种。

（1）在程序中拼接字符串。将要展示的页面HTML代码标签写入到字符串中，然后将页面生成模式修改为“text/html”。

（2）通过读取模板方式。当页面内容比较多或者比较复杂并且需要动态添加内容时，可以先写好HTML模板，在该模板中需要动态添加数据的地方使用占位符，然后以文件的方式读取HTML文件中的内容，并使用字符串替换，将内容加入到页面中，最后输出页面。

3．模板读取

在使用一般处理程序时，一般都会使用模板读取的方式来生成页面，HTML 模板是以文件的方式存在的，读取过程中需要使用文件操作的方式来读取模板，实现代码如下所示。

```
string path = context.Request.MapPath("/Show.html"); //相对路径转换为绝对路径
string textTemp = File.ReadAllText(path);           //读取路径中的内容
string result = textTemp.Replace("@StrTrBody", sb.ToString());//替换占位符
context.Response.Write(result);                     //输出到页面
```

由于文件读写操作必须以绝对路径来进行，所以需要使用MapPath()方法进行路径转换，然后使用File.ReadAllText()方式来读取模板，最后替换占位符输出到页面。

【动手实践】

在实际开发中，大多数的项目都会涉及到数据操作，其中数据的增删查改操作最为常见，在ASP.NET项目中经常使用一般处理程序与SqlHelper的配合来操作数据，下面大家一起来动手练练吧！

1．导入数据库

双击打开SQL Server数据库，出现登录界面，填写用户名和密码后单击【连接】按钮，效果如图3-21所示。

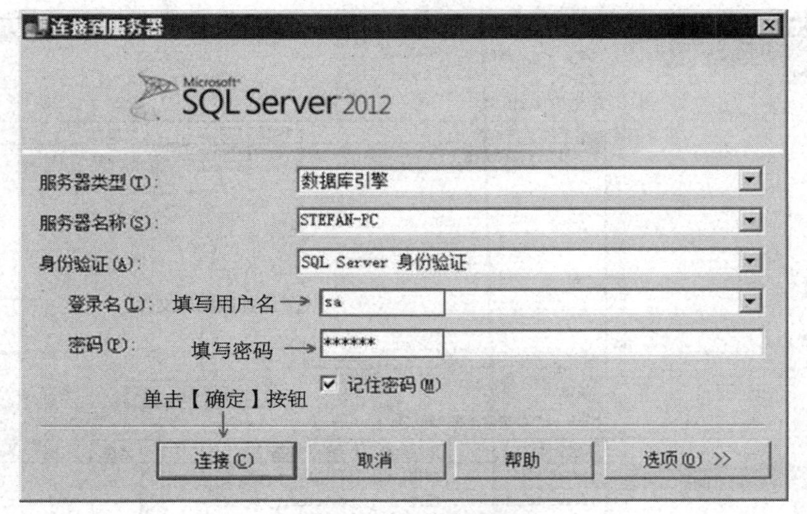

图 3-21　SQL 服务器登录

当填写好连接服务器的参数后，单击【连接】按钮，如果服务器名称、用户名和密码等数据正确时，就会进入数据库界面，如图 3-22 所示。

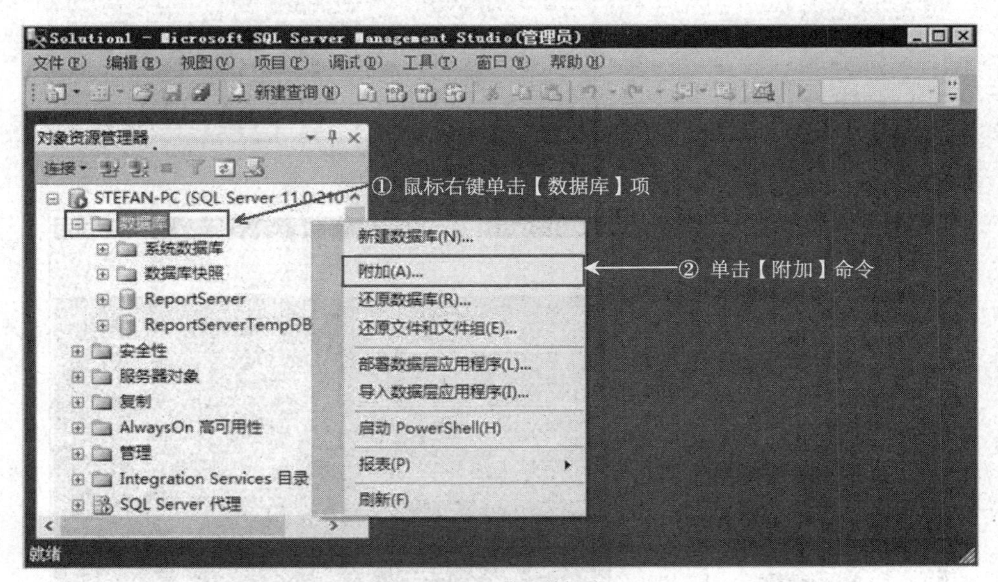

图 3-22　进入数据库

在图 3-22 所示的界面中，用鼠标右键单击【数据库】，在弹出的菜单中选中【附加】命令，进入“附加数据库”界面，如图 3-23 所示。

在图 3-23 所示的界面中，单击【添加】按钮，弹出一个对话框，在对话框中选择后缀名为 mdf 格式的 itcast 数据库文件，然后单击【确定】按钮，附加完成后如图 3-24 所示。

从图 3-24 所示的对话框中可以看出，数据库已经被成功地附加到 SQL Server 中了，此时可以在数据库中进行相关的增、删、查、改操作。

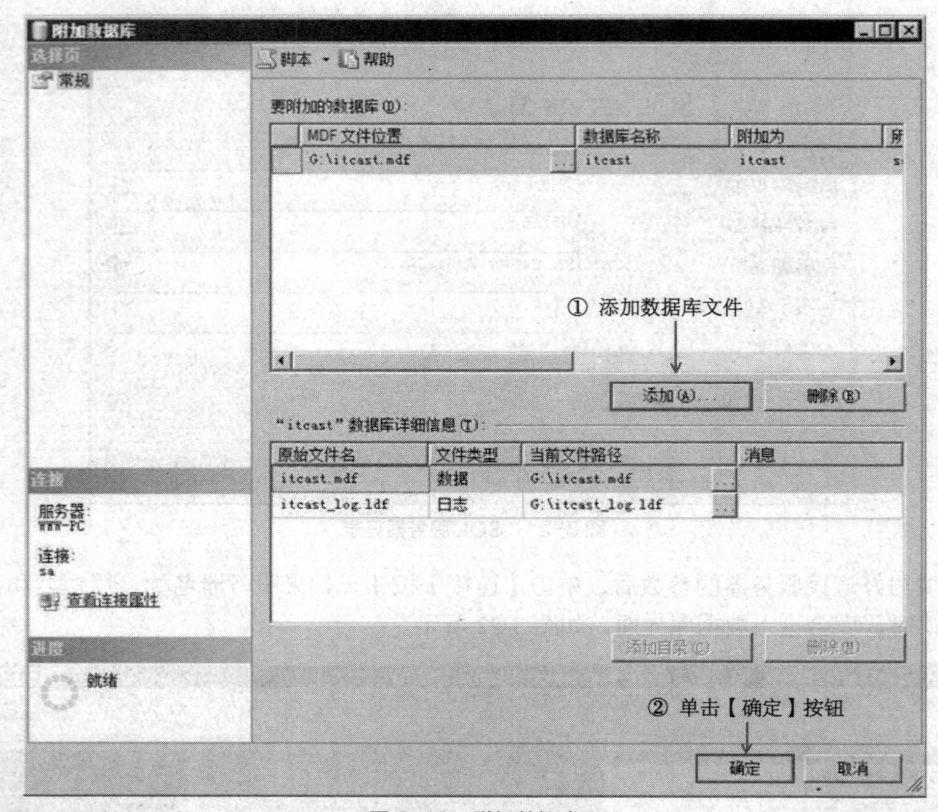

图 3-23　附加数据库

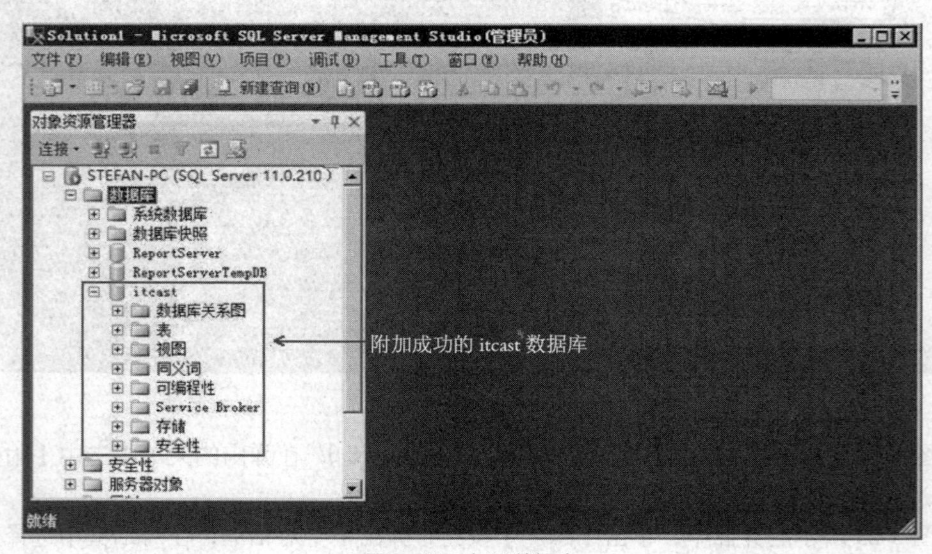

图 3-24　打开数据库

2. 创建 Web 应用程序

新建一个 Module3 的解决方案，并在该解决方案上单击鼠标右键，选择【添加】→【新建项目】命令，在弹出的"添加新项目"的对话框中选中"ASP.NET 空 Web 应用程序"项，输入名称"Lesson3"，并单击【确定】按钮，如图 3-25 所示。

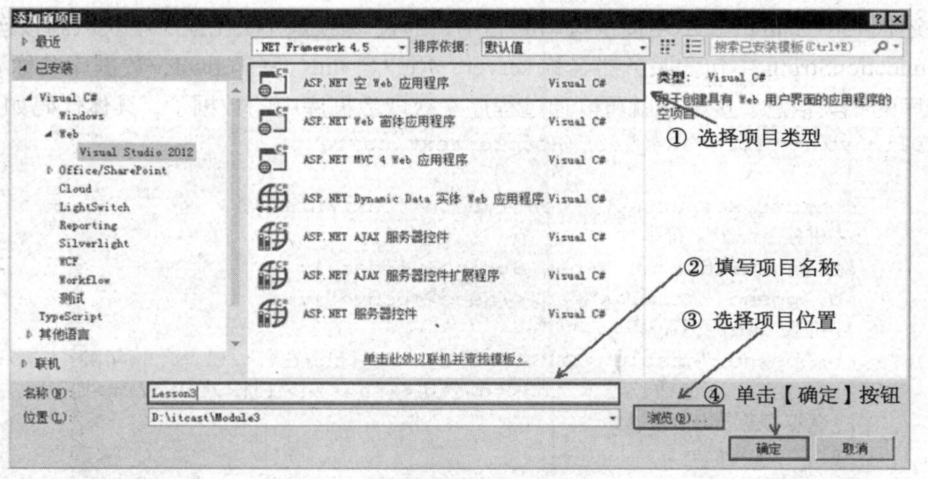

图 3-25　创建项目

在图 3-25 所示的对话框中，单击【确定】按钮后，完成项目创建，效果如图 3-26 所示。

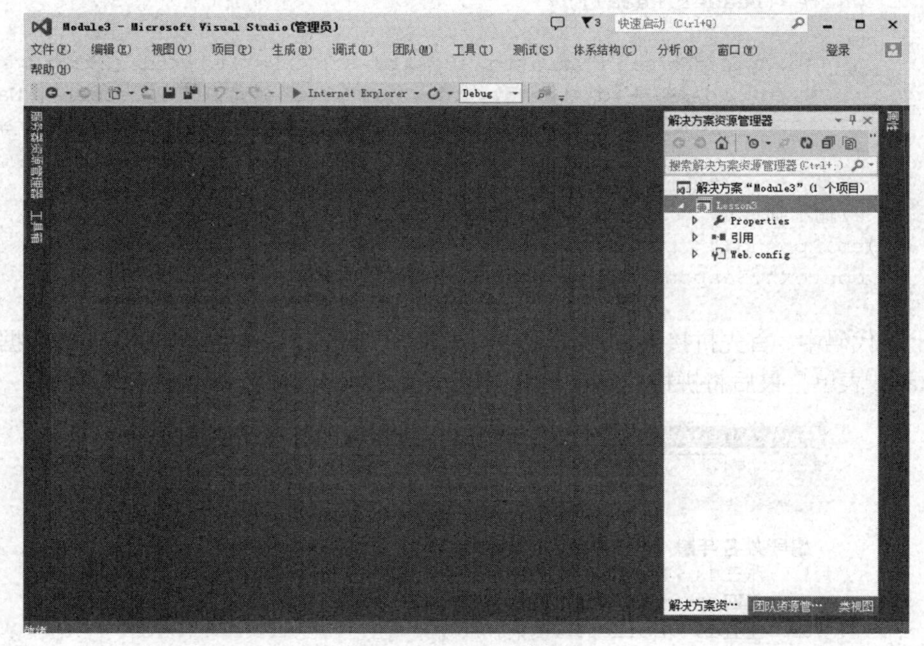

图 3-26　项目创建成功

在图 3-26 所示的界面中可以看出项目创建成功了，接下来就可以在程序中添加对数据库的使用操作了。

3．SqlHelper 的使用

首先将 SqlHelper 类复制到项目中，然后打开 web.config 配置文件添加数据库连接字符串，代码如下所示。

```
<connectionStrings>
  <add name="itcast"
  connectionString="server=.;uid=sa;pwd=123456;database= itcast "/>
</connectionStrings>
```

上述代码中 name 表示连接字符串的名字，通过该名称可以在程序中获取到该连接字符串。connectionString 中包含服务器名称 server、用户名 uid、密码 pwd、数据库名称 database 等数据库的相关信息。接下来就可以通过程序来获取数据库中的数据了，具体代码如下所示。

```
public void ProcessRequest(HttpContext context)
    {
        context.Response.ContentType = "text/html";
        //拼接 html 字符串
        StringBuilder sb = new StringBuilder();
        sb.Append("<html><head></head><body>");
        //拼接 table 字符串
        sb.Append("<table><tr><th>编号</th><th>姓名</th><th>年龄</th><th>
                电话号码 </th><th>公司</th><th>住址</th></tr>");
        //获取数据库中的数据
        string str =
        ConfigurationManager. ConnectionStrings["itcast"]. ConnectionString;
        string sql = "select * from User_info";
        SqlDataReader reader = SqlHelper.ExecuteReader(sql, null);
        while (reader.Read())
        {
            sb. AppendFormat ("<tr> <td> {0} </td> <td> {1} </td> <td> {2} </td> <td>{3}
            </td><td>{4}</td><td>{5}</td></tr>",reader["Id"], reader ["Name"],
            reader["Age"] ,reader ["Number"], reader["Company"], reader ["Adress"] );
        }
        sb.Append("</table>");
        //输出到页面
        sb.Append("</body></html>");
        context.Response.Write(sb.ToString());
    }
```

在上述代码中，首先拼接 html 表单，然后编写 SQL 数据库连接字符串，读取数据库的数据拼接 table 表单，最后将拼接的字符串数据输入到页面，运行结果如图 3-27 所示。

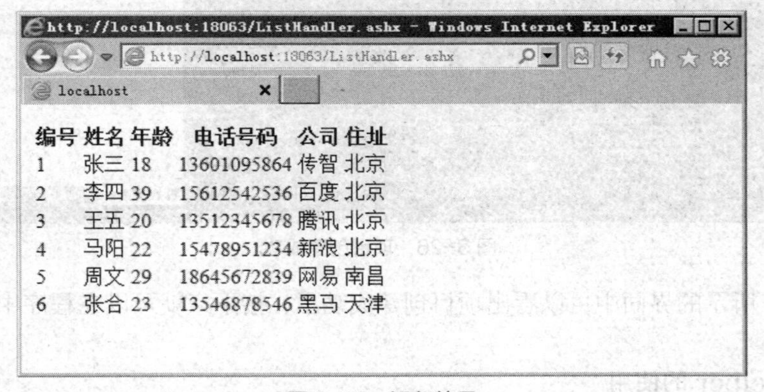

图 3-27 运行结果

4. 实现添加功能

在 ListHandler.ashx 展示代码中实现添加数据的功能，在拼接的 html 字符串中添加一个链接，当单击该链接时跳转到添加操作的页面，具体代码如下所示。

```
    public void ProcessRequest (HttpContext context) {
        context.Response.ContentType = "text/html";
        //拼接 html 字符串
        StringBuilder sb = new StringBuilder();
        sb.Append("<html><head></head><body><a href='AddInfo.html'>添加
               </a><br/>");
        //拼接 table 字符串
        sb.Append("<table><tr><th>编号</th><th>姓名</th><th>年龄</th><th>
                    电话号码</th> <th>公司</th><th>住址</th></tr>");
        //获取数据库中的数据
        string str =
        ConfigurationManager. ConnectionStrings["itcast"]. ConnectionString;
        string sql = "select * from User_info";
        SqlDataReader reader = SqlHelper.ExecuteReader(sql, null);
        while (reader.Read())
        {
          sb. AppendFormat("<tr> <td> {0} </td> <td> {1} </td> <td> {2} </td> <td>{3}
          </td><td>{4}</td><td>{5}</td></tr>",reader["Id"], reader ["Name"],
          reader["Age"], reader["Number"], reader["Company"], reader ["Adress"] );
        }
        sb.Append("</table>");
        //输出到页面
        sb.Append("</body></html>");
        context.Response.Write(sb.ToString());
    }
```

编写完成上述代码后，运行项目，在浏览器地址栏输入一般处理程序地址 ListHandler.ashx，运行结果如图 3-28 所示。

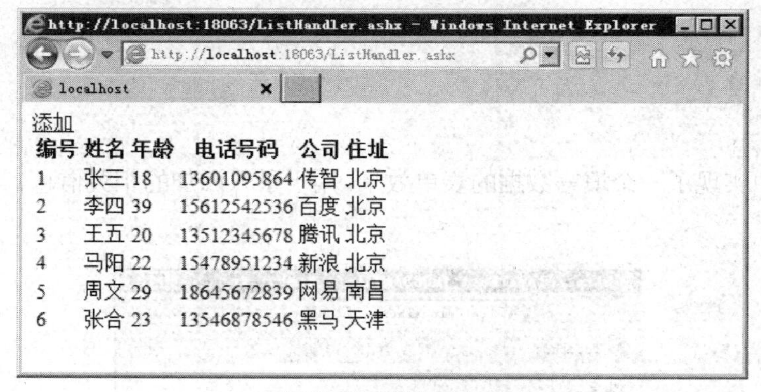

图 3-28　添加操作

“添加”链接的界面效果实现后，就需要实现填写数据的界面效果，在项目中新建一个 AddInfo.html 页面，用于填写添加的数据，具体代码如下所示。

```
  <body>
     <form id="AddInfo" action="AddInfo.ashx" method="post">
        <table>
           <tr>
              <td>姓名：</td>
              <td>
                 <input type="text" name="name" />
              </td>
```

```
            </tr>
            <tr>
                <td>年龄：</td>
                <td>
                    <input type="text" name="age" />
                </td>
            </tr>
            <tr>
                <td>电话：</td>
                <td>
                    <input type="text" name="number" />
                </td>
            </tr>
            <tr>
                <td>公司：</td>
                <td>
                    <input type="text" name="company" />
                </td>
            </tr>
            <tr>
                <td>住址：</td>
                <td>
                    <input type="text" name="address" />
                </td>
            </tr>
            <tr>
                <td colspan="2">
                    <input type="submit" value="添加" />
                </td>
            </tr>
        </table>
    </form>
</body>
```

上述代码中实现了一个填写数据的表单效果，用于录入添加的相关信息，其效果如图 3-29 所示。

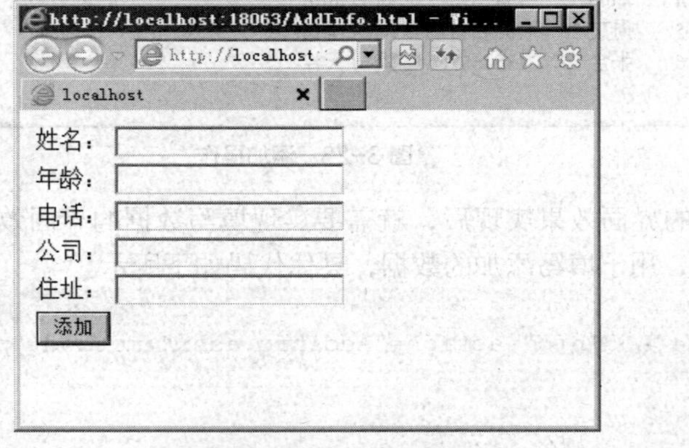

图 3-29　运行结果

添加完数据填写的展示界面后，在项目中添加一个 AddInfo.ashx 一般处理程序，用于接收数据并写入到数据库中，具体代码如下所示。

```
public void ProcessRequest (HttpContext context) {
        context.Response.ContentType = "text/html";
        //拿出所有的数据
        string name = context.Request.Form["name"];
        int age= Convert.ToInt32( context.Request.Form["age"]);
        string number=context.Request.Form["number"];
        string company=context.Request.Form["company"];
        string address=context.Request.Form["address"];
        //插入数据
        string sql = "insert into User_info(Name,Age,Number,Company,Adress)
                values(@name,@age,@number,@company,@address);";
        SqlParameter[] ps = {
                        new SqlParameter("@name",name),
                        new SqlParameter("@age",age),
                        new SqlParameter("@number",number),
                        new SqlParameter("@company",company),
                        new SqlParameter("@address",address)
                    };
         int result=SqlHelper.ExecuteNonQuery(sql,ps);
         if (result > 0)
         {
            context.Response.Redirect("ListHandler.ashx");
         }
        context.Response.Write("<script>alert('添加失败');</script>");
    }
```

上述代码中，通过 Request 对象获取用户输入的信息，并调用 SqlHelper 的 ExecuteNonQuery() 方法执行插入操作，将信息添加到数据库中，当数据添加成功后返回信息展示界面。运行 AddInfo.html 页面，在该页面中输入添加的信息，并单击【添加】按钮，如图 3-30 所示。

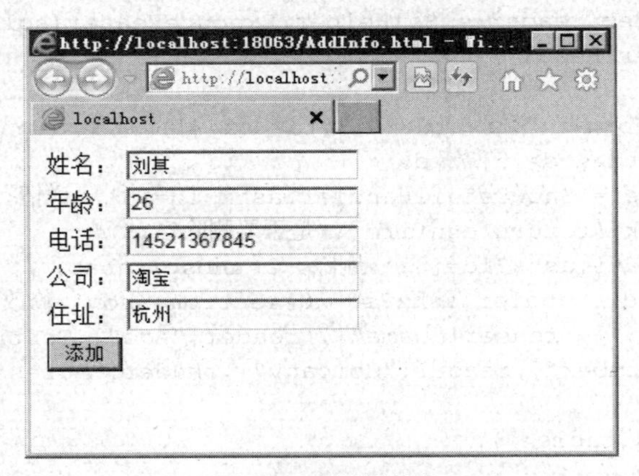

图 3-30 运行结果

在图 3-30 所示的页面中填写完用户信息并单击【添加】按钮后，运行效果如图 3-31 所示。

如图 3-31 所示，添加的姓名为“刘其”的信息被正确地显示出来了，说明数据的添加操作已实现。

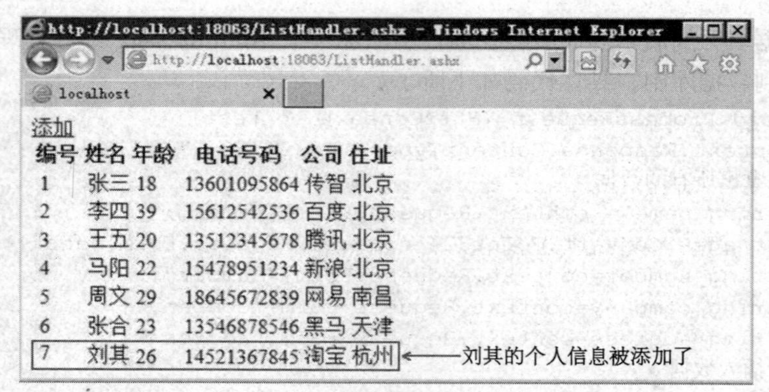

图 3-31　运行结果

5．实现详情功能

首先将要操作的链接添加到页面的字符串中，这里将详情、删除和修改等链接都添加到页面中，修改 ListHandler.ashx 文件中 ProcessRequest()方法的代码，具体代码如下所示。

```
public void ProcessRequest (HttpContext context)
{
     context.Response.ContentType = "text/html";
     //拼接 html 字符串
     StringBuilder sb = new StringBuilder();
     sb.Append("<html><head></head><body><a href='AddInfo.html'>添加
             </a><br/>");
    //拼接 table 字符串
    sb.Append("<table><tr><th>编号</th><th>姓名</th><th>年龄</th>
     <th>电话号码</th><th>公司</th><th>住址</th><th>操作</th></tr>");
    //获取数据库中的数据
    string str =
    ConfigurationManager. ConnectionStrings ["itcast"]. ConnectionString;
    string sql = "select * from User_info";
    SqlDataReader reader = SqlHelper.ExecuteReader(sql, null);
    while(reader.Read())
    {
      sb. AppendFormat ("<tr> <td> {0} </td> <td> {1} </td> <td> {2} </td> <td>{3}</td>
      <td>{4}</td><td>{5}</td>
      <td><a href='ShowDetailHandler.ashx?id={0}'>详情</a>  
      <a onclick='return confirm(\"是否要删除? \")'
      href='Delete.ashx?id={0}'>删除</a>  
     <a href='EditHandler.ashx?id={0}&action=show'>修改</a></td></tr>",
      reader["Id"], reader["Name"], reader["Age"].ToString(),
      reader["Number"],reader["Company"],reader["Adress"] );
    }
   sb.Append("</table>");
   //输出到页面
   sb.Append("</body></html>");
   context.Response.Write(sb.ToString());
}
```

上述代码中实现了将数据从数据库中读取出来并显示的功能，同时添加了“详情”、“删除”、“修改”等链接，效果如图 3-32 所示。

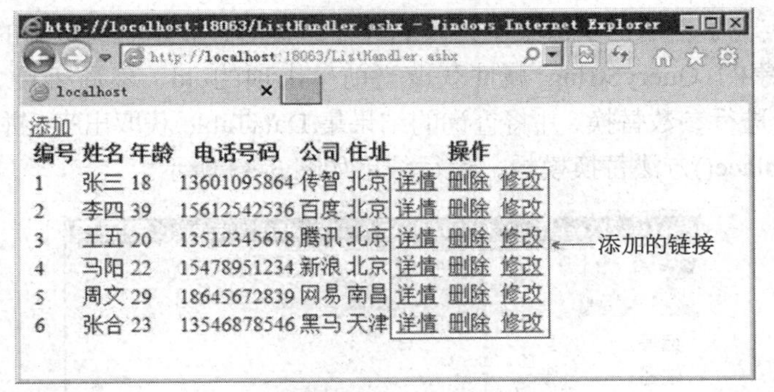

图 3-32　添加操作按钮

在图 3-32 所示的页面中单击“详情”链接，可将当前行的信息单独展示出来，所以需要添加详情页面的一般处理程序 ShowDetailHandler.ashx 文件，还需要添加一个 Html 模板将该条信息的内容显示出来，该模板的主要代码如下所示。

```
<body>
        <table>
           @trBody
        </table>
</body>
```

添加完上述模板代码后，需要在代码中读取该模板并将被单击信息的 id 属性通过 Get 方式发送到后台代码，通过该 id 来查询数据库获取相应的数据，ShowDetailHandler.ashx 文件具体代码如下所示。

```
public void ProcessRequest(HttpContext context)
   {
      context.Response.ContentType = "text/html";
      StringBuilder sb = new StringBuilder();
      string id = context.Request.QueryString["id"];
      int showId = int.Parse(id);
      string sql = "select * from User_info where Id=@Id;";
      SqlParameter[] ps = { new SqlParameter("@Id", showId) };
      DataTable dt= SqlHelper.ExecuteDataTable(sql,ps);
      sb.AppendFormat("<tr><td>编号：</td><td>{0}</td></tr>", dt. Rows [0]
                    ["Id"]);
      sb.AppendFormat("<tr><td>姓名：</td><td>{0}</td></tr>", dt. Rows [0]
                    ["Name"]);
      sb.AppendFormat("<tr><td>年龄：</td><td>{0}</td></tr>", dt. Rows [0]
                    ["Age"]);
      sb.AppendFormat("<tr><td>电话号码：</td><td>{0}</td></tr>",
                    dt.Rows[0]["Number"]);
      sb.AppendFormat("<tr><td>公司：</td><td>{0}</td></tr>",
                    dt.Rows[0]["Company"]);
      sb.AppendFormat("<tr><td>住址：</td><td>{0}</td></tr>",
                    dt.Rows[0]["Adress"]);
      string path = context.Request.MapPath("/ShowDetail.html");
      string textTemp = File.ReadAllText(path);          //读取路径中的内容
      //替换占位符
      string result = textTemp.Replace("@trBody", sb.ToString());
      context.Response.Write(result);
      }
```

上述代码中实现了当用户单击某个列表的详情链接时，显示当前选项的详细信息。其中，使用 Request 对象的 QueryString 属性获取当前单击项的 id，然后拼接 SQL 语句并使用 SqlParameter 对象进行参数替换，并将查询的结果集 DataTable 获取出来，拼接到 StringBuilder 中，最后使用 Replace()方法替换模板，运行结果如图 3-33 所示。

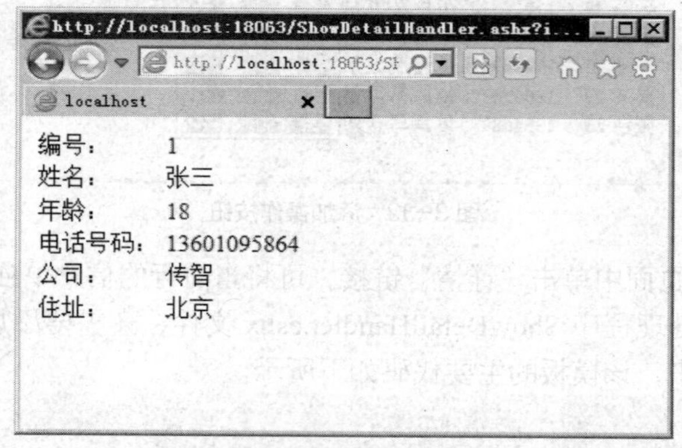

图 3-33　运行结果

从图 3-33 所示的页面中可以看出，当单击某个选项时就可以将某个选项中的详细信息显示出来。

6．实现删除功能

在项目中添加 Delete.ashx 文件，当用户单击删除链接时，删除该条数据并返回信息展示列表，实现代码如下所示。

```
public void ProcessRequest(HttpContext context)
        {
            context.Response.ContentType = "text/plain";
            //拿到删除数据的 id
            string id = context.Request["id"];
            int showId = int.Parse(id);
            string sql = "delete from User_info where id=@id;";
            SqlParameter[] ps = {new SqlParameter("@id",id) };
            int result = SqlHelper.ExecuteNonQuery(sql,ps);
            if (result > 0)
            {
                //删除成功
                context.Response.Redirect("ListHandler.ashx");
            }
            else
            {
                context.Response.Write("删除失败了");
            }
        }
```

上述代码中实现了删除功能，通过获取用户单击项的 id 查找到该条数据，调用 SqlHelper 的 ExecuteNonQuery()方法执行删除操作。运行项目，结果如图 3-34 所示。

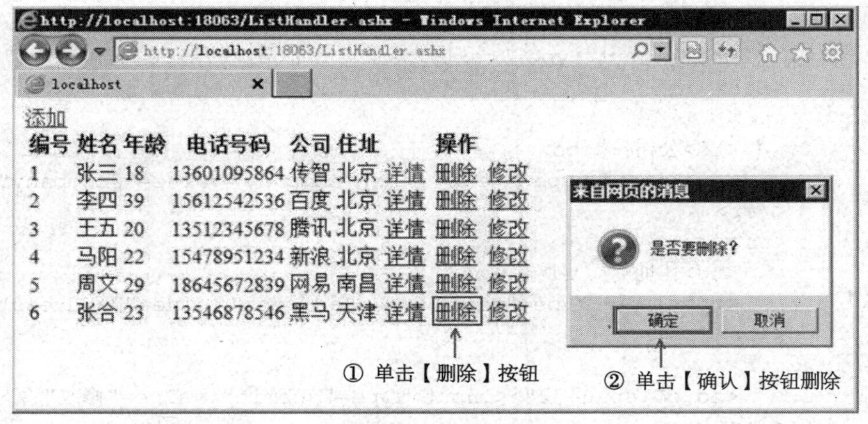

图 3-34 删除数据

在图 3-34 所示的页面中单击编号为“6”的数据行后面的【删除】链接，然后在弹出框中单击【确认】按钮，删除该条数据，执行完毕后的效果如图 3-35 所示。

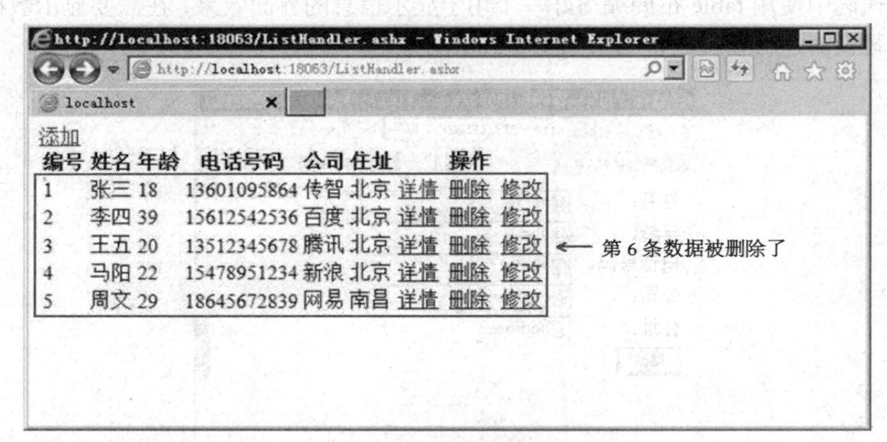

图 3-35 运行结果

7．实现修改功能

修改操作实际上就是将已有的数据展示出来并进行修改，然后将修改后的数据重新保存到数据库中。首先在项目中添加修改操作的界面模板 Edit.html，并根据用户的基本信息编写界面功能，实现代码如下所示。

```
<body>
    <form method="POST" action="ProcessEdit.ashx">
        <input type="hidden" name="hidId" value="@Id" />
        <table>
            <tr>
                <td>姓名：</td>
                <td><input type="text" name="name" value="@name" /></td>
            </tr>
            <tr>
                <td>年龄：</td>
                <td><input type="text" name="age" value="@age" /></td>
            </tr>
            <tr>
```

```
                <td>电话号码：</td>
                <td><input type="text" name="number" value="@number" /></td>
            </tr>
            <tr>
                <td>公司：</td>
                <td><input type="text" name="company" value="@company" /></td>
            </tr>
            <tr>
                <td>住址：</td>
                <td><input type="text" name="address" value="@address" /></td>
            </tr>
            <tr>
                <td colspan="2"><input type="submit" value="修改" /></td>
            </tr>
        </table>
    </form>
</body>
```

上述代码中使用 table 布局编写好一个用于显示信息的界面效果，在需要显示数据的地方用占位符替换。运行该页面，结果如图 3-36 所示。

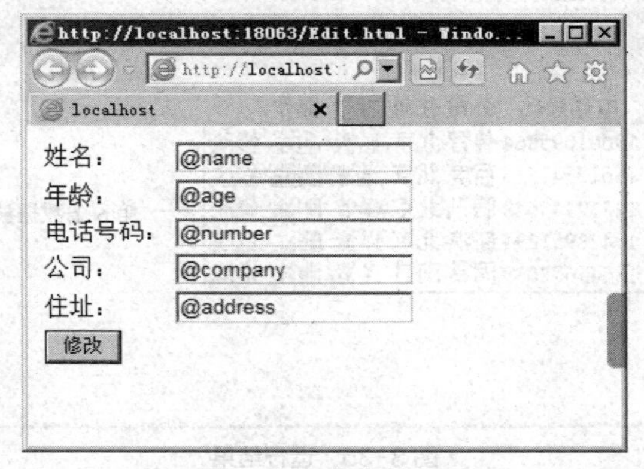

图 3-36 运行结果

编写好模板以后，就可以来实现后台代码了，在项目中添加 EditHandler.ashx 文件，并将需要修改的用户信息加载到页面上，实现代码如下所示。

```
public void ProcessRequest(HttpContext context)
{
    context.Response.ContentType = "text/html";
    int id = int.Parse(context.Request["id"]);
    string sql = "select * from User_info where Id=@id;";
    SqlParameter[] ps = { new SqlParameter("@id",id)};
    DataTable dt= SqlHelper.ExecuteDataTable(sql,ps);
    string strResult =
    File.ReadAllText(context.Request.MapPath("Edit.html"));
    strResult = strResult.Replace("@name", dt.Rows[0]["Name"].ToString());
    strResult = strResult.Replace("@age", dt.Rows[0]["Age"].ToString());
    strResult = strResult.Replace("@number",
                    dt.Rows[0]["Number"].ToString());
    strResult = strResult.Replace("@company",
                    dt.Rows[0]["Company"].ToString());
```

```
            strResult = strResult.Replace("@address",
                            dt.Rows[0]["Adress"].ToString());
            strResult = strResult.Replace("@Id", dt.Rows[0]["Id"].ToString());
            context.Response.Write(strResult);
        }
```

在上述代码中，首先获取需要修改的数据的 id，并调用 SqlHelper 的 ExecuteTable()方法获取需要修改的数据，并将数据替换到读取的模板字符串中。完成上述代码的编写后，下面来测试一下功能是否正确实现。在图 3-35 所示的页面中，单击第 5 行数据后面的【修改】链接，页面跳转到修改页，在修改页中将年龄 29 修改为 33，效果如图 3-37 所示。

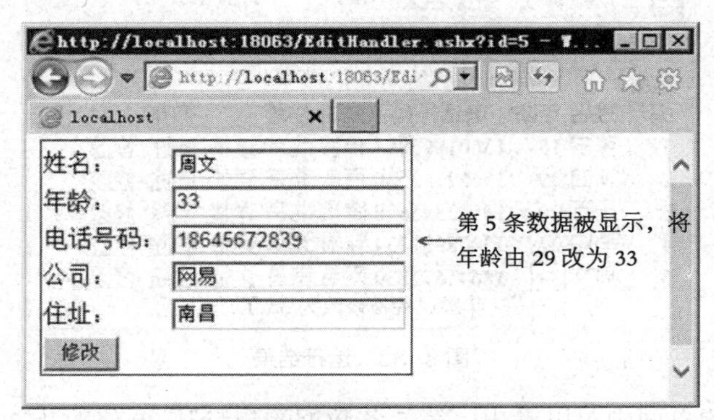

图 3-37　运行结果

如图 3-37 所示，将年龄的值修改为 33，此时单击【修改】按钮还不能将列表中的数据修改过来，需要先将此数据在数据库中修改才能显示出来。添加一个名为“EidtShow.ashx”的一般处理程序，在该一般处理程序文件中编写代码，具体代码如下所示。

```
    public void ProcessRequest(HttpContext context)
        {
            context.Response.ContentType = "text/plain";
            //获取用户发送过来的 Id 和用户数据
            int id =int.Parse(context.Request["hidId"]);
            string name=context.Request["name"];
            string age = context.Request["age"];
            string number = context.Request["number"];
            string company = context.Request["company"];
            string address = context.Request["address"];
            //然后将这些数据写入到数据库中并返回显示列表
            string sql = "update User_info set Name=@name,Age=@age,
            Number=@number,Company=@company,Adress=@address where Id=@id;";
            SqlParameter[] ps = {
                        new SqlParameter("@id",id),
                        new SqlParameter("@name",name),
                        new SqlParameter("@age",age),
                        new SqlParameter("@number",number),
                        new SqlParameter("@company",company),
                        new SqlParameter("@address",address),
                    };
            int result= SqlHelper.ExecuteNonQuery(sql,ps);
            if (result > 0)
            {
```

```
                context.Response.Redirect("ListHandler.ashx");
            }
        }
```

当用户单击【修改】按钮时，当前页面会通过 Get 请求将该条数据的 id 发送给"EditHandler.ashx"后台代码处理，并获取需修改的用户信息，通过拼接 SQL 语句执行数据库中的数据修改操作。在图 3-37 所示的页面中填写数据，单击【修改】按钮，执行操作后的结果如图 3-38 所示。

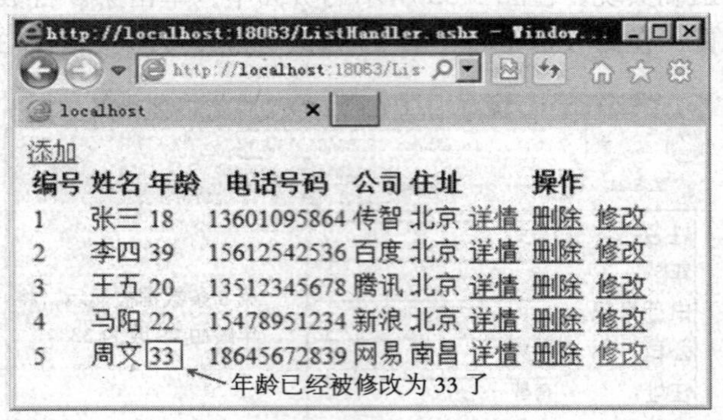

图 3-38　运行结果

从图 3-38 所示的页面中可以看出，第 5 条数据的年龄从 29 修改为 33 了，因此数据的修改功能就成功实现了。

【拓展深化】

1．项目常见功能分析

在实际开发过程中，很多项目的基本模块功能是确定的，例如登录功能，数据的增、删、改、查操作、数据的展示界面等。而实现这些模块功能的技术方式大致相同，例如登录功能，根据项目类型的不同可能会使用 Cookie 或者 Session；数据的增、删、查、改操作会用到 ADO.NET 的知识；数据的前端展示效果使用 Html、CSS 和 JavaScript 等实现。

2．增、删、查、改功能的过程分解

当我们使用了封装的 SqlHelper 后，基本上进行增、删、查、改功能都是先定义 SQL 语句的操作字符串，然后使用 SqlParameter 对象进行参数化查询替换，最后再调用 SqlHelper 中执行相关操作的方法。

测一测

学习完前面的内容，下面来动手测一测吧，请思考以下问题。

1. SqlParameter 类的其他重载的构造方法都有哪些，如何使用？

2. 当使用 Windows 验证方式登录数据库时，数据库连接字符串怎么写？

扫描右方二维码，查看【测一测】答案！

3.4 本章小结

【重点提炼】

本章主要讲解了一般处理程序的使用，其中重点讲解了ASP.NET中的内置对象，并且通过案例演示了一般处理程序的常见用法，具体内容如表3-3所示。

表3-3 第3章重点内容

小节名称	知识重点	案例内容
3.1小节	一般处理程序的概念、Get和Post请求方式	HTML和一般处理程序实现登录
3.2小节	ASP.NET的内置对象	使用Cookie对象、SqlHelper和一般处理程序实现登录功能
3.3小节	模板读取、工具类的使用	使用一般处理程序与SqlHelper操作数据

PART 4

第 4 章 三层架构——让代码结构更清晰

学习目标

在实际开发中，一个网站的后期维护非常重要。为了使网站便于维护，在程序开发时可以使用三层架构来搭建网站，本章就来学习三层架构，在学习过程中需要掌握以下内容。

- 能够理解三层架构的思想
- 能够掌握三层架构的搭建
- 能够使用三层架构实现增、删、查、改操作

情景导入

张三是一个知名 IT 公司的高级程序员。有一次他跟朋友去餐馆吃饭，点好菜后就和朋友聊起了他最近在项目中使用的三层架构，朋友对该架构的思想并不是很理解，此时服务员将菜端了上来，他笑着对朋友说三层架构就好像餐馆中的顾客、服务员和厨师这三个角色。顾客点菜提出需求，服务员传递需求，厨师实现需求并依次返回，其过程如图 4-1 所示。

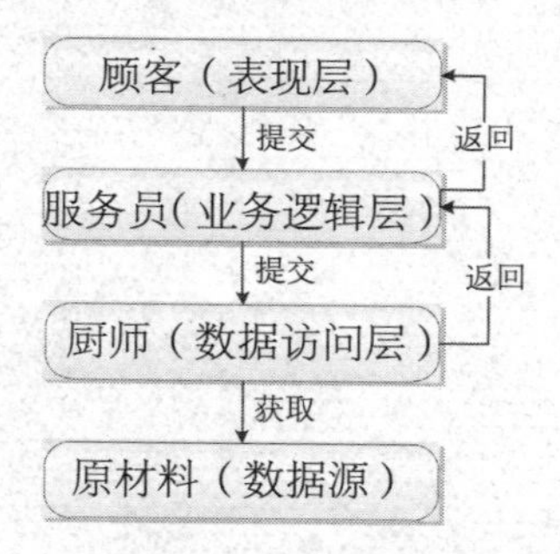

图 4-1　三层结构模拟

如图 4-1 所示，将顾客点餐的过程简单地模拟成了三层架构间的调用过程。顾客将要点的食物告诉服务员，由服务员将顾客的需求转交到厨房，然后由厨师做出相应的菜肴，并由服务员送到顾客餐桌上。在这一过程中厨师、服务员和顾客这三个角色分别可以表示为数据访问层、业务逻辑层和表现层。在这个过程中根据顾客的需求不同，更换服务员和厨师都不会影响顾客的需求，同样在项目中也是这样。

4.1 三层架构的基础知识

在生活中经常会见到分层的现象，例如将房子分层，一层是大厅，二层是住房，进行分层后就可以明确房子每一层的用途和功能。因此将事物分层后可以让逻辑更加清晰、职责更加明确，在程序中也是一样，为了让整个程序的逻辑结构更加清晰、便于代码的管理，在实际开发中通常都会将项目分为三层或者更多层来实现。

【知识讲解】

三层架构是一种管理项目的方法，通过将程序中的代码分类管理来使程序结构更加清晰。当代码量很大时，我们可以很容易地找到相关实现的代码，简单来说三层架构就是为了让程序代码易于管理。通常将整个业务应用划分为三个层，从下至上依次为：数据访问层、业务逻辑层、表现层。

1．三层架构基本概念和作用

三层架构就是在项目开发过程中根据代码的不同功能，分别对代码进行存储与调用。这些代码通常都会存放在数据访问层、业务逻辑层和表现层中。其中，每个层的作用如下所述。

①表现层（UI 层）：主要用于存放与用户交互的展示页面。

②业务逻辑层（BLL 层）：主要用于存放针对具体问题对数据进行逻辑处理的代码。

③数据访问层（DAL 层）：主要用于存放对原始数据进行操作的代码，它封装了所有与数据库交互的操作，并为业务逻辑层提供数据服务。

2．三层架构的优点和缺点

三层架构是一种通用的项目开发方式，可以极大地提高项目的可扩展性和可维护性。但是根据实际项目的不同也会存在一些缺陷，因此在使用前需要开发者仔细考虑，三层架构的优点与缺点如表 4-1 所示。

表 4-1　三层架构的优点和缺点

优点	缺点
代码结构清晰	增加了开发成本
耦合度降低，可维护性和可扩展性增高	降低了系统的性能
适应需求的变化，降低维护的成本和时间	在表现层中增加一个功能，为保证其设计符合分层式结构，就需要在相应的业务逻辑层和数据访问层中都增加相应的代码

【动手实践】

在学习完三层架构的基本知识后，接下来根据前面所学的知识结合 ADO.NET 以及简单的 WebForm 窗体来完成一个登录功能。其中，用户名和密码验证的代码放在业务逻辑层，登录界面放在表现层，读取数据库中的用户名和密码的代码放在数据访问层，下面大家一起动手练练吧！

1．创建数据库

在 itcast 数据库中创建一个名为“UserLogin”的用户登录表，该表中包括主键自动增长 ID 列、用户名 UserName 列（not null）和密码 pwd 列（not null）。向表中插入用户名（UserName）

为“admin”，密码（pwd）为“123456”的数据，便于程序测试。

2．搭建项目基本结构

创建一个名称为“Module4”的解决方案，在该解决方案上单击鼠标右键，选择【添加】→【新建项目】命令，如图 4-2 所示。

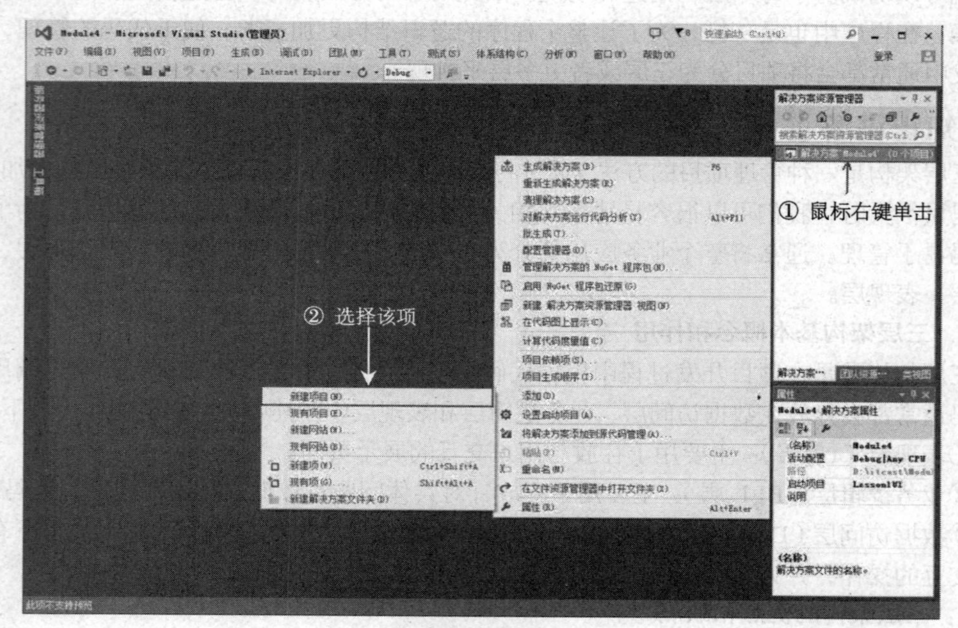

图 4-2　新建项目

在图 4-2 所示的窗口中，单击【新建项目】命令后打开“添加新项目”窗口，选择【类库】项，然后填写类库名称为“Lesson1DAL”，单击【确定】按钮，如图 4-3 所示。

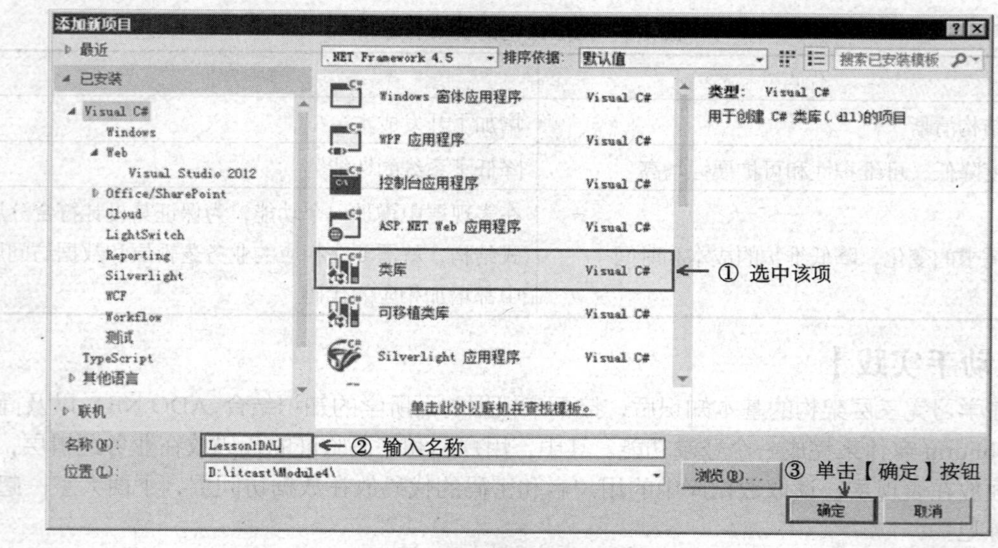

图 4-3　创建数据访问层

添加完“Lesson1DAL”数据访问层后，重新选中解决方案后用鼠标右键单击，选择【新建项目】命令创建“Lesson1BLL”业务逻辑层，如图 4-4 所示。

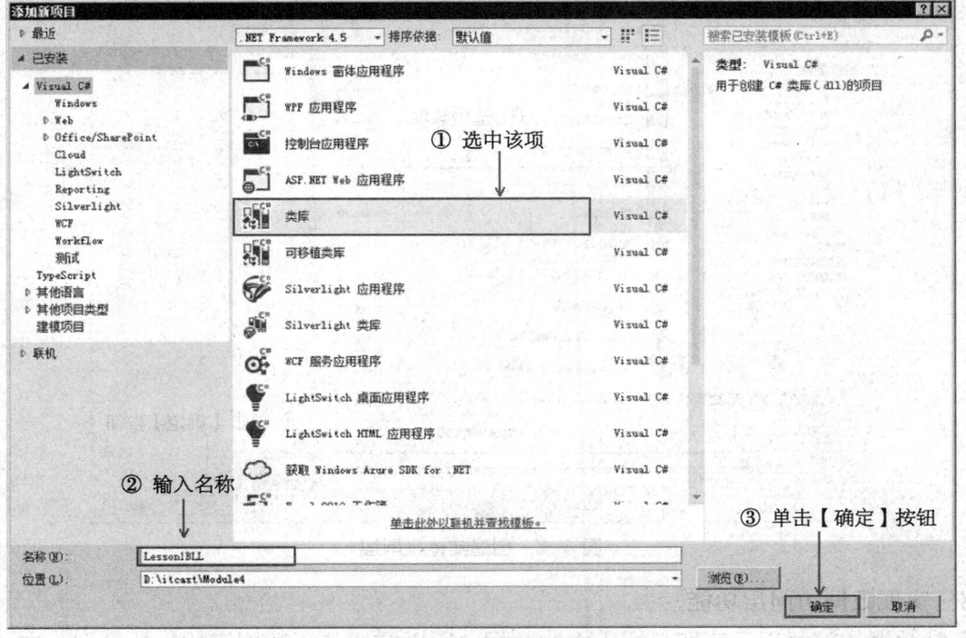

图 4-4　创建业务逻辑层

创建完业务逻辑层后，接下来就可以创建表现层。表现层是用于与用户进行交互的，本项目中就是 Web 应用程序，所以在 Module4 解决方案中创建一个名称为“Lesson1UI”的“ASP.NET Web 应用程序”，如图 4-5 所示。

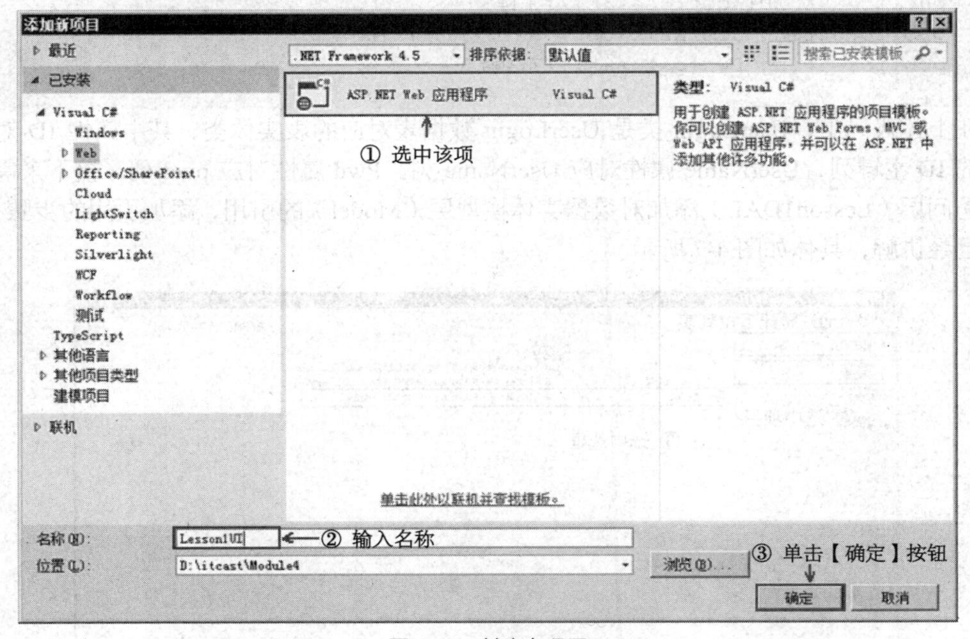

图 4-5　创建表现层

搭建了三层架构的基本结构后，就可以来实现数据访问层的功能。在实际开发中往往会有大量的数据需要处理，所以通常会在项目中创建一个数据库实体模型层，如图 4-6 所示。

图 4-6　创建实体模型层

3．实现数据访问层功能

通常数据访问层用于获取数据库中的数据，所以需要使用数据表的实体模型。在 Model 类库上添加一个名称为“UserLogin.cs”的类文件，该文件与数据库中“UserLogin”登录表中的字段相对应，具体代码如下所示。

```
public class UserLogin
{
    public int ID{ get; set; }//主键ID
    public string UserName{get; set;}//用户名
    public string Pwd{get;set;}//密码
}
```

在上述代码中，UserLogin 类是 UserLogin 数据表对应的表实体类，其中属性 ID 对应数据表的 ID 主键列，UserName 属性对应 UserName 列，Pwd 属性对应 pwd 列。接下来需要在数据访问层（Lesson1DAL）添加对数据实体模型层（Model）的引用，添加引用的步骤在 2.3 小节已经讲解，具体如图 4-7 所示。

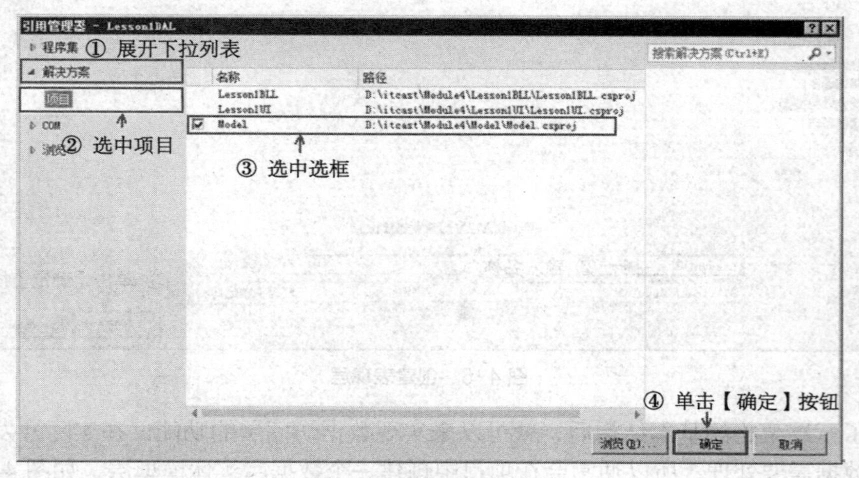

图 4-7　添加 Model 层

在图 4-7 所示的对话框中添加完 Model 层的引用后，接下来就可以查询数据库中的数据了。在 Lesson1DAL 层中创建一个 UserLoginDal.cs 类文件，并在该类中添加一个 SelectUserLogin()方法，该方法用于查询与用户名相对应的数据，具体代码如下所示。

```
public UserLogin SelectUserLogin(string UserName)
{
    //sql语句
    string sql = "select * from UserLogin where userName=@userName";
    //参数和参数值对象
    SqlParameter para = new SqlParameter("@userName",UserName);
    UserLogin user =null;
    //获取reader实例
    using (SqlDataReader reader = SqlHelper.ExecuteReader(sql, para))
    {
        //读取第一行数据
        if (reader.Read())
        {
            //实例化表对应的实例
            user = new UserLogin();
            //获取对应列数据赋值给对象属性
            user.ID = reader.GetInt32(0);
            user.UserName = reader.GetString(1);
            user.Pwd = reader.GetString(2);
        }
    }
        //返回对象
        return user;
}
```

提示：在上述类中添加 UserLogin 类所在的命名空间。

在上述代码中实现了从数据库中查询登录信息封装到 UserLogin 的对象中并返回的功能。其中，调用 SqlHelper 类的 ExecuteReader()方法获取到 UserLogin 表中的数据，并将数据封装到 UserLogin 实体类的对象中。

4．实现业务逻辑层功能

在 Lessson1DAL 层中获取到数据库中的数据后，接下来就可以在 Lesson1BLL 业务层来调用数据访问层返回的数据，并返回给 UI 层。首先需要添加对 Lesson1DAL 层的引用，并在业务逻辑层中添加一个“UserLoginBll.cs”类文件，在该类中定义一个 GetUserLogin ()方法，具体代码如下所示。

```
public class UserLoginBll
{
 //创建dal对象
  private   UserLoginDal dal = new UserLoginDal();
 //返回UserLogin的对象
  public UserLogin GetUserLogin(string UserName)
 {
 //调用dal的SelectUserLogin()方法
   return dal.SelectUserLogin(UserName);
 }
}
```

提示：当一个层调用另一个层中的方法时，需要添加方法所在层的引用。

上述代码中实现了获取用户登录的数据对象的功能。其中，定义一个 UserLoginDal 类型的 dal 对象用于获得该对象的所有方法，GetUserLogin()方法用于调用数据访问层中的 SelectUserLogin()方法获取 UserLogin 对象。

5．实现表现层布局

接下来创建一个登录界面，在 Lesson1UI 层中添加一个名称为“Login.aspx”的 Web 窗体，如图 4-8 所示。

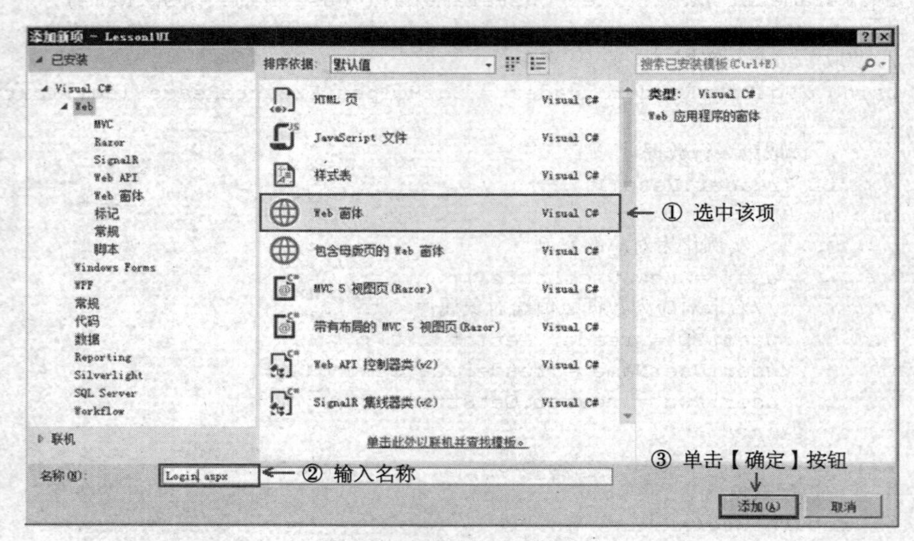

图 4-8　添加 Web 窗体文件

在图 4-8 所示的对话框中单击【添加】按钮后，打开 Login.aspx 文件进入窗体编辑界面，从控件工具箱中拖放两个 Label 控件、两个 TextBox 控件和一个 ImageButton 控件到界面中，并分别设置 Name、Text 等属性。设置完成后，编辑器自动生成对应的代码，具体代码如下所示。

```
<body>
   <form id="form1" runat="server"><div id="Login" >
     <div id="LoginTitle"> <p>管理员登录</p></div>
     <div style="margin-top:50px;>
       <asp:Label ID="lblUserName" runat="server" Text="用 户 名: "
       Font-Names="华文行楷" ForeColor="White"></asp:Label>
       <asp:TextBox ID="txtUserName" runat="server"></asp:TextBox><br /> <br />
       <asp:Label ID="lblPwd" runat="server"Text="密     码: "
       Font-Names="华文行楷"  ForeColor="White"></asp:Label>
      <asp:TextBox ID="txtPwd" runat="server" TextMode="Password"></asp:TextBox>
      <br/><br/><asp:ImageButton ID="ImgBtnLogin" runat="server"
       AlternateText="登录"    ImageUrl="~/Image/LoginImage.png" Height="34px"
        Width ="98px"/> </div> </div> </form>
</body>
```

提示：<asp:Label></asp:Label>等类型的标签代码都是从工具箱拖曳后自动生成的。

在上述代码中用 Web 控件的方式实现了一个登录界面。其中，asp 表示服务器控件，TextBox 表示文本输入框控件，runat=“server”属性表示该控件可以由服务器端控制，TextMode=

"Password"表示该输入框为密码输入框，ImageButton 表示图片按钮，ImageUrl 和 AlternateText 属性分别表示图片的地址和图片无法显示时显示的文字。

6．设置启动项

表现层界面效果设置完毕后，通常都会运行程序，测试界面效果。选中 Lesson1UI 项目单击鼠标右键，在弹出的菜单中单击【设为启动项目】命令，将 Lesson1UI 项目设置为启动项，如图 4-9 所示。

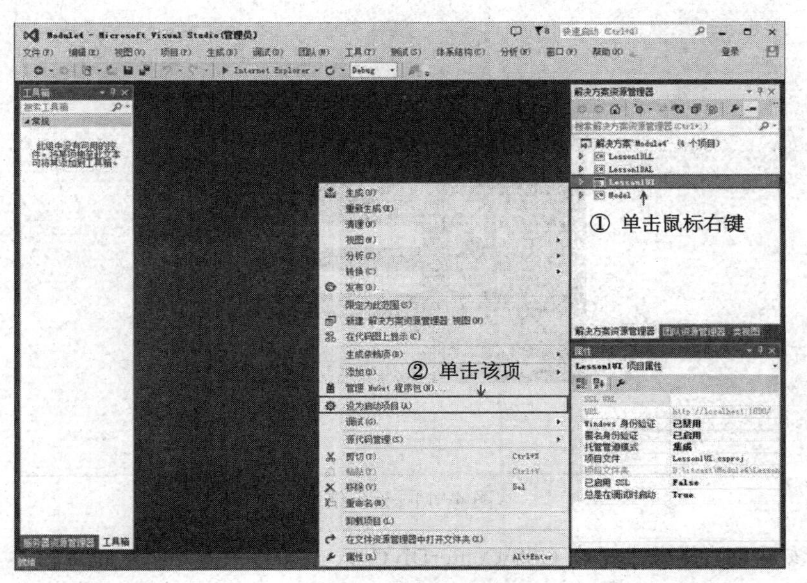

图 4-9　设置启动项

在图 4-9 所示的界面中将 Lesson1UI 表现层设置为启动项目后，还需要设置默认启动的主页面。展开 Lesson1UI 层，选中"Login.aspx"文件单击鼠标右键，在弹出的菜单中单击【设为起始页】命令，如图 4-10 所示。

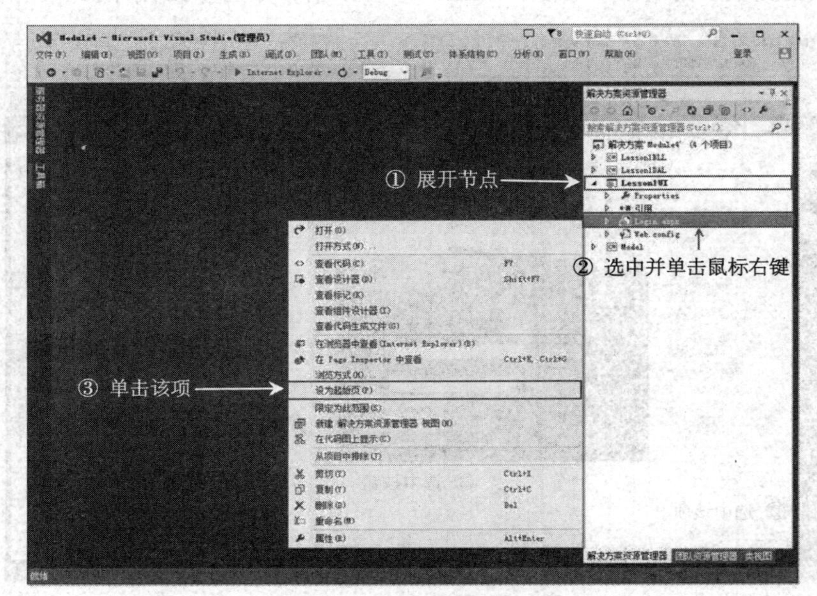

图 4-10　设置起始页

在图 4-10 所示的界面中设置完毕后，单击 Visual Studio 工具栏中的【 ▶ Internet Explorer ▾ 】按钮或者按快捷键 F5 运行项目，运行结果如图 4-11 所示。

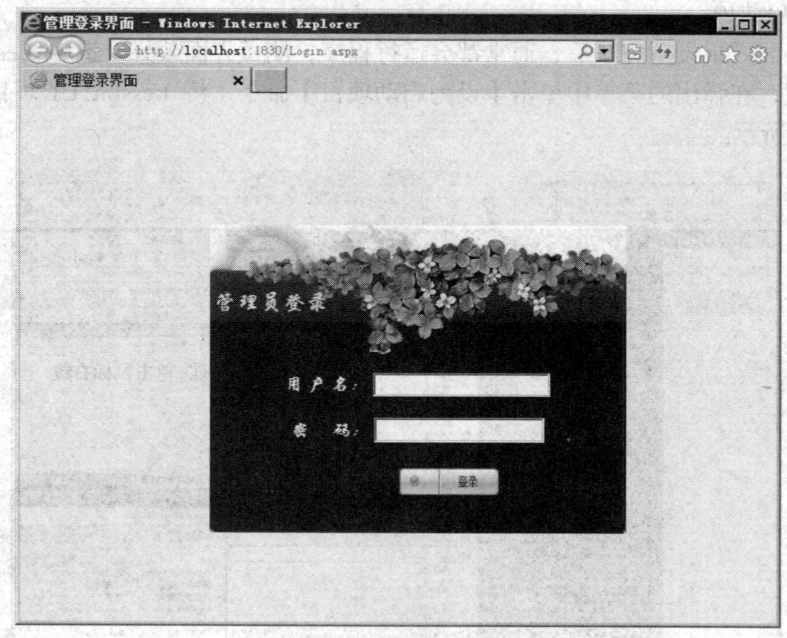

图 4-11　运行结果

提示：该页面的样式代码在 CSS\CenterDivCss.css 文件中。

7. 实现表现层功能

表现层用户界面设置完毕后，就需要来调用业务逻辑层的功能代码来实现登录操作。双击【Login.aspx】节点，在页面编辑面板中选择【设计】项，然后选中【登录】按钮，在右边的属性面板中选中【⚡】按钮并找到“Click”事件双击，如图 4-12 所示。

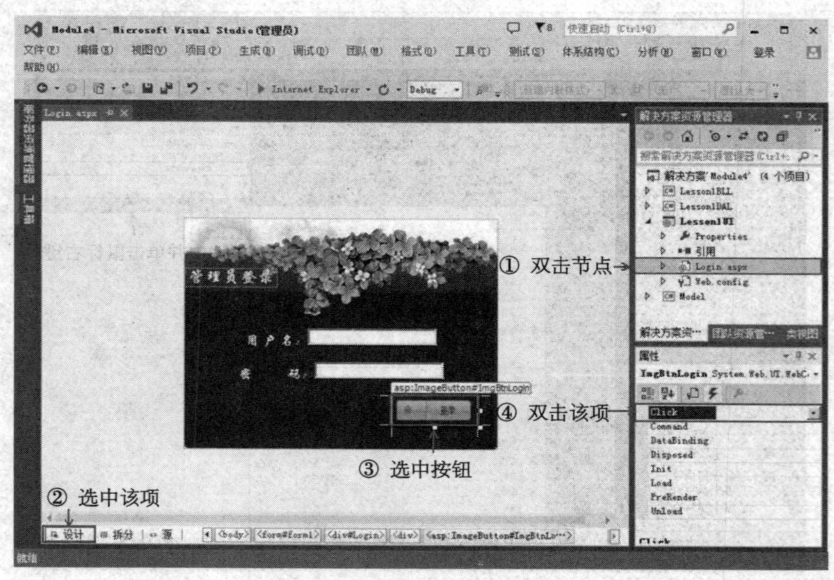

图 4-12　添加按钮事件方法

在图 4-12 所示的界面中添加完 Click 事件方法后，就进入到代码编辑窗口中，在该页面中默认会创建好 ImgBtnLogin_Click()事件方法，在该方法中编写功能代码，具体如下所示。

```
    public UserLoginBll bll = new UserLoginBll();
    protected void ImgBtnLogin_Click(object sender, ImageClickEventArgs e)
 {
     //获取输入的用户名和密码
     string userName=txtUserName.Text.Trim();
     string pwd=txtPwd.Text.Trim();
     //判断是否为空
     if (String.IsNullOrEmpty(userName) || String.IsNullOrEmpty(pwd))
     {
         //弹出对话框
         Response.Write("<script>alert('用户名和密码不能为空！')</script>");
     }
     else
     {
         //获取登录对象
         UserLogin user=  bll.GetUserLogin(userName);
         if (user != null)
         {
             //判断密码是否一致
             if (user.Pwd == pwd)
             {
                 //将用户名写入到 Session 中并跳转到页面
                  Session["UserName"] = user.UserName;
                  Response.Redirect("/StudentList.aspx?UserName=" + userName);
             }
             else
             {
                  Response.Write("<script>alert('密码不正确！')</script>");
             }
         }
         else
         {
             Response.Write("<script>alert('用户不存在！')</script>");
         }
      }
 }
```

提示：跳转前添加一个 StudentList.aspx 页面，并在该页面中输出“欢迎你，+登录用户名”。

在上述代码中实现了获取用户名和密码并查询数据库，验证登录是否正确的功能。首先创建一个业务逻辑层对象 bll，并在 ImgBtnLogin_Click()事件中调用 bll 对象的 GetUserLogin()方法获取 UserLogin 对象。当用户名和密码正确时，将用户名保存到 Session 中并跳转页面。

提示：编写代码前需在 Lesson1UI 项目中添加 Model 和 Lesson1BLL 程序集的引用。

8．测试程序结果

代码编写完成后运行项目，在用户名输入框中输入“admin”，密码为空，并单击【登录】按钮，运行结果如图 4-13 所示。

图 4-13 密码为空

如图 4-13 所示，当密码未填写时单击【登录】按钮，会弹出“用户名和密码不能为空!”的提示框。接下来测试用户不存在的情况，分别输入用户名“王小五”和密码“1234”，单击【登录】按钮，运行结果如图 4-14 所示。

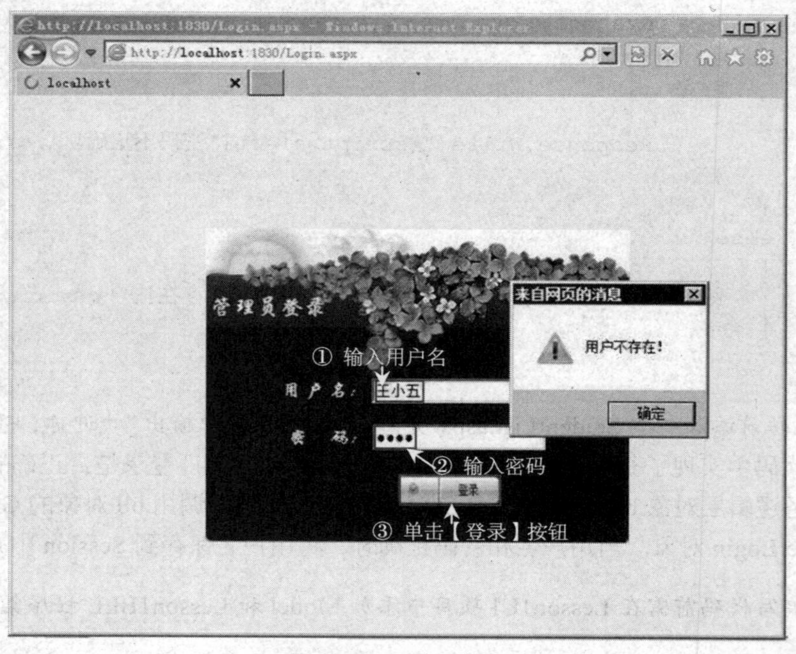

图 4-14 用户不存在

如图 4-14 所示，当输入的用户名在数据库中不存在时，将弹出“用户不存在!”的提示对话框。接下来测试密码错误的情况，分别输入用户名“admin”和密码“1234”，单击【登录】按钮，运行结果如图 4-15 所示。

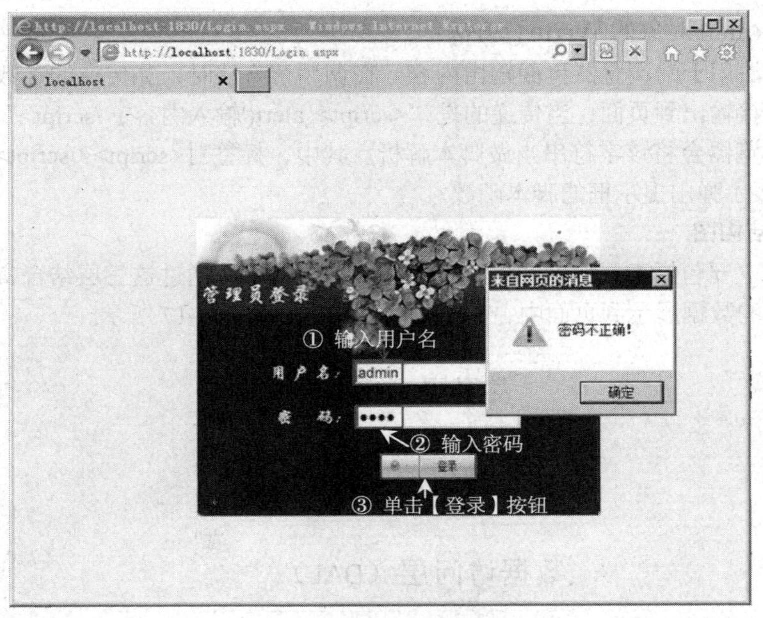

图 4-15 密码错误

如图 4-15 所示，当输入的用户名正确、密码错误时，会弹出“密码不正确!”的提示框。最后测试登录成功的情况，分别输入用户名“admin”和密码“123456”，单击【登录】按钮，运行结果如图 4-16 所示。

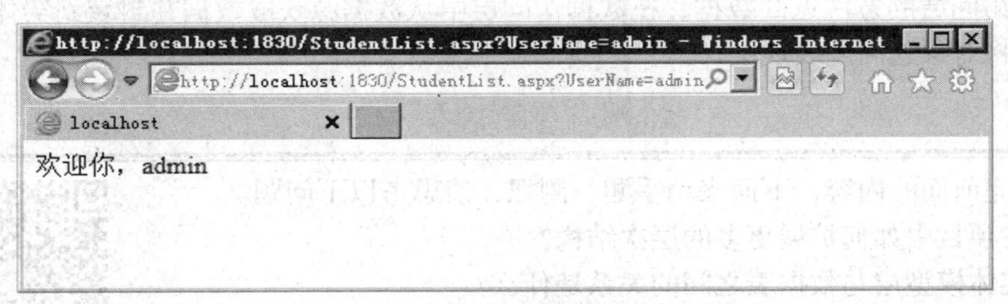

图 4-16 登录成功

【拓展深化】

1．TextBox 控件

TextBox 控件是输入框控件，该控件有一个 TextMode 属性，这个属性用于设置输入文本时的输入模式，其中常用的属性值包括 Password、MultiLine 和 SingleLine，它们分别表示密码输入模式、多行输入模式以及单行输入模式，其中 SingleLine 是 TextMode 属性的默认值。

2．三层架构中的注意点

三层架构中，层与层之间是依次引用的关系，在引用时需要注意的是层与层之间不能相互添加引用。例如当业务逻辑层添加了数据访问层的引用时，数据访问层就不能再添加业务逻辑层的引用，否则程序就会编译出错。

3．Response 对象的 Redirect () 方法

Redirect()方法用于向浏览器发送页面重定向的响应。在使用该方法时，需要将重定向的 url 作为实参传递到该方法中，跳转的 url 可以通过“？”来传递参数，多个参数之间使用“&”连接。当使用该方法进行重定向时，浏览器端发送了两次请求。

4．Response 对象的 Write () 方法

Write()方法用于向浏览器页面输出内容。在调用该方法时，如传递的参数是普通的字符串，则会被直接输出到页面；当传递的是"<script> alert('输入内容')</script>"等内容的字符串参数时，浏览器会将该字符串当做脚本解析。其中，标签对<script></script>表示执行脚本代码，alert()表示弹出提示框的脚本函数。

5．三层结构图

三层架构主要包括表现层、业务逻辑层和数据访问层，通过这三层结合实体模型层就可以将数据库中的数据展示到页面中，其组成的基本结构如图 4-17 所示。

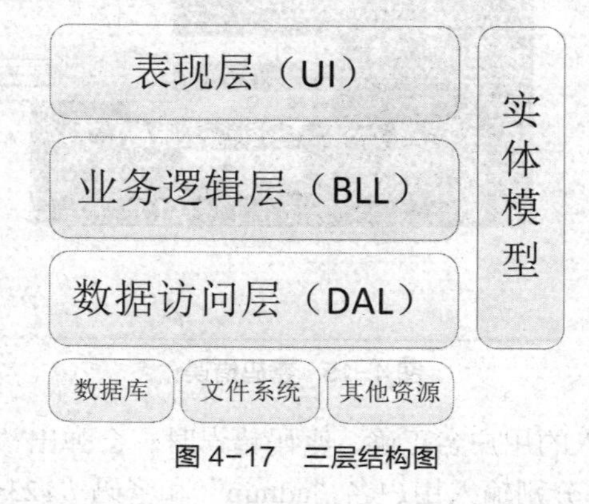

图 4-17　三层结构图

三层架构中，层与层之间是层层引用的关系。表现层引用业务逻辑层，通过业务逻辑层引用数据访问层的方法返回数据，在数据访问层中从数据源获取数据并封装到实体类的对象中，依次将对象返回到表现层。

测一测

学习完前面的内容，下面来动手测一测吧，请思考以下问题。

1. 在项目中如何扩展更多的层次结构？
2. 实体模型层与数据表之间的关系是什么？

扫描右方二维码，查看【测一测】答案！

4.2　三层架构的应用案例

在日常生活中，如果将所有衣服都混合放在一个衣柜里，当出门时想找一件合适的衣服就会很麻烦；如果把衣服根据季节的不同来区分摆放，这样找衣服的时候就会很容易。同样，项目中也是这样。在项目开发过程中，代码文件会有很多，如果直接放在一起，那么管理和维护就会很困难，所以在实际开发中为了避免由于项目管理问题影响效率，通常都会使用三层架构来进行开发。

【知识讲解】

在三层架构中，表现层主要用于存放与用户交互的页面。在实际开发中，表现层的实现方式也是多种多样，其中就包括了 HTML 与 ASP.NET Web 窗体应用程序。由于下面的练习中有用到 Web 窗体，这里就简单地讲解一下，具体讲解见第 5 章内容。

1. Web 窗体

在 ASP.NET 中，Web 窗体就是指网页，该网页包括可视化界面和逻辑代码两部分。可视化界面主要是指以“.aspx”为后缀的代码文件，用于存放显示服务器控件，而实现这些控件功能的逻辑代码位于“.aspx.cs”后缀的文件中，也被称作“代码隐藏”文件。

2. Page 类

Web 窗体就是 Page 类的一个对象，该对象充当 Web 页面中大部分服务器控件的容器。这些窗体都直接或间接地继承于 System.Web.UI.Page 类。当项目被编译时，窗体页面被编译为 Page 类的对象，并被缓存到服务器的内存中。

3. 服务器控件

服务器控件是指可编程的服务器端对象，这些对象可在服务器上执行程序逻辑，其中就包括 HTML 服务器控件和 Web 服务器控件。

（1）HTML 服务器控件。

HTML 元素是被当作文本来处理的，这些元素不能被服务器端控制，为了使这些元素可编程化，可以使用 HTML 服务器控件。简单来说，HTML 服务器控件就是在 HTML 元素的基础上添加 runat=“server”属性，用于标识该元素作为服务器控件进行处理。

（2）Web 服务器控件。

Web 服务器控件是可被服务器理解的特殊 ASP.NET 标签，它比 HTML 服务控件更抽象、具有更多的内置功能。它不仅增强了 ASP.NET 的功能，还极大地提高了开发效率，不必与 HTML 元素一一映射，而是定义为抽象控件。

【动手实践】

在学习完上述的三层架构和 Web 服务器控件的相关知识后，在 4.1 小节的基础上继续完善三层项目的其他功能，如学生列表展示、添加学生信息、修改学生信息等功能，下面大家一起动手练练吧！

1. 在 Model 层添加学生表实体类（列表显示功能）

打开 4.1 小节中的 Module4 解决方案，在 Model 层中添加一个名称为“Student.cs”的类文件，并在该文件中创建一个与 Student 数据表相对应的实体类，具体代码如下所示。

```
public class Student
{
  public int ID{get;set;}                //主键列
  public string StuNum{get;set;}         //学号
  public string StuName{get;set;}        //姓名
  public string StuClass{get;set;}       //班级
  public string Subject{set;get;}        //学科
  public int? StuAge{get;set;}           //年龄
  public string StuPhone{get;set;}       //电话
  public string StuGender{get;set;}      //性别
}
```

提示：int?表示可空的值类型。

在上述代码中，Student 类中的属性与 Student 表中的字段列一一对应。其中，Student 类中的 StuAge 属性的数据类型为 int? 类型，该类型表示可空的值类型，即 StuAge 的值可以为 null。

2．在数据访问层查询数据（列表显示功能）

在 Lesson1DAL 层中添加一个名称为“StudentDal.cs”的类文件，该类中封装所有对 Student 数据表操作的代码。首先，在该类中定义一个 GetAllStudent()方法，该方法用于查询 Student 表中的所有数据，具体代码如下所示。

```
public List<Student> GetAllStudent()
{
        //查询数据的 sql 语句
        string sql = "select * from Student";
        //创建 Student 类型集合
        List<Student> studentList=new List<Student>();
        //调用 ExecuteReader()方法查询数据
        using (SqlDataReader reader = SqlHelper.ExecuteReader(sql))
        {
            //判断是否获取到数据
            if (reader.HasRows)
            {
              //循环读取数据
               while(reader.Read())
               {
                   //创建对象用于存储数据
                   Student stu = new Student();
                   stu.ID = reader.GetInt32(0);
                   stu.StuNum = reader.GetString(1);
                   stu.StuName = reader.GetString(2);
                   stu.StuClass = reader.GetString(3);
                   stu.Subject = reader.GetString(4);
                   //判断该列数据是否有值
                   stu.StuAge = Convert.IsDBNull(reader[5])? null :(int?)
                          reader.GetInt32(5);
                   stu.StuPhone = reader.GetString(6);
                   stu.StuGender = reader.GetString(7);
                   //将对象添加到集合中
                   studentList.Add(stu);
               }
            }
        }
        //返回集合对象
        return studentList;
}
```

在上述代码中，GetAllStudent()方法调用了 SqlHelper 的 ExecuteReader()方法查询数据，并将查询到的数据封装到 Student 类型的对象中。其中，在查询数据时取出数据表中可为空的 int 类型列的数据赋给对象属性时，需要先通过 Convert .IsDBNull()方法判断再赋值。

提示：int 类型与 null 值不是同类型，在进行三元运算时需将 int 类型强制转换成 int? 类型。

3．在业务逻辑层调用数据层（列表显示功能）

在 Lesson1BLL 层中添加“StudentBll.cs”类文件，在该类中定义一个 StudentDal 的 dal 对象和 GetAllStudent()方法，此方法用于调用 dal .GetAllStudent()方法并返回执行结果，具体代码如下所示。

```
private StudentDal dal = new StudentDal();
//调用 GetAllStudent()方法判断集合元素个数
public List<Student> GetAllStudent()
{
    return dal.GetAllStudent().Count > 0 ? dal.GetAllStudent() : null;
}
```

在上述代码的 GetAllStudent()方法中，通过调用 dal 对象的 GetAllStudent()获取数据对象集合，并将获取到的数据集合返回。

4．在表现层调用业务逻辑层（列表显示功能）

在 Lesson1UI 层的 StudentList.aspx.cs 文件的 Page_Load()事件中编写代码，该事件在页面加载时触发，触发时将所有数据加载到页面中，具体代码如下所示。

```
private StudentBll bll = new StudentBll();
protected void Page_Load(object sender, EventArgs e)
{
     //判断用户是否已登录
     if (Session["UserName"] == null)
     {
         //未登录则跳转到登录页面
         Response.Redirect("/Login.aspx");
     }
     else
     {
         //获取 Student 表中所有的数据
         List<Student> studentList = bll.GetAllStudent();
         //创建用于拼接表格 StringBuilder 对象
         StringBuilder sb = new StringBuilder();
         int count = 1; //表格中的编号
         //拼接表头
         sb.Append("<div style='position: absolute; top:25%;
                left:15%;background-color:#F0F0F0;'>
               <table border=' 1px ;solid '><tr><th>编号</th><th>学号</th>
               <th>姓名</th><th>班级</th><th>学科</th><th>年龄</th>
               <th>电话</th><th>性别</th><th>操作</th></tr>");
        //循环遍历对象集合将值拼接到表格中
     foreach (var item in studentList)
    {
     sb.Append(string.Format("<tr><td>{0}</td><td>{1}</td><td>{2}</td>
     <td>{3}</td><td>{4}</td><td>{5}</td><td>{6}</td><td>{7}</td><td>
     <a href='DeleteStudent.ashx?ID={8}'>删除</a>   
     <a href='UpdateStudent.aspx?ID={8}'>修改</a></td></tr>",
     count++,item.StuNum, item.StuName,item.StuClass,item.Subject,
     item.StuAge,item.StuPhone,item.StuGender,item.ID));
    }
     sb.Append("<tr><td colspan='9'><a href='AddStudent.aspx'>添加用户
             </a></td></tr></table>");
      //将表格字符串输出到页面
      Response.Write(sb.ToString());
     }
}
```

在上述代码的 Page_Load()事件中，首先获取登录时存入到 Session 对象中的用户名并进行判断，判断已登录后，通过调用 bll 的 GetAllStudent()方法获取数据集合，遍历集合并将值拼接成表格输出到页面。

5．添加页面导航栏

为了使页面功能更加完整，在 StudentList.aspx 页面的 body 标签内添加页面导航栏功能的布局代码，具体包括显示登录的用户名、网站主页链接、修改密码链接以及用户退出链接，具体代码如下所示。

```
<body>
    <div  class="header" >
     <div class="title">您好：<%= Session["UserName"].ToString()%>,
     欢迎使用学生管理系统</div><div class="h_nav"><ul class="nav">
        <li class="active"><a href="StudentList.aspx">网站主页</a></li>
        <li><a href="updatePassWord.aspx">修改密码</a></li>
        <li><a href="Logoff.ashx">注销退出</a></li>
      </ul></div></div>
    <form id="form1" runat="server"><div></div></form>
</body>
```

提示：页面样式需添加 CSS 引用，“CSS/tableStyle.css”是表格样式，“CSS/NavigateCSS.css”是导航样式。

在上述代码中实现了在页面中添加一个导航栏的功能。其中，“<%=%>”用于读取 Session 中的用户名并展示到页面上。运行程序，登录成功后的效果如图 4-18 所示。

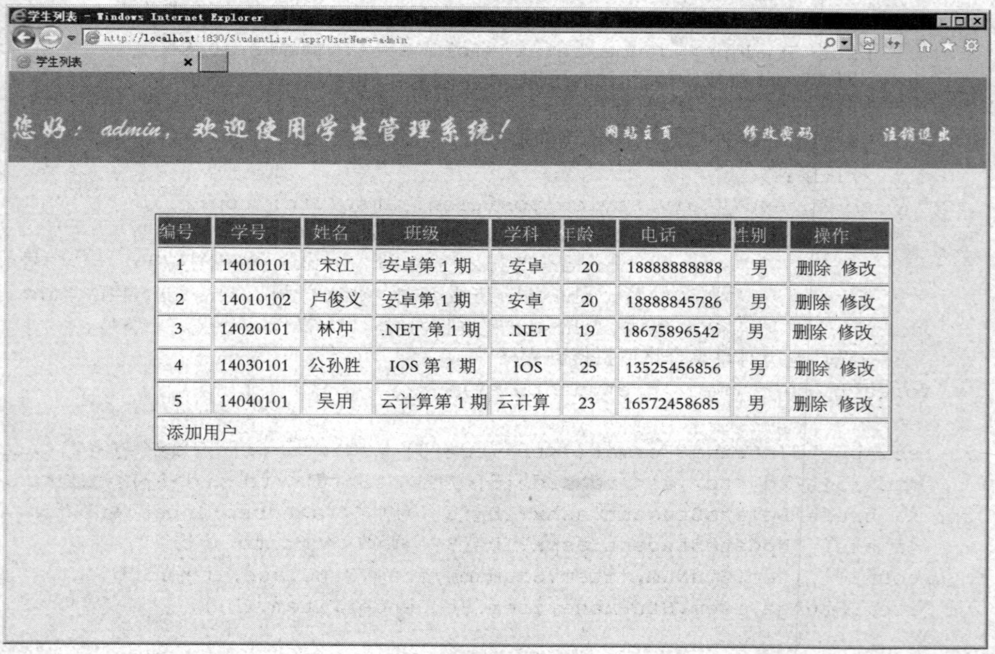

学生列表 - Windows Internet Explorer
学生列表
您好：admin，欢迎使用学生管理系统！
网站主页
修改密码
注销退出

编号	学号	姓名	班级	学科	年龄	电话	性别	操作
1	14010101	宋江	安卓第 1 期	安卓	20	18888888888	男	删除 修改
2	14010102	卢俊义	安卓第 1 期	安卓	20	18888845786	男	删除 修改
3	14020101	林冲	.NET 第 1 期	.NET	19	18675896542	男	删除 修改
4	14030101	公孙胜	IOS 第 1 期	IOS	25	13525456856	男	删除 修改
5	14040101	吴用	云计算第 1 期	云计算	23	16572458685	男	删除 修改
添加用户								

图 4-18　列表展示

如图 4-18 所示，当登录成功后页面跳转到 StudentList.aspx 页面，并在该页面中展示出了 Student 数据表中的数据。

6．添加修改密码功能（表现层）

在 Lesson1UI 层添加一个 updatePassWord.aspx 页面，从工具箱中拖曳 3 个 Label 控件、3 个 TextBox 控件和两个 ImageButton 控件到该页面上，并设置相关属性，设置完成后具体代码如下所示。

```
<form id="form1" runat="server"><div><div id="CenterDiv">
<div id="CenterTitle">
<p>修改密码</p>
</div><div style="margin-top:40px; height: 150px;">
<asp:Label ID="lblPwd" runat="server" Text="原始密码：" ForeColor="White"
Font-Names="华文行楷"></asp:Label><asp:TextBox ID="txtPwd" runat="server"
TextMode="Password">*</asp:TextBox><br /><br />
<asp:Label ID="lblNewPwd" runat="server" Text="新 密 码：" ForeColor="White"
Font-Names="华文行楷"></asp:Label><asp:TextBox ID="txtNewPwd" runat="server"
TextMode="Password">*</asp:TextBox><br /> <br />
  <asp:Label ID="lblRePwd" runat="server" Text="重复密码：" ForeColor="White"
Font-Names="华文行楷"></asp:Label><asp:TextBox ID="txtRePwd" runat="server"
TextMode="Password">*</asp:TextBox><br />      
<asp:ImageButton ID="btnSave" runat="server" ImageUrl="~/Image/Save.png" />
    <asp:ImageButton ID="btnClear" runat="server"
ImageUrl="~/Image/Clear.png" />     </div></div></div>
</form>
```

讲解：母版页的使用

在开发 ASP.NET 项目时，如果多个页面只有部分内容不同而其他内容都相同时，可以使用母版页。使用母版页可以很好地实现界面设计的模块化，并且实现了代码的重用。它的创建与使用跟普通的页面一样，其扩展名为.master。

在上述代码中，3 个 TextBox 标签分别用于输入原始密码、新密码和重复新密码，两个 ImageButton 用于单击执行操作。在该页面添加导航栏并添加 CSS 样式文件，具体代码跟第 5 步中一样，设置完成后的效果如图 4-19 所示。

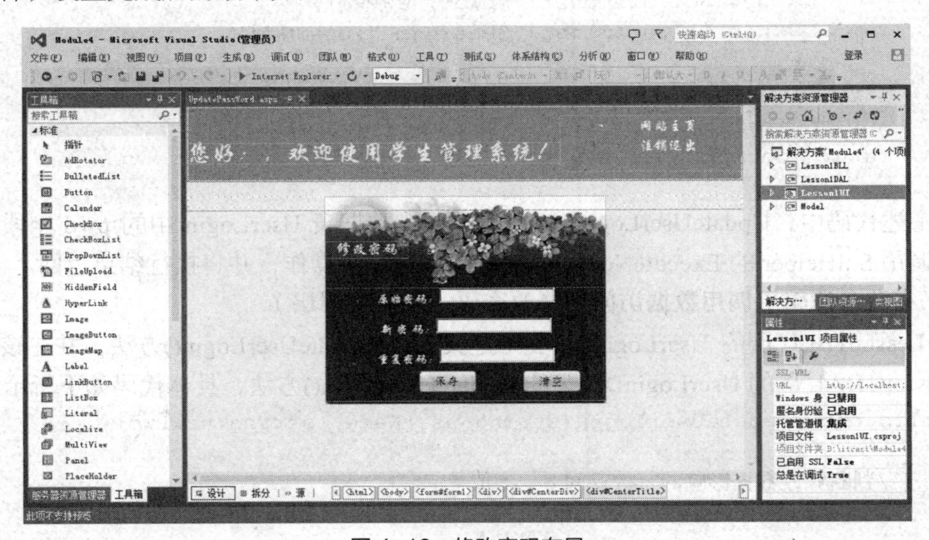

图 4-19　修改密码布局

运行项目并登录，登录成功后在图 4-18 所示的界面中单击【修改密码】链接，页面跳转到如图 4-20 所示的界面中。

图 4-20　修改密码页面

7．添加修改密码的代码（数据访问层）

由于修改密码功能跟登录功能都是对用户表进行操作，所以在 Lesson1DAL 层的 UserLoginDal 类中定义一个 UpdateUserLogin()方法用于修改用户的密码，具体代码如下所示。

```
public int UpdateUserLogin(string userName,string newPwd)
{
    //修改密码的 sql 语句
    string sql = "update UserLogin set pwd=@pwd where UserName=@UserName";
    //sql 语句中的参数
    SqlParameter[] paras = new SqlParameter[]{
            new SqlParameter("@pwd",newPwd),
            new SqlParameter("@UserName",userName)
        };
    //返回执行的语句影响的行数
    int count=SqlHelper.ExecuteNonQuery(sql,paras);
    return count;
}
```

在上述代码中，UpdateUserLogin()方法用于修改数据表 UserLogin 中的 pwd 字段值，在方法中调用 SqlHelper 的 ExecuteNonQuery()方法执行修改操作，并将执行结果返回。

8．在业务逻辑层调用数据访问层修改密码（业务逻辑层）

在 Lesson1BLL 层的 UserLoginBll 类中定义一个 UpdateUserLogin()方法，并在该方法中调用 Lesson1DAL 层的 UserLoginDal 类的 UpdateUserLogin()方法，具体代码如下所示。

```
public bool UpdateUserLogin(string userName, string newPwd)
{
    //判断修改数据影响的行数返回 bool 值
    return dal.UpdateUserLogin(userName, newPwd)>0;
}
```

在上述代码中，UserLoginBll 类的 UpdateUserLogin()方法主要用于根据调用数据访问层的 UpdateUserLogin()方法的结果进行判断，并根据判断结果返回一个 bool 类型的值，该返回值表示密码是否更新成功。

9．在表现层调用业务逻辑层修改密码（表现层）

打开 Lesson1UI 层的 updatePassWord.aspx 文件，找到【保存】按钮，并为该按钮注册单击事件，具体代码如下所示。

```
private UserLoginBll bll = new UserLoginBll();
protected void btnSave_Click(object sender, EventArgs e)
{
    //获取输入的密码
    string pwd = txtPwd.Text.Trim();
    string newPwd =txtNewPwd.Text.Trim();
    string rePwd = txtRePwd.Text.Trim();
    //判断密码是否为空
    if (string.IsNullOrEmpty(pwd) || string.IsNullOrEmpty(newPwd))
    {
        Response.Write("<script>alert('原始密码和新密码不能为空')</script>");
    }
    else
    {
        //判断两次新密码是否一致
        if (newPwd != rePwd)
        {
           Response.Write("<script>alert('两次输入的新密码不一致')</script>");
        }
        else
        {
            //获取登录用户的实体对象
            UserLogin user = bll.GetUserLogin(Session["UserName"].ToString());
            //用户存在且输入的原始密码正确
            if (user != null && user.Pwd == pwd)
            {
                //执行修改并通过返回值判断是否修改成功
              if (bll.UpdateUserLogin(Session["UserName"].ToString(), newPwd))
                {
                    Response.Write("<script>alert('修改成功')</script>");
                }
                else
                {
                    Response.Write("<script>alert('修改失败')</script>");
                }
            }
            else
            {
                Response.Write("<script>alert('输入的原始密码不正确')</script>");
            }
        }
    }
}
```

在上述代码中，首先比较用户两次输入的密码是否一致，并通过 Session 获取当前登录的用户名，然后根据用户名和新的密码调用业务逻辑层的 UpdateUserLogin()方法返回密码是否更新成功。

10．验证用户是否登录

由于用户的登录状态是保存在 Session 中的，当 Session 过期或用户未登录时，需要用户先登录，以保证用户账户安全。打开 updatePassWord.aspx.cs 文件，在 Page_Load()事件中判断 Session 是否过期，具体代码如下所示。

```
protected void Page_Load(object sender, EventArgs e)
{
    //获取 Session 数据并判断是否为空
    if (Session["UserName"]==null)
    {
        Response.Redirect("/Login.aspx");
    }
}
```

在上述代码中，当 updatePassWord.aspx 页面加载时 Page_Load()会被调用，首先会获取 Session 对象中的数据，当获取的数据为 null 时将页面跳转到登录页面。

讲解：Session 的过期时间

在使用 Session 对象时，Session 对象有一个过期时间，这个过期时间默认为 20 分钟，也可以通过代码进行设置，当 20 分钟内浏览器没有和服务器发生任何交互时表明 Session 过期，此时服务器就会清除 Session 对象。

11．测试修改密码功能

运行项目，输入用户名为“admin”、密码为“123456”并单击【登录】按钮，然后单击【修改密码】的链接跳转到修改密码页面。在该页面输入原始密码“123456”、新密码“666666”，单击【保存】按钮，运行结果如图 4-21 所示。

图 4-21　修改密码运行结果

12．退出登录功能

在 Lesson1UI 中添加一个名称为“Logoff.ashx”的一般处理程序文件，打开该文件并在该文件中编写退出登录的代码，具体代码如下所示。

```
public void ProcessRequest(HttpContext context)
{
    context.Response.ContentType = "text/plain";
    //将 session 设置为空
    context.Session["UserName"] = null;
    //跳转到登录页面
    context.Response.Redirect("/Login.aspx");
}
```

在上述代码中，首先将 context.Session["UserName"]值清空，并通过 context 对象的 Response 属性的 Redirect()方法将页面跳转到登录页面。

提示：如果需要在一般处理程序使用 Session，就必须实现 IRequiresSessionState 接口。

13．实现修改学生信息的用户界面

在 Lesson1UI 层中添加一个名称为“UpdateStudent.aspx”页面，打开工具箱，向该界面中拖放相关控件，并为控件设置相关属性，设置完成后的效果如图 4-22 所示。

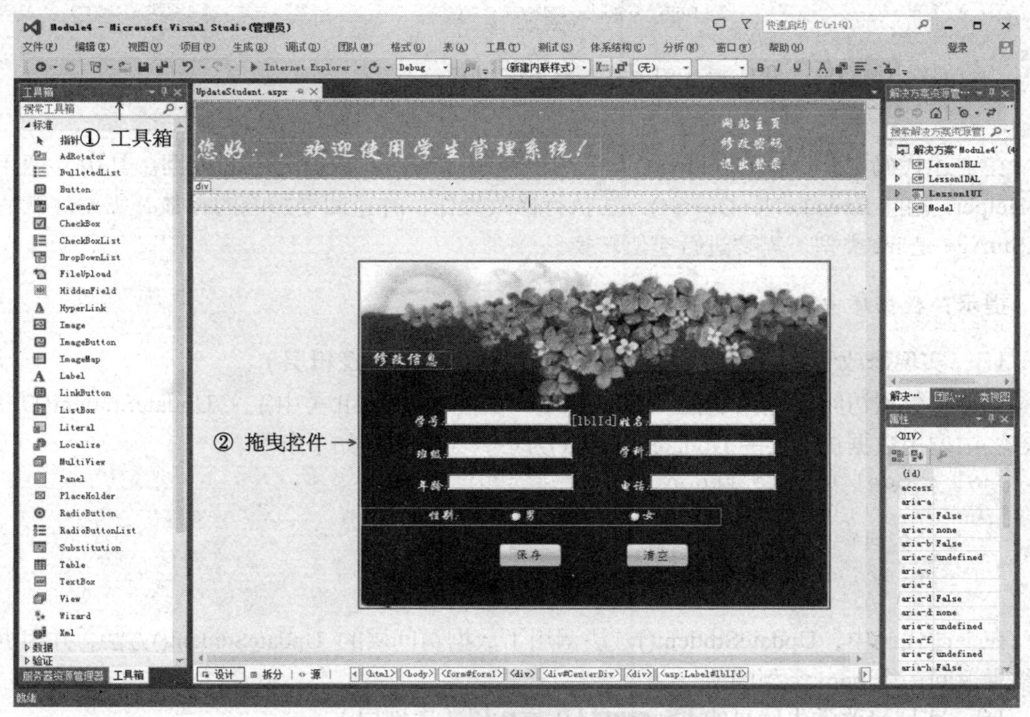

图 4-22　创建修改信息界面

在图 4-22 所示的界面中“lblId”是一个属性 Visible=“False”的隐藏 Label 控件，该控件用于存储数据表中主键 ID 列的数据。

提示：页面代码与布局请参见 Module4 解决方案 Lesson1UI 项目的“UpdateStudent.aspx”源码。

14．访问数据库更新学生信息（数据访问层）

由于更新学生信息是对 Student 表进行操作，直接在 Lesson1DAL 层的 StudentDal 类中添加一个 UpdateStudent()方法用于修改学生信息，具体代码如下所示。

```
public int UpdateStudent(Student stu)
{
//修改数据的 sql 语句
string sql = "update Student  set
StuNum=@StuNum,StuName=@StuName,StuClass=@StuClass,Subject=@Subject,
StuAge=@StuAge,StuPhone=@StuPhone,StuGender=@StuGender where ID=@ID";
//sql 参数数组
SqlParameter[] paras = new SqlParameter[]{
new SqlParameter("@ID",stu.ID),
new SqlParameter("@StuNum",stu.StuNum),
                    new SqlParameter("@StuClass",stu.StuClass),
                    new SqlParameter("@StuName",stu.StuName),
                    new SqlParameter("@Subject",stu.Subject),
                    //判断对象的 StuAge 是否为空，为空时向数据库中插入 DBNull 值
                    newSqlParameter("@StuAge",stu.StuAge==
                        null?DBNull.Value:(object)stu.StuAge),
                        new SqlParameter("@StuPhone",stu.StuPhone),
                        new SqlParameter("@StuGender",stu.StuGender)
              };
    int count = SqlHelper.ExecuteNonQuery(sql, paras);
    return count;
}
```

在上述代码中，UpdateStudent()方法用于修改 Student 数据表中的数据。其中，调用了 SqlHelper 类的 ExecuteNonQuery()方法执行修改操作，并返回受影响的行数，需要注意的是 stu.StuAge 是 int 类型，需要进行空值转换。

提示：数据库中的空值与 C#中的 null 不同。

15．实现修改学生信息的 Lesson1BLL 层代码（业务逻辑层）

实现了数据访问层，接下来在 Lesson1BLL 层的 StudentBll 类中定义 UpdateStudent()方法，在方法中调用数据访问层的 UpdateStudent()方法，具体代码如下所示。

```
public bool UpdateStudent(Student stu)
{
     //返回修改是否成功的结果
     return dal.UpdateStudent(stu)>0;
}
```

在上述代码中，UpdateStudent()方法调用了数据访问层的 UpdateStudent()方法，并根据调用结果返回一个 bool 类型的值。

16．实现修改学生信息的 Lesson1UI 层代码（表现层）

接下来实现表现层的功能，在 Lesson1UI 中打开 UpdateStudent.aspx.cs 文件，在 Page_Load()方法中调用业务逻辑层的方法将需修改的数据显示到界面上，具体代码如下所示。

```
 private StudentBll bll = new StudentBll();
 protected void Page_Load(object sender, EventArgs e)
 {
     //判断用户是否已登录
     if( Session["UserName"]==null)
     {
         Response.Redirect("/Login.aspx");
     }
```

```
        else
        {
            //判断是否是回传
            if (!IsPostBack)
            {
                //获取传递的参数值
                string Id=Request.QueryString["ID"];
                //判断获取数据 ID 是否为空
                if(string.IsNullOrEmpty(Id))
                {
                    Response.Write("<script>alert('数据错误')</script>");
                }
                else
                {
                    //查询需要修改的数据对象
                    Student stu = bll.SelectStudent(Convert.ToInt32(Id));
                    if (stu == null)
                    {
                        Response.Write("<script>alert(需修改的用户不存在')</script>");
                    }
                    else
                    {
                        //将获得的数据加载到对应的控件中
                        lblId.Text = stu.ID.ToString();
                        txtStuNum.Text= stu.StuNum;
                        txtStuName.Text = stu.StuName;
                        txtStuClass.Text = stu.StuClass;
                        txtSubject.Text = stu.Subject;
                        txtStuAge.Text = stu.StuAge == null ? "" :
                                    stu.StuAge.ToString();
                        txtStuPhone.Text = stu.StuPhone;
                        if (stu.StuGender == "男")
                        {
                            radbtnB.Checked = true;
                        }
                        else if (stu.StuGender == "女")
                        {
                            radbtnG.Checked = true;
                        }
                    }
                }
            }
        }
    }
```

在上述代码中，首先通过 Session 判断用户是否已登录，然后通过 IsPostBack 属性判断页面是否提交数据，接着调用 bll 对象的 SelectStudent()方法查询出需要修改的学生数据，并将数据加载到控件中。运行项目，打开学生信息展示列表，单击列表中姓名为“宋江”的【修改】链接，如图 4-23 所示。

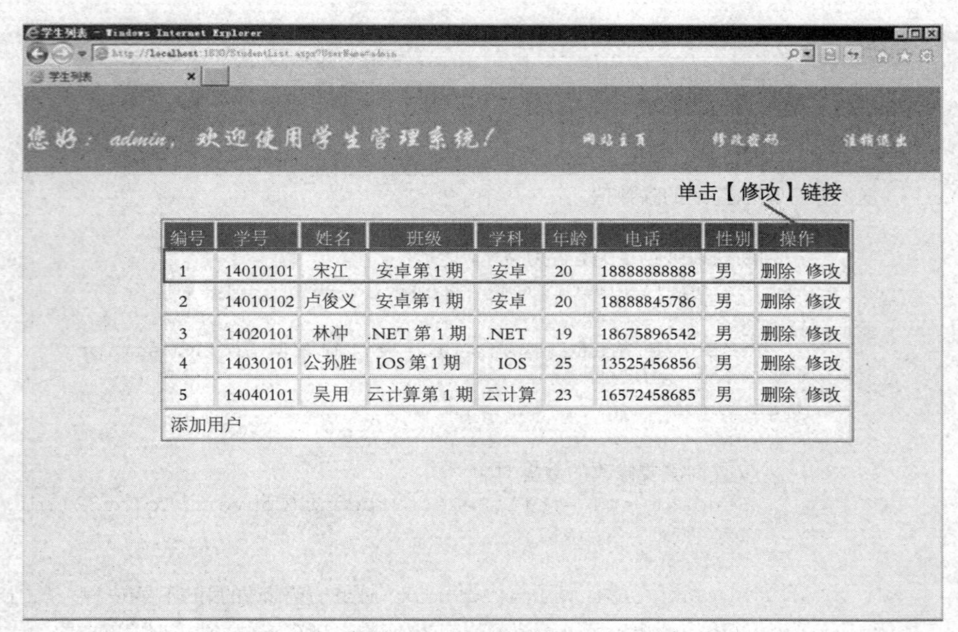

编号	学号	姓名	班级	学科	年龄	电话	性别	操作
1	14010101	宋江	安卓第 1 期	安卓	20	18888888888	男	删除 修改
2	14010102	卢俊义	安卓第 1 期	安卓	20	18888845786	男	删除 修改
3	14020101	林冲	.NET 第 1 期	.NET	19	18675896542	男	删除 修改
4	14030101	公孙胜	IOS 第 1 期	IOS	25	13525456856	男	删除 修改
5	14040101	吴用	云计算第 1 期	云计算	23	16572458685	男	删除 修改

图 4-23　学生信息列表

如图 4-23 所示，单击姓名为“宋江”的学生信息的【修改】链接后，进入修改学生信息的界面，效果如图 4-24 所示。

图 4-24　修改页面

在图 4-24 所示的页面中编辑需要修改的学生信息，并单击【保存】按钮保存修改后的数据。在保存修改的学生信息之前需要判断学生的学号是否唯一，接下来就来定义验证学生学号是否唯一的方法。

17. 实现验证学号唯一的代码（修改功能）

打开 Lesson1DAL 层中的 StudentDal 类，在该类中定义一个 SelectCount()方法用于查询修改的学号在数据库中是否存在，具体代码如下所示。

```
public int SelectCount(string stuNum, int id)
{
    //sql 查询语句
    string sql = "select count(*) from Student where StuNum=@StuNum and
                Id not in (@Id)";
    SqlParameter[] paras = new SqlParameter[]{
            new SqlParameter("@StuNum",stuNum),
            new SqlParameter("@Id",id)
        };
    //返回数据的第 1 行第 1 列
    int count=Convert.ToInt32(SqlHelper.ExecuteScalar(sql,paras));
    return count;
}
```

提示：上述的 sql 语句查询条件中，“Id not in(@Id)”表示 Id 列的值不在括号中。

在上述代码中，通过调用 SqlHelper 中的 ExecuteScalar()方法查询数据。其中，sql 语句中的 count()是用于统计查询数据条数的函数。接下来打开 Lesson1BLL 层中的 StudentBll 类，创建一个 SelectCount()方法并调用数据访问层的 SelectCount()方法，具体代码如下所示。

```
public bool SelectCount(string stuNum, int id)
{
   return dal.SelectCount(stuNum, id)>0;
}
```

上述方法中通过 dal 对象调用数据访问层的 SelectCount()方法，根据调用结果进行判断，并返回一个 bool 值。该值用于判断当前学号是否存在，如果值为 true 说明数据库中已存在该学号，否则就不存在。

18. 实现保存修改后的学生信息的代码

当在图 4-24 所示的页面中修改完学生信息后，单击【保存】按钮，需要进行两个操作。第一判断学号是否唯一，第二是将修改后的信息更新到数据库中。接下来打开 Lesson1UI 层中的 UpdateStudent.aspx 页面，为【保存】按钮添加事件方法并实现，具体代码如下所示。

```
protected void btnUpdate_Click(object sender, EventArgs e)
{
     //获取控件中的数据
     string stuNum=txtStuNum.Text.Trim();
     string stuName=txtStuName.Text.Trim();
     string stuClass=txtStuClass.Text.Trim();
     string subject=txtSubject.Text.Trim();
     if (string.IsNullOrEmpty(stuNum))
     {
        Response.Write("<script>alert('学号不能为空')</script>");
     }
     else if(string.IsNullOrEmpty(stuName))
     {
        Response.Write("<script>alert('姓名不能为空')</script>");
     }
```

```
        else if (string.IsNullOrEmpty(stuClass))
        {
            Response.Write("<script>alert('班级不能为空')</script>");
        }
        else if (string.IsNullOrEmpty(subject))
        {
             Response.Write("<script>alert('学科不能为空')</script>");
        }
        else
        {
            //判断学号是否重复
            if (bll.SelectCount(stuNum,Convert.ToInt32(lblId.Text)))
            {
                Response.Write("<script>alert('学号重复')</script>");
            }
            else
            {
                int age;
                //将修改的数据封装到新建对象中
                Student stu = new Student();
                stu.ID = Convert.ToInt32(lblId.Text);
                //设置非空属性的值
                stu.StuAge = Int32.TryParse(txtStuAge.Text.Trim(),out age) ?
                             (int?)age:null;
                stu.StuClass = txtStuClass.Text.Trim();
                stu.StuGender = radbtnB.Checked ? "男" : (radbtnG.Checked ? "女" : "");
                stu.StuName = stuName;
                stu.StuNum = stuNum;
                stu.Subject = subject;
                stu.StuPhone = txtStuPhone.Text.Trim();
                // 调用 UpdateStudent()方法执行修改
                bool isOk= bll.UpdateStudent(stu);
                if (isOk)
                {
                    Response.Write("<script>alert('修改成功')</script>");
                }
                else
                {
                    Response.Write("<script>alert('修改失败')</script>");
                }
            }
        }
    }
```

在上述代码中，首先对用户输入的非空信息进行判断（学号、姓名、班级、学科），然后根据调用 bll 的 SelectCount()方法的结果判断学号是否重复，最后将用户输入的数据封装到对象中，并调用 bll 的 UpdateStudent()方法执行修改。

19．测试修改功能

通过前面编写的数据访问层、业务逻辑层以及表现层的代码，修改学生信息的功能已经全部完成。接下来运行项目，单击姓名为“宋江”的学生信息进行修改，如图 4-25 所示。

图 4-25 修改前的页面

在图 4-25 所示的页面中将学生的电话信息由原来的“18888888888”修改为“19999999999”，然后单击【保存】按钮，运行结果如图 4-26 所示。

图 4-26 修改学生电话

在图 4-26 所示的页面中单击【保存】按钮后，显示修改成功的对话框，表示学生信息修改成功。关闭该对话框，页面将自动跳转到学生信息展示界面，如图 4-27 所示。

图 4-27　修改后的学生信息

20．实现添加学生信息的界面（表现层）

实现了修改学生信息的功能后，下面来实现一个添加学生信息的功能。在 Lesson1UI 层中添加一个名称为“AddStudent.aspx”的 Web 窗体，在工具箱中拖放相应控件到窗体页面中，修改相应控件属性，设置完毕后界面效果如图 4-28 所示。

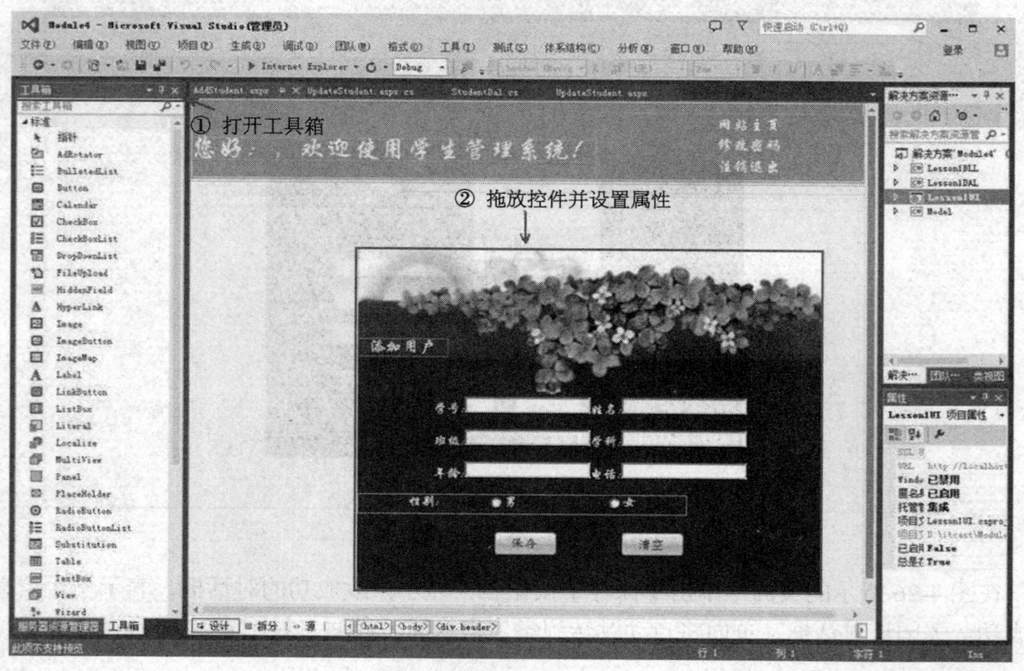

图 4-28　添加数据界面

21. 编写添加学生信息的代码（数据访问层）

创建完添加学生信息的界面后，接下来实现数据访问层的添加功能。添加学生信息是对 Student 表进行操作，所以在 Lesson1DAL 中的 StudentDal 类编写实现代码，添加一个 InsertStudent()方法实现将数据插入到数据库中的功能，具体代码如下所示。

```
public int InsertStudent(Student stu)
{
    //插入数据的 sql 语句
    string sql = "insert into Student values(@StuNum,@StuName,@StuClass,
                        @Subject,@StuAge,@StuPhone,@StuGender)";
    SqlParameter[] paras = new SqlParameter[]{
                new SqlParameter("@StuNum",stu.StuNum),
                new SqlParameter("@StuClass",stu.StuClass),
                new SqlParameter("@StuName",stu.StuName),
                new SqlParameter("@Subject",stu.Subject),
                new
   SqlParameter("@StuAge", stu.StuAge==null?DBNull. Value:(object)stu. StuAge),
                new SqlParameter("@StuPhone",stu.StuPhone),
                new SqlParameter("@StuGender",stu.StuGender)
            };
     int count = SqlHelper.ExecuteNonQuery(sql, paras);
     return count;
}
```

上述代码中实现了向数据库中插入一条学生信息的功能。其中，在 InsertStudent()方法中调用 SqlHelper 类的 ExecuteNonQuery()方法执行插入操作。接下来实现业务逻辑层的添加功能，打开 Lesson1BLL 层中的 StudentBll 类，添加一个 InsertStudent()方法并调用数据访问层的 InsertStudent()方法，具体代码如下所示。

```
public bool InsertStudent(Student stu)
{
    return dal.InsertStudent(stu) > 0;
}
```

在上述代码中调用了数据访问层的 InsertStudent()方法，并返回一个 bool 类型的值用于判断数据添加操作是否执行成功。由于学生信息的学号不能重复，在插入到数据库之前需要验证学号是否已经存在。打开 Lesson1DAL 层，在 StudentDal 类中添加一个 SelectCount()的重载方法，具体代码如下所示。

```
public int SelectCount(string stuNum)
{
     //查询语句
     string sql = "select count(*) from Student where StuNum=@StuNum ";
     SqlParameter para =new SqlParameter("@StuNum",stuNum);
     int count = Convert.ToInt32(SqlHelper.ExecuteScalar(sql, para));
     return count;
}
```

讲解：SelectCount()的重载方法

上述内容中讲解了 StudentDal 类中的两个 SelectCount()方法，即 SelectCount(string)和 SelectCount(string,int)，这两个方法的方法名相同、参数列表不同，构成了方法的重载。方法重载的条件为在同一个类中具有两个或两个以上的方法名相同、参数列表不同的方法。

在上述代码中，SelectCount()方法用于查询数据表中 StuNum 字段与参数 stuNum 的值相同的数据条数，并返回查询结果。接下来在 Lesson1BLL 层的 StudentBll 类中定义一个 SelectCount()方法用于调用数据访问层的 SelectCount()方法，具体的代码如下所示。

```
public bool SelectCount(string stuNum)
{
    return dal.SelectCount(stuNum)>0;
}
```

在上述方法中，业务逻辑层通过 dal 对象调用数据访问层的 SelectCount(string)方法，并根据判断调用的结果返回一个 bool 类型的值，当该值为 true 时表示学号已存在。

22．实现添加学生信息到数据库的代码（表现层）

在实现数据访问层和业务逻辑层的功能后，接下来打开 Lesson1UI 中的 AddStudent.aspx 页面，并在该页面中找到【保存】按钮，为该按钮添加单击事件，具体代码如下所示。

```
protected void btnInsert_Click(object sender, EventArgs e)
{
    //获取输入框中的内容
    string stuNum = txtStuNum.Text.Trim();
    string stuName = txtStuName.Text.Trim();
    string stuClass = txtStuClass.Text.Trim();
    string subject = txtSubject.Text.Trim();
    //判断学号、姓名、班级、学科是否为空
    if (string.IsNullOrEmpty(stuNum))
    {
        Response.Write("<script>alert('学号不能为空')</script>");
    }
    else if (string.IsNullOrEmpty(stuName))
    {
        Response.Write("<script>alert('姓名不能为空')</script>");
    }
    else if (string.IsNullOrEmpty(stuClass))
    {
        Response.Write("<script>alert('班级不能为空')</script>");
    }
    else if (string.IsNullOrEmpty(subject))
    {
        Response.Write("<script>alert('学科不能为空')</script>");
    }
    else
    {
        //判断学号是否重复
        if (bll.SelectCount(stuNum))
        {
            Response.Write("<script>alert('学号重复')</script>");
        }
        else
        {
            int age;
            //将需要插入的数据封装到新建对象中
            Student stu = new Student();
            stu.StuAge =Int32.TryParse(txtStuAge.Text.Trim(),out age)?
                        (int?)age : null;
            stu.StuClass = txtStuClass.Text.Trim();
```

```
            stu.StuGender = radbtnB.Checked ? "男" : (radbtnG.Checked ? "女" : "");
            stu.StuName = stuName;
            stu.StuNum = stuNum;
            stu.Subject = subject;
            stu.StuPhone = txtStuPhone.Text.Trim();
            //执行插入数据
            bool isOk = bll.InsertStudent(stu);
            if (isOk)
            {
               Response.Write("<script>alert('添加成功')</script>");
            }
           else
            {
               Response.Write("<script>alert('添加失败')</script>");
            }
        }
    }
}
```

在上述代码中，首先对用户输入的非空信息进行判断（学号、姓名、班级、学科），调用 bll 中带有一个参数的 SelectCount()重载方法，用于判断学号是否重复，最后将用户输入的数据封装到对象中，并调用 bll 的 InsertStudent()方法执行添加操作。运行项目，填写用户信息，效果如图 4-29 所示。

图 4-29　输入添加的学生信息

在图 4-29 所示的页面中，输入需要添加的学生信息。其中，年龄、电话和性别可以为空，填写完毕后单击【保存】按钮，效果如图 4-30 所示。

图 4-30　保存添加的学生信息

从图 4-30 所示的页面中可以看出数据的添加操作已经执行成功，此时单击【网站主页】链接返回到列表界面。查看列表中的数据，添加后的列表展示结果如图 4-31 所示。

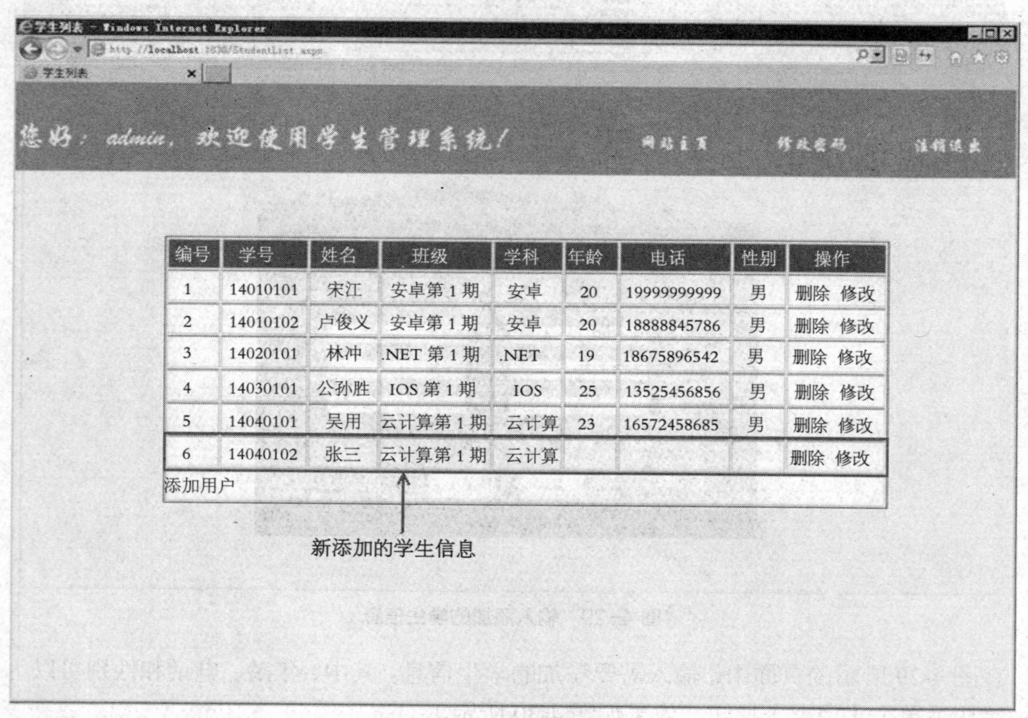

编号	学号	姓名	班级	学科	年龄	电话	性别	操作
1	14010101	宋江	安卓第 1 期	安卓	20	19999999999	男	删除 修改
2	14010102	卢俊义	安卓第 1 期	安卓	20	18888845786	男	删除 修改
3	14020101	林冲	.NET 第 1 期	.NET	19	18675896542	男	删除 修改
4	14030101	公孙胜	IOS 第 1 期	IOS	25	13525456856	男	删除 修改
5	14040101	吴用	云计算第 1 期	云计算	23	16572458685	男	删除 修改
6	14040102	张三	云计算第 1 期	云计算				删除 修改

图 4-31　添加成功后的数据表

23．实现删除学生信息的功能代码（数据层）

在完成了学生信息的添加功能后，下面来实现学生信息的删除操作。打开 Lesson1DAL 层的 StudentDal 类，在该类中定义一个 DeleteStudent()方法用于实现删除学生信息的功能，具体代码如下所示。

```
public int DeleteStudent(int id)
{
     //sql 语句
    string sql = "delete Student where ID=@ID";
    int count = SqlHelper.ExecuteNonQuery(sql, new SqlParameter("@ID", id));
    return count;
}
```

在上述代码中，DeleteStudent()方法用于删除指定 ID 的学生信息并返回执行结果。接下来打开 Lesson1BLL 层中的 StudentBll 类，定义一个 DeleteStudent()方法用于调用数据访问层的 DeleteStudent()，具体代码如下所示。

```
public bool DeleteStudent(int id)
{
    return dal.DeleteStudent(id) > 0;
}
```

在上述代码中，通过 dal 对象调用了数据访问层中的 DeleteStudent()方法执行删除操作，并通过删除的结果返回一个 bool 值，当返回值为 true 时表示删除成功。

24．实现删除学生信息的代码（业务逻辑层）

删除操作只需要删除数据然后重新加载页面，没有像添加或修改功能那样有额外的编辑页面，所以直接在 Lesson1UI 层中添加一个“DeleteStudent.ashx”的一般处理程序实现删除操作，具体代码如下所示。

```
private StudentBll bll = new StudentBll();
public void ProcessRequest(HttpContext context)
{
     //输出的类型
     context.Response.ContentType = "text/plain";
     //判断用户是否登录
     if( context.Session["UserName"]==null)
     {
        context.Response.Redirect("/Login.aspx");
     }
     else
     {
         //获取需要删除的主键 ID 并判断是否为空
         string  studentID =context.Request.QueryString["ID"];
         if (String.IsNullOrEmpty(studentID))
         {
            context.Response.Redirect("/StudentList.aspx");
         }
         else
         {
            //调用 bll 对象的 DeleteStudent()方法，删除成功后返回到主页面
            if(bll. DeleteStudent (Convert.ToInt32(studentID)))
            {
                context.Response.Redirect("/StudentList.aspx");
```

```
                }
                else
                {
                    context.Response.Write("<script>alert('删除失败！')</
                        script>");
                }
            }
        }
    }
```

在上述代码中，首先通过 Session 判断用户是否登录，然后获取被选中的学生信息 ID，并调用 bll 对象的 DeleteStudent()方法执行删除操作，删除成功后重新加载学生列表界面。运行项目，单击编号为“6”的学生信息的【删除】链接，如图 4-32 所示。

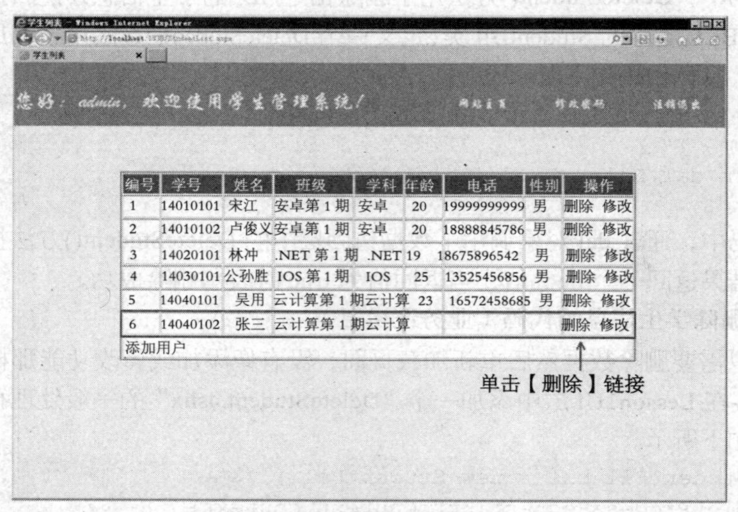

编号	学号	姓名	班级	学科	年龄	电话	性别	操作
1	14010101	宋江	安卓第 1 期	安卓	20	19999999999	男	删除 修改
2	14010102	卢俊义	安卓第 1 期	安卓	20	18888845786	男	删除 修改
3	14020101	林冲	.NET 第 1 期	.NET	19	18675896542	男	删除 修改
4	14030101	公孙胜	IOS 第 1 期	IOS	25	13525456856	男	删除 修改
5	14040101	吴用	云计算第 1 期	云计算	23	16572458685	男	删除 修改
6	14040102	张三	云计算第 1 期	云计算				删除 修改
添加用户								

图 4-32　删除前的列表

在图 4-32 所示的页面中，单击【删除】链接后，如果删除成功会直接重新加载当前页面，效果如图 4-33 所示。

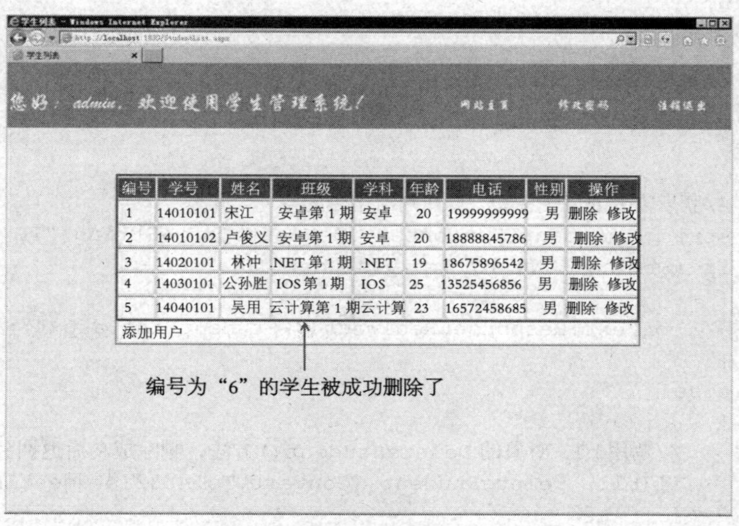

编号	学号	姓名	班级	学科	年龄	电话	性别	操作
1	14010101	宋江	安卓第 1 期	安卓	20	19999999999	男	删除 修改
2	14010102	卢俊义	安卓第 1 期	安卓	20	18888845786	男	删除 修改
3	14020101	林冲	.NET 第 1 期	.NET	19	18675896542	男	删除 修改
4	14030101	公孙胜	IOS 第 1 期	IOS	25	13525456856	男	删除 修改
5	14040101	吴用	云计算第 1 期	云计算	23	16572458685	男	删除 修改
添加用户								

图 4-33　删除成功后的列表

【拓展深化】

1．DBNull 类

在数据库表中通常会设置一些可空的列，当在程序中获取这些值时，需要使用 DBNull 类来进行转换。在开发过程中需要明确 DBNull 与 null 的不同，null 表示缺少对象的引用，而 DBNull 表示数据库列值为空，可以通过 Convert.IsDBNull()进行验证，Convert.IsDBNull(null)返回值是 false。

2．内嵌表达式

在 ASP.NET 中<%=…%>和<%:…%>都是页面内嵌表达式的语法，此表达式可以嵌套在.aspx 页面中使用。在该语法中，“<%=”用于表达式的开始标记，“%>”用于表达式的结束标记，中间部分为表达式。

3．IRequiresSessionState 接口

在一般处理程序中，如果要使用 Session 对象，则需要将当前类实现 IRequiresSessionState 接口。该接口指定处理程序需要会话状态值的读写访问权。该接口是一个标记接口，接口中未定义任何方法。

4．三层项目调用总结

在三层项目中，所有的功能实现都是先实现数据访问层的功能，再实现业务逻辑层的功能，最后实现表现层的功能。其中，数据访问层访问数据库，业务逻辑层访问数据层，表现层访问业务逻辑层。

测一测

学习完前面的内容，下面来动手测一测吧，请思考以下问题。

1．在三层项目中，要想实现增、删、查、改功能，各层次之间的调用过程是什么？

2．在三层项目中，数据访问层可以使用文件类型或者其他类型的数据库吗？

扫描右方二维码，查看【测一测】答案！

4.3　本章小结

【重点提炼】

本章主要讲解了三层架构的基本思想以及如何搭建三层项目。其中，还讲解了使用三层架构的优点以及缺点，并且通过案例演示了三层架构的具体应用，具体内容如表 4-2 所示。

表 4-2　第 4 章重点内容

小节名称	知识重点	案例内容
4.1 小节	三层架构的基本思想、三层架构搭建	使用三层架构实现用户登录
4.2 小节	三层架构调用、服务器控件	使用三层架构实现学生信息增、删、查、改操作的案例

PART 5

第 5 章 WebForm 控件——更便捷地创建页面

学习目标

在使用 ASP.NET 的 WebForm 控件开发网站时，开发人员不用编写 HTML、CSS 代码也能开发 Web 应用程序，直接对控件进行设置就可完成页面的创建。本章学习的 WebForm 控件就是为了快速、高效地开发 Web 应用程序，在学习的过程中需要掌握以下内容。

- 能够掌握基本 Web 控件的使用
- 能够使用 Repeater 和 ListView 控件展示数据
- 能够掌握图片处理技术的使用

情景导入

今天，项目经理跟小李说，由于客户的原因，希望当前的项目能够提前两个月完工。如何加快这个 Web 项目的开发速度呢？小李经过与项目经理的沟通，决定使用 ASP.NET Web 窗体开发用户界面来提高开发效率。Web 窗体要实现一个页面效果基本上只需要两步，具体实现步骤如图 5-1 所示。

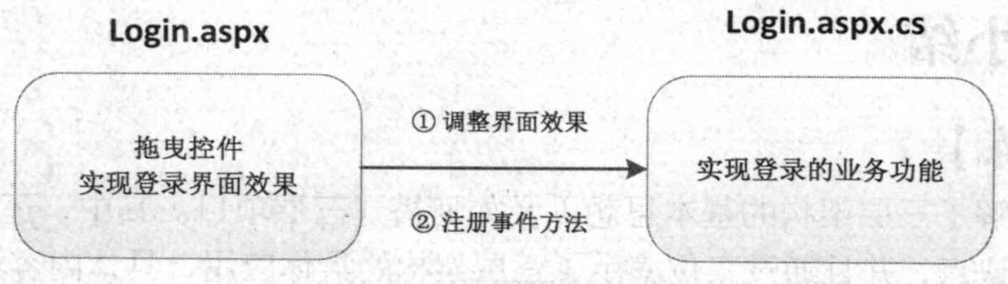

图 5-1 Web 窗体实现原理

如图 5-1 所示，描述了使用 Web 窗体实现一个登录功能的步骤。首先创建一个名称为 Login.aspx 的 Web 窗体文件，然后拖放控件并设置相关属性实现登录的界面效果，最后给登录和取消按钮注册相应的事件方法，在该事件方法中编写验证用户名及密码是否正确的逻辑代码。

5.1 基本的Web控件

在开发一个网站时，通常前端页面都是通过HTML标签来实现的，当网页的效果复杂时就需要编写大量的HTML标签效果，而且这些HTML标签与后台服务器的交互非常麻烦。因此，微软为了提高开发人员开发网站的效率，尽可能地让开发人员专注于程序的业务逻辑开发，提供了一套Web控件，直接使用Web控件开发可以极大地提高程序的开发效率。

【知识讲解】

Web服务器控件是可被服务器端理解的特殊ASP.NET标签，这些特殊的标签都能被服务器端控制，并且它们还具有很多HTML标签不具备的特有功能。

1．Web控件讲解

Web 控件除了可以展示界面的效果外，还可以很好地与后台程序交互。其原理是当在页面拖曳一个控件（包括带runat="server"标记的HTML标签）时，在.designer.cs文件的部分类中就会自动生成一个字段，该字段就是拖曳的服务器控件类型的对象，而.designer.cs 文件中的部分类与.aspx.cs 文件中的部分类构成一个整体类，所以在.aspx.cs 文件中就可以控制拖曳到该页面的控件了。接下来以一个Button按钮和Label标签为例进行讲解，具体代码如下所示。

```
<asp:Button ID="Button1" runat="server" Text="Button" />
<asp:Label ID="Label1" runat="server" Text="Label"></asp:Label>
```

上述代码中表示一个Button和Label的ASP.NET控件，该标签以"asp:"为标识，该标识后面的Button和Label表示控件的类型，ID表示控件的唯一标识，runat="server"表示用于标识服务器控件的属性，Text属性表示控件显示的文本内容。

2．常用Web控件

在ASP.NET中提供了很多Web控件，来帮助开发人员快速地开发程序界面。在实际开发中，使用Web控件只需要在工具箱中找到该控件，然后拖曳到Web页面中即可生成可见的页面效果，常用的ASP.NET控件如下表所示。

表5-1 常用Web控件

控件名称	描述
Label	用于在页面上显示文本
CheckBox	用于在页面上显示一个复选框
RadioButton	用于在页面上显示单选按钮
TextBox	用于在页面上创建一个可输入的文本框
ListBox	用于在页面上创建一个多选的下拉列表，并且支持数据绑定
Button	用于在页面上显示一个按钮，该按钮可以是提交按钮或命令按钮，默认是提交按钮

3．验证控件

在Web服务器控件中，除了一些常用的基本控件外，还包括一些数据验证控件。这些控件用于验证用户输入的信息是否符合要求，其中包括非空数据验证控件、比较控件、数据范围验证控件、数据格式验证控件和错误信息显示控件，具体功能如下表所示。

表 5-2　验证控件

控件名称	描述
RequiredFieldValidator	非空数据验证控件，用于验证输入值是否为空
RangeValidator	数据范围验证控件，用于验证输入的值是否在指定范围内
ValiadtionSummary	错误信息显示控件，用于显示页面中的所有错误信息
CompareValidator	比较控件，用于将输入的值和其他控件或常量进行比较
RegularExpressionValidator	格式验证控件，用于验证输入信息是否与预定格式匹配

在上述表格中讲解了一些常用的验证控件，灵活地使用这些控件可以提高开发效率。需要注意的是，在 Web 应用程序中使用验证控件，需要在 bin 文件夹下添加 AspNet. ScriptManager. jQuery. dll 程序集文件。

【动手实践】

学习了基本的 Web 控件和数据验证控件后，接下来通过一个用户注册的案例来学习这些控件的使用方法。用户在填写数据时，需要验证用户名和密码不能为空、年龄的取值范围、邮箱的格式、密码是否一致等内容，下面大家一起动手练练吧！

1．创建注册界面

创建一个名称为 Module5 的解决方案，并在该解决方案中创建一个名称为“Lesson1”的 Web 应用程序，在该应用程序中添加一个名称为“Register.aspx”的 Web 窗体页面。在工具箱中拖放相关控件到界面上并设置属性，然后将编辑面板中的 Register.aspx 页面从【设计】切换到【源】，在<head>标签中添加美工编写好的 CenterDivCSSForLargeImage.css 的布局文件，效果如图 5-2 所示。

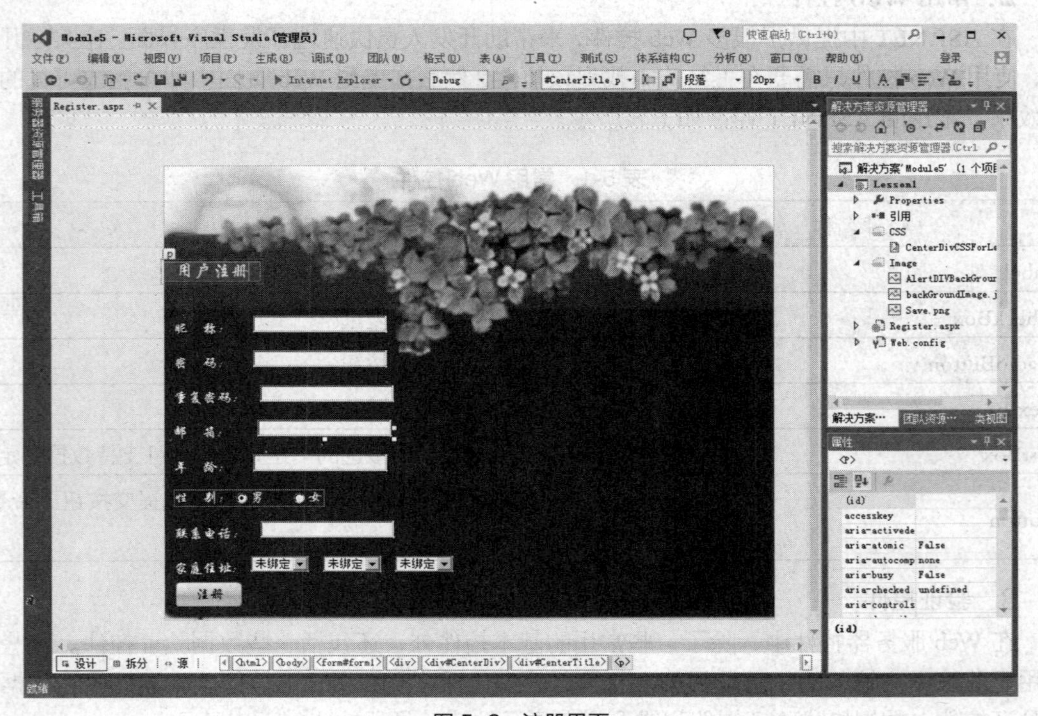

图 5-2　注册界面

提示：样式文件代码请参见该项目 CSS 文件夹下的 CenterDivCSSForLargeImage.css 源码。

在图 5-2 所示的界面中完成了一个注册页面的效果，该页面中使用了 Label、TextBox、RadioButton、Panel、DropDownList 和 ImageButton 等控件。需要注意的是，当多个 RadioButton 只能选中一个时，需要将 GroupName 属性设置为相同的值。

提示：设置 GroupName 属性可将多个 RadioButton 分为一组，且同组只能有一个被选中。

2．添加非空验证控件

当用户填写注册信息时，“昵称”和“密码”输入框要求不能为空，所以需要添加非空验证控件。在工具箱中找到“RequiredFieldValidator”控件，拖放到界面的“昵称”和“密码”输入框后面，并设置 ID、ControlToValidate、Display、ForeColor 及 ErrorMessage 等属性，效果如图 5-3 所示。

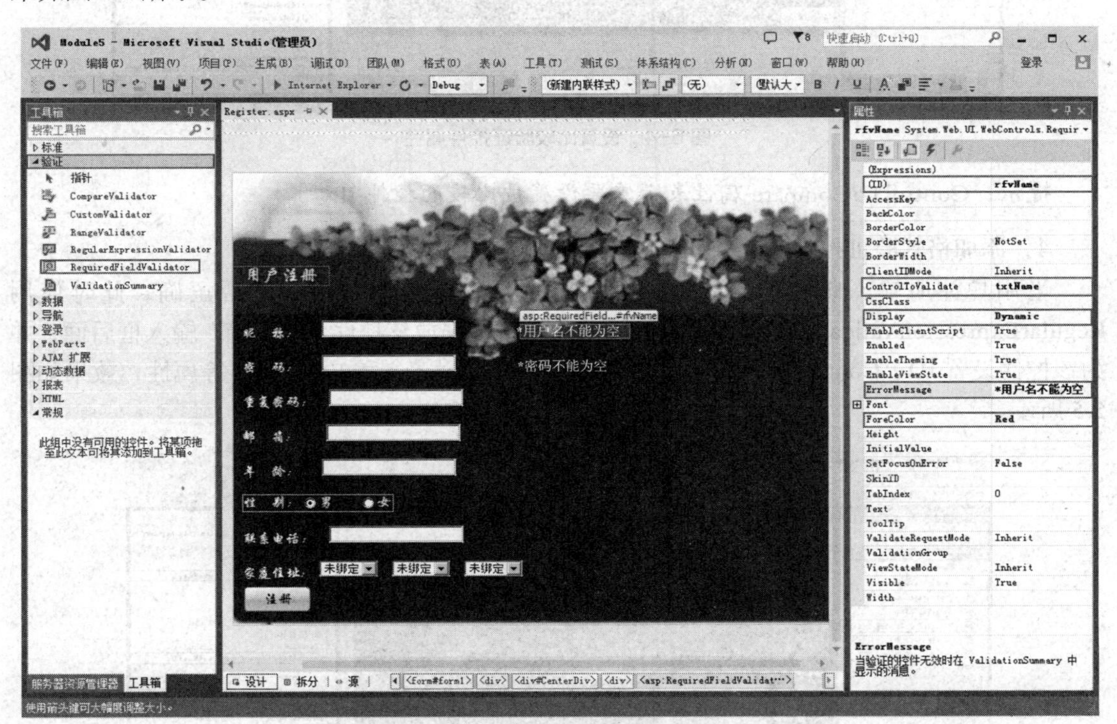

图 5-3 设置非空验证控件属性

提示：属性 ControlToValidate 表示需要验证的控件 ID，Display 属性用于设置错误信息显示方式。

3．添加比较验证控件

当用户注册时，一般都会让用户输入两次密码。此时需要验证两次输入的密码是否一致，CompareValidator 控件就可以直接实现这个功能。拖曳一个“CompareValidator”控件放到“重复密码”输入框后面，并为该控件设置 ID、ControlToCompare、ControlToValidate、Display、ErrorMessage 和 ForeColor 等属性，效果如图 5-4 所示。

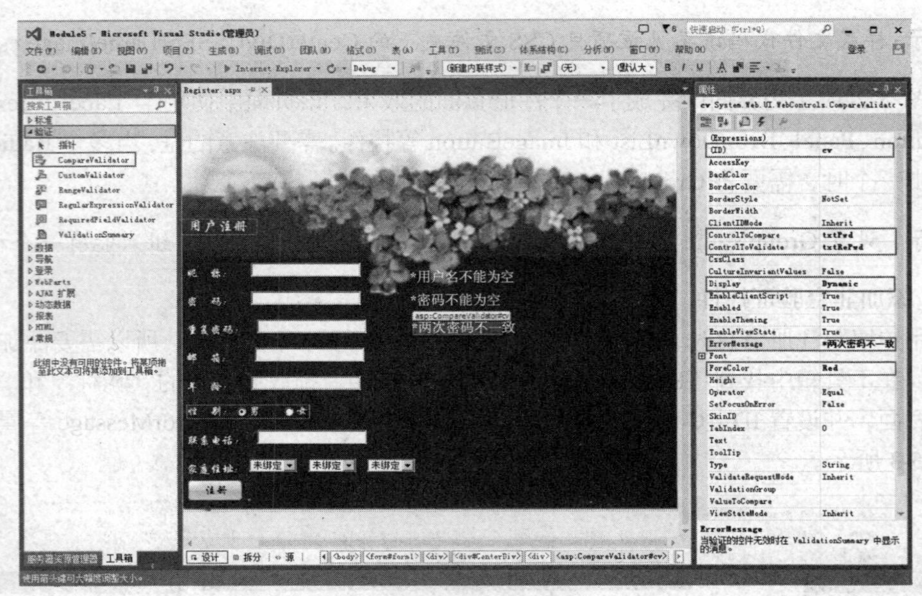

图 5-4　设置比较验证控件属性

提示：ControlToCompare 属性表示需要设置被比较的控件 ID。

4．添加格式验证控件

当用户注册输入邮箱地址时，需要验证用户输入的邮箱格式是否正确，此时使用 RegularExpressionValidator 控件就可以实现邮箱验证。拖放该控件到“邮箱”输入框后面，并为该控件设置 ID、ControlToValidate、Display、ErrorMessage 和 ForeColor 等属性，效果如图 5-5 所示。

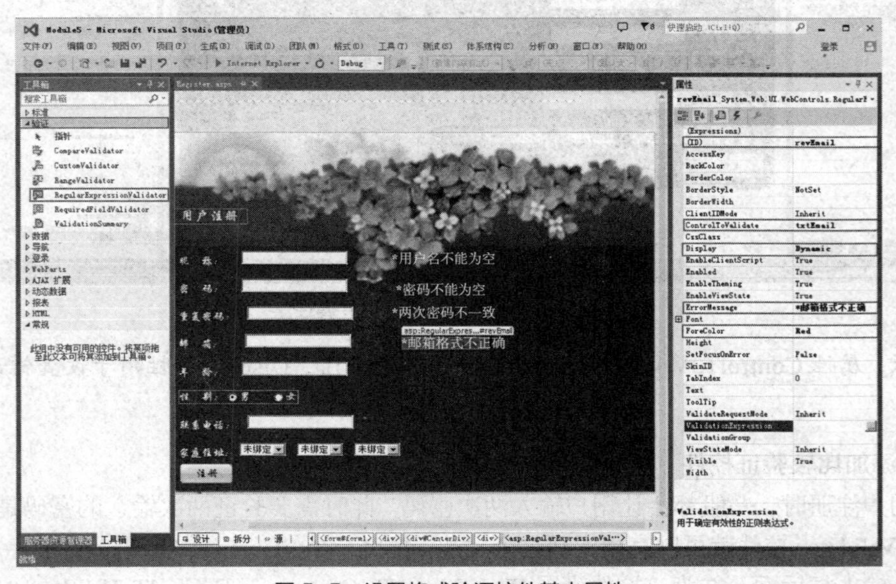

图 5-5　设置格式验证控件基本属性

为 RegularExpressionValidator 控件设置完上述属性后，在属性面板中找到 Validation Expression 属性，并单击【...】按钮，在弹出框中选中【Internet 电子邮件地址】项，单击【确定】按钮，完成 RegularExpressionValidator 控件的设置，如图 5-6 所示。

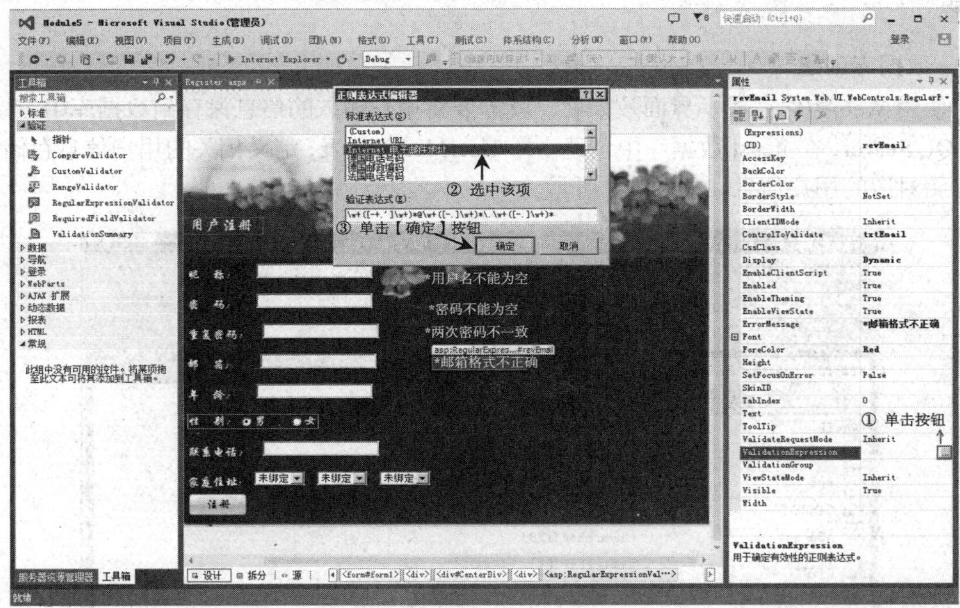

图 5-6 设置格式验证控件的 ValidationExpression 属性

提示：ValidationExpression 属性表示使用当前设置的验证表达式来匹配输入的信息。

5．添加取值范围验证控件

当用户输入年龄时需要验证年龄是否合理，RangeValidator 控件可以直接实现该功能。将 RangeValidator 控件拖放到“年龄”输入框的后面，并为该控件设置 ID、ControlToValidate、Display、ErrorMessage、ForeColor、MaximumValue 和 MinimumValue 等属性，效果如图 5-7 所示。

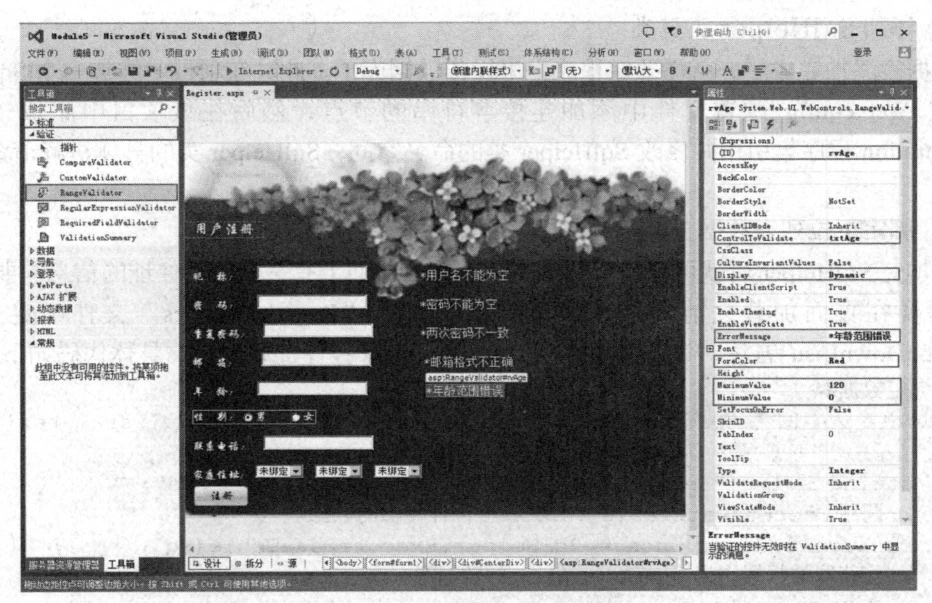

图 5-7 设置取值范围验证属性

提示：MaximumValue 属性验证取值范围的最大值，MinimumValue 属性验证取值范围的最小值。

6．数据库创建

在使用 Web 控件完成了界面效果后，就需要将用户输入的信息保存到数据库中。接下来打开 SQL Server，在 itcast 数据库中创建一个 UserMessage 表，定义相关的用户信息存储字段，用于存储对应的用户信息，如图 5-8 所示。

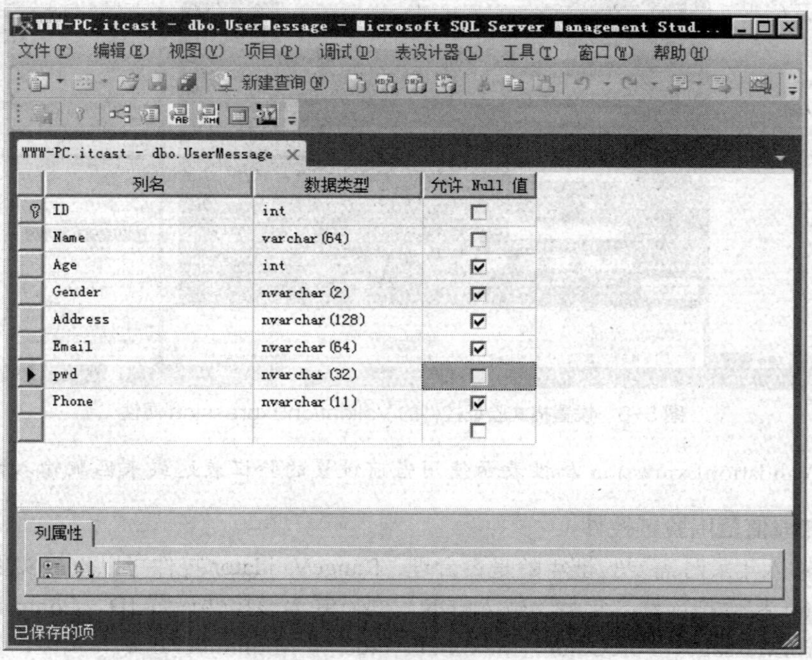

图 5-8　用户信息表的创建

7．添加 SqlHelper 工具类

数据表添加完成后，就需要在程序中来操作数据库了。此时在项目中添加一个 SqlHelper 类，在 Web.config 配置文件中添加连接字符串的节点，然后在该项目中添加 System.Configuration 程序集引用并修改 SqlHelper 类的命名空间，SqlHelper 类的具体讲解请查看 2.3 小节。

8．绑定下拉列表数据

添加完 SqlHelper 后就可以操作数据库了，注册页面上有一个家庭住址的信息需要选择，所以需要在页面加载之前绑定省、市等数据。在“Register.aspx.cs”文件中定义一个 BindDropDownList()方法，该方法用于为 DropDownList 控件加载数据，具体代码如下所示。

```
//绑定数据源
private void BindDropDownList(DropDownList ddl, params SqlParameter[] pms)
{
    string sql = "select * from Area where ParentID=@pId";
    //调用 ExecuteDataTable()方法取出符合要求的数据
    DataTable dtprovince = SqlHelper.ExecuteDataTable(sql, pms);
    //将获取的数据作为 DropDownList 的数据源
    ddl.DataSource = dtprovince;
```

```
        //设置为 DropDownList 提供文本内容的数据源字段
        ddl.DataTextField = "Name";
        //设置为 DropDownList 提供值的数据源字段
        ddl.DataValueField = "AreaID";
        ddl.DataBind();
    }
```

在上述代码中，通过调用 SqlHelper 的 ExecuteDataTable()方法获取数据，并将获取的 DataTable 类型的数据对象设置为 DropDownList 控件的数据源。在“Register.aspx.cs”文件中定义 BindAllDropDownList()方法，并在该方法中调用上述 BindDropDownList()方法将数据显示到控件上，具体代码如下所示。

```
//级联绑定下拉列表框
private void BindAllDropDownList( params SqlParameter[] pms)
    {
     //绑定省份，即所有 pId=0 的数据
     BindDropDownList(DDLProvince, pms);
     //被选中的省份
     int citySelect = Convert.ToInt32(DDLProvince.SelectedItem.Value);
     //绑定被选中省份下的市
     BindDropDownList(DDLCity,new SqlParameter("@pId", citySelect));
     //被选中的市
     int countySelect = Convert.ToInt32(DDLCity.SelectedItem.Value);
     //绑定被选中市的县
     BindDropDownList(DDLCounty,new SqlParameter("@pId", countySelect));
    }
```

在上述代码中，首先调用了 BindDropDownList()方法绑定省份数据，然后根据获取的省份下拉列框的选中项依次加载市和县的数据。在 Page_Load 事件中调用 BindAllDropDownList()方法就可以在页面打开时加载所有下拉列表的数据了，具体代码如下所示。

```
protected void Page_Load(object sender, EventArgs e)
    {
        //判断页面是否为第 1 次加载
        if (!IsPostBack)
        {
            //绑定所有控件的数据
            BindAllDropDownList(new SqlParameter("@pId", "0"));
        }
        else
        {
            txtPwd.Attributes["value"] = Request["txtPwd"];
            txtRePwd.Attributes["value"] = Request["txtRePwd"];
        }
    }
```

在上述代码中，首先通过 IsPostBack 属性判断页面是否为第 1 次加载，然后调用 BindAllDropDownList()方法绑定下拉列表数据。数据绑定完成后，运行项目，效果如图 5-9 所示。

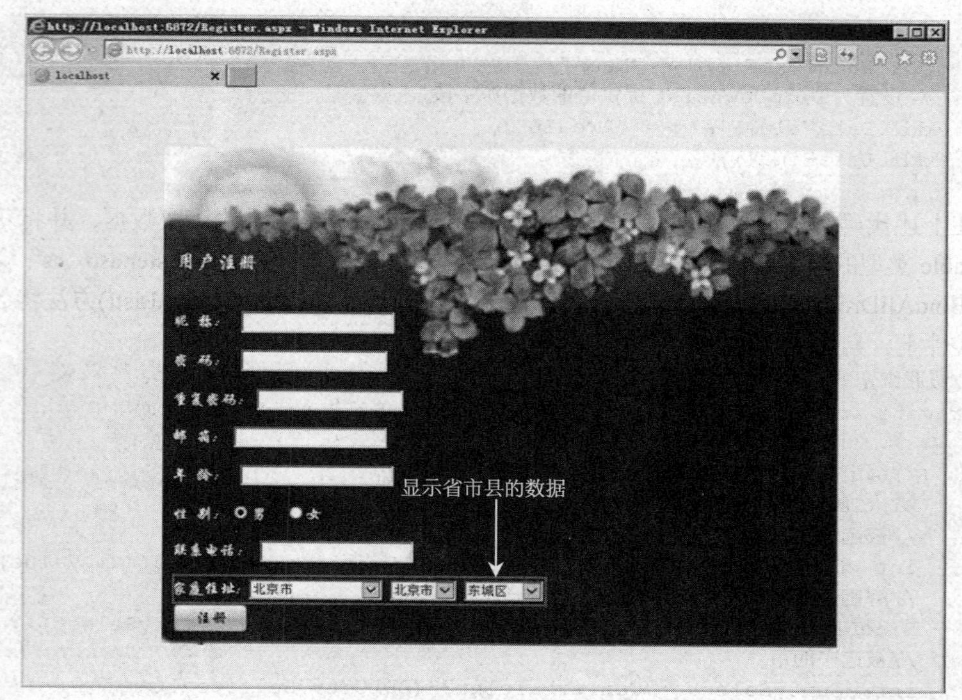

图 5-9 注册页面

9. 下拉列表注册事件

当用户在注册页面中改变省或市下拉列表中的选中项时，市或县的下拉列表中的数据需要做相应的改变，因此需要为省市的下拉列表框添加事件。在“Register.aspx”页面找到绑定省份和市的 DropDownList 控件，将这两个控件的 AutoPostBack 属性设置为 true，并为这两个控件注册 SelectedIndexChanged 事件，该事件在更改选定索引时触发，具体代码如下所示。

```
protected void DDLProvince_SelectedIndexChanged(object sender, EventArgs e)
    {
        //绑定选中省下的市
        BindDropDownList(DDLCity, new SqlParameter("@pId ",
                            DDLProvince.SelectedItem.Value));
        //绑定选中市下的县
        BindDropDownList(DDLCounty, new SqlParameter("@pId ",
                            DDLCity.SelectedItem.Value));
    }
    protected void DDLCity_SelectedIndexChanged(object sender, EventArgs e)
    {
        //绑定选中市下的县
        BindDropDownList(DDLCounty, new SqlParameter("@pId",
                           DDLCity.SelectedItem.Value));
    }
```

提示： DropDownList 控件的 AutoPostBack 属性表示事件触发是否立即回发数据。

在上述代码中，分别为省和市的 DropDownList 控件添加了 SelectedIndexChanged 事件方法，当选择省份信息时会分别调用 BindDropDownList()方法加载市和县的数据。运行项目，选择【吉林省】项，效果如图 5-10 所示。

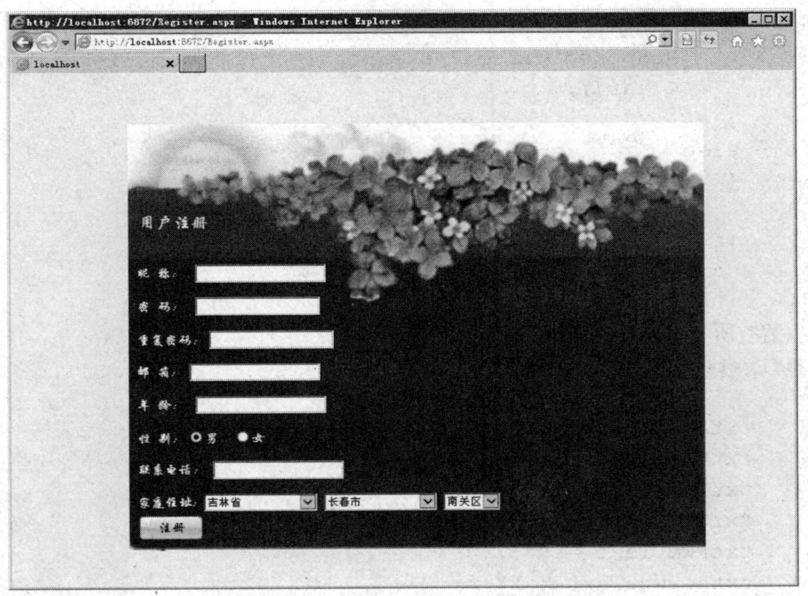

图 5-10　注册页面的省市联动

10．注册按钮单击事件

解决了家庭住址的数据显示问题后，接下来就可以来实现用户单击【注册】按钮时将用户输入的信息保存到数据库中的功能了。在“Register.aspx”页面中找到【注册】按钮，并为该按钮注册 Click 单击事件，具体代码如下所示。

```
protected void btnSave_Click(object sender, EventArgs e)
    {
        //判断验证是否全部通过
        if (Page.IsValid)
        {
        String[] address={
        DDLProvince.SelectedItem.Text,
        DDLCity.SelectedItem.Text,
        DDLCounty.SelectedItem.Text};
        //插入语句
        string sql="insert  into  UserMessage
                values(@Name, @Age, @Gender, @Address, @Email, @pwd, @Phone)";
        //sql 参数
        SqlParameter[] pms={
                new  SqlParameter("@Name",txtName.Text),
                new  SqlParameter("@Age",txtAge.Text),
                new  SqlParameter("@Gender",radbtnB.Checked?"男":"女"),
                new  SqlParameter("@Address", string. Join(",",address)),
                new  SqlParameter("@Email",txtEmail.Text),
                new  SqlParameter("@pwd",txtPwd.Text),
                new  SqlParameter("@Phone",txtPhone.Text)
            };
        //返回插入成功的条数
        int count = SqlHelper.ExecuteNonQuery(sql, pms);
        //通过插入成功的条数弹出对应的对话框
        if (count > 0)
```

```
            {
                Response.Write("<script>alert('注册成功')</script>");
                Clear();
            }
            else
            {
                Response.Write("<script>alert('注册失败')</script>");
            }
        }
    }
    //清空所有输入框的数据
    private void Clear()
    {
        txtAge.Text = "";
        txtEmail.Text = "";
        txtName.Text = "";
        txtPhone.Text = "";
        txtPwd.Text = "";
        txtRePwd.Text = "";
        txtPwd.Attributes["value"] ="";
        txtRePwd.Attributes["value"] ="";
        radbtnB.Checked = true;
        BindAllDropDownList(new SqlParameter("@pid", "0"));
}
```

提示：Page.IsValid 属性的作用是用户判断界面上的所有数据验证控件是否通过验证，通过则返回 true，不通过则返回 false。

在上述代码中，首先通过 Page 对象的 IsValid 属性判断用户输入的数据是否都验证通过，然后获取用户输入的注册信息并拼接成 SQL 语句，调用 SqlHelper 中的 ExecuteNonQuery()方法将用户信息保存到数据库中。运行项目，输入用户注册信息，如图 5-11 所示。

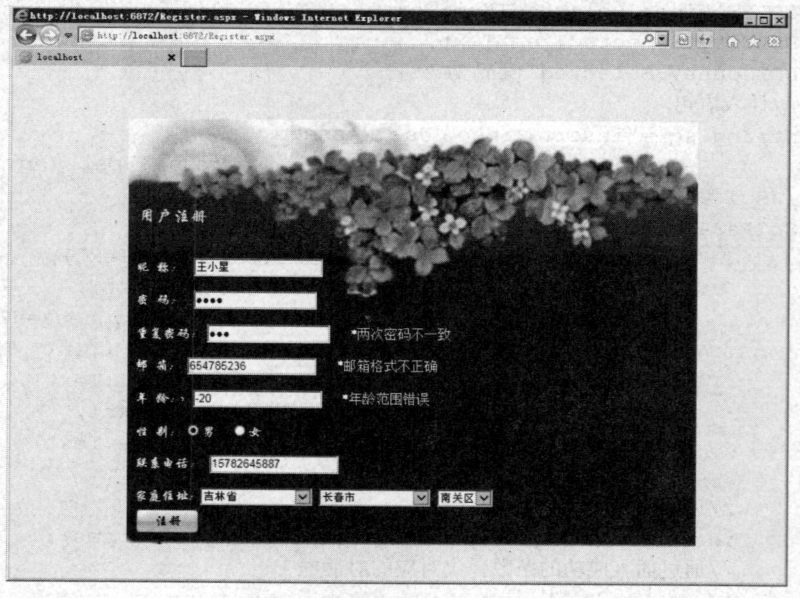

图 5-11　注册信息验证功能测试

在图 5-11 所示的页面中，当用户输入完注册信息后，单击【注册】按钮，如果输入的数据不符合要求就会出现验证不通过的提示信息。由此可知，数据验证控件能直接实现数据验证功能。修改格式不正确的数据，然后单击【注册】按钮，效果如图 5-12 所示。

图 5-12　用户注册成功的界面

在图 5-12 所示的页面中，当单击【注册】按钮后弹出“注册成功”的提示框，此时打开 itcast 数据库查看 UserMessage 数据表中的数据，如图 5-13 所示。

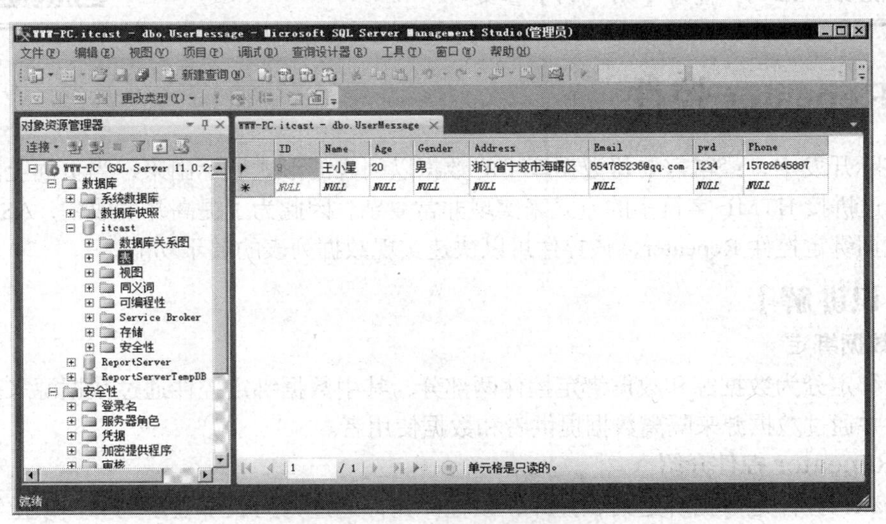

图 5-13　注册成功后的数据表

【拓展深化】

1．Web 控件的基本属性

Web 服务器控件继承了 WebControl 和 System.Web.UI.Control 类的所有属性，包括控件的外观、行为、布局和可访问性等方面。其中，外观属性包括背景色 BackColor 和前景色 ForeColor、边框属性 Border、字体属性 Font；行为属性包括 Enabled 属性，用于设置禁用控件还是使用控件；Visible 属性决定控件是否被显示；布局属性包括 Width 和 Height 属性，用于设置控件的宽和高。

2．更多 Web 控件知识

（1）HyperLink 控件是超链接控件，该控件只起到超链接的作用，并不会引发任何事件。

（2）Label 控件可以用于显示固定的文本内容，或者根据程序逻辑判断显示动态文本。

（3）Panel 控件是容器控件，通过设置 ScrollBars 属性可以控制 Panel 控件以何种方式使用滚动条。

（4）ListBox 控件用于显示一组列表项，用户可以从中选择一项或多项，在列表框中通过按 Shift 键或 Ctrl 键进行多选。

（5）RadioButton 控件用于单项选择，使用该控件的 GroupName 属性可以将多个 RadioButton 控件分为一组，在组中同时只有一个 RadioButton 可以被选中（Checked 属性为 true）。

（6）TextBox 控件默认情况下是可以编辑的，如只需显示文本框中的信息而不允许编辑时，只需将控件的 ReadOnly 属性设置为 True 即可。

测一测

学习完前面的内容，下面来动手测一测吧，请思考以下问题。

1. 在使用 Button 按钮时，如何让按钮显示为 3D 凹陷的边框？
2. 在使用 Web 控件时，如何让控件变得不可用？

扫描右方二维码，查看【测一测】答案！

5.2 Repeater 控件

在实际开发中，经常需要将数据库中的数据以列表的形式展示出来，当页面上的数据较多时，通过拼接 HTML 字符串的方式来实现非常复杂，因此为了提高开发效率，ASP.NET 中提供了数据绑定控件 Repeater，该控件可以快速实现数据列表的展示功能。

【知识讲解】

1．数据绑定

数据绑定分为数据源和数据绑定控件两部分，其中数据绑定控件通过数据源来获取和修改数据，并通过数据源来隔离数据提供者和数据使用者。

2．Repeater 控件介绍

Repeater 控件是数据绑定列表控件，该控件允许通过为列表中显示的每一项重复使用指定的模板来自定义布局。其中模板 ItemTemplate 是唯一必选模板，Repeater 控件还支持很多模板，如 AlternatingItemTemplate、HeaderTemplate、FooterTemplate 等，这些模板的具体描述如表 5-3 所示。

表 5-3 Repeater 控件

模板标签	描述
ItemTemplate	用来完成对列表内容和布局的设置
AlternatingItemTemplate	用于设置交替显示的布局风格和内容，奇数行用 ItemTemplate 模板样式，偶数行用 AlternatingItemTemplate 模板样式
SeparatorTemplate	当定义该模板时，在交替项之间将出现分隔符
HeaderTemplate	用于设置表头的布局和内容
FooterTemplate	用于设置表尾的布局和内容

【动手实践】

在学习了 Repeater 控件的基本作用和属性后，接下来将通过 Repeater 数据绑定控件来实现一个信息列表展示页面，并实现增、删、查、改操作以及分页等功能，下面大家一起动手练练吧！

1．添加实体模型类

在 Module5 的解决方案下添加一个名为“Lesson2”的 ASP.NET Web 应用程序，并在该应用程序中添加 StudentModel.cs 类文件。该类是 Student 数据表对应的实体类，在该类中定义属性，具体代码如下所示。

```
public class StudentModel
    {
        public int ID{get;set;}//主键 ID
        public string StuNum{get;set;}//学号
        public string StuName{get;set;}//姓名
        public string StuClass{get;set;}//班级
        public string Subject{set;get;}//学科
        public int? StuAge{get;set;}//年龄
        public string StuPhone{get;set;}//电话
        public string StuGender{get;set;}//性别
}
```

在上述代码中，StudentModel 类的属性与 Student 表中的字段一一对应，这些属性用于存储数据表字段中对应的值，其中 StuAge 属性的类型为 int? 类型。

2．添加数据操作类

数据表 Student 对应的实体类创建完成后，就可以对数据表中的数据进行操作了。接下来在 Lesson2 项目中添加名称为“StudentAction.cs”和“SqlHelper.cs”类文件（SqlHelper 类参考第 2 章内容），并在 StudentAction 类中定义一个 GetStudents()方法用于获取指定页码和条数的数据，具体代码如下所示。

```
 public List<StudentModel> GetStudents(int pageIndex,int pageSize,out int total)
    {
        string sql = "select count(*) from Student";
        //输出参数总条数的值
        total =(int) SqlHelper.ExecuteScalar(sql);
        //判断需查询 pageIndex 页数是否小于总页数
       if (pageIndex>1&&total <= (pageIndex - 1) * pageSize)
       {
           //不存在 pageIndex，取 pageIndex 前一页数据
           pageIndex -= 1;
```

```
        }
        //获取前 pageIndex-1 页的总条数
        int count = pageSize * (pageIndex-1);
        //查询 ID 不在前 pageIndex-1 页中的前 pageSize 条数据
        sql = "select top(@pageSize) * from Student where Id not in (select top(@count)
                Id from Student)";
        SqlParameter[] pams ={
            new  SqlParameter("@pageSize",pageSize),
            new  SqlParameter("@count",count)
        };
        List<StudentModel> studentList = null;
        //读取数据
        using (SqlDataReader reader = SqlHelper.ExecuteReader(sql, pams))
        {
            if (reader.HasRows)
            {
                //创建集合
                studentList = new List<StudentModel>();
                //将数据封装并添加到集合中
                while (reader.Read())
                {
                    StudentModel student = new StudentModel();
                    student.ID = reader.GetInt32(0);
                    student.StuNum = reader.GetString(1);
                    student.StuName = reader.GetString(2);
                    student.StuClass = reader.GetString(3);
                    student.Subject = reader.GetString(4);
                    //可空数据需先判断值是否为空
                    student.StuAge = Convert.IsDBNull(reader[5]) ? null :
                                (int?)reader.GetInt32(5);
                    student.StuPhone = Convert.IsDBNull(reader[6]) ? null :
                                reader.GetString(6);
                    student.StuGender = Convert.IsDBNull(reader[7]) ? null :
                                reader.GetString(7);
                    studentList.Add(student);
                }
            }
        }
        return studentList;
    }
```

在上述代码中，首先调用了 SqlHelper 的 ExecuteScalar()方法获取数据表中数据的总条数，并根据参数计算出需要排除的数据条数，通过计算的结果以及方法参数确定 SQL 语句，并调用 SqlHelper 的 ExecuteReader()方法执行查询语句，最后将查询到的指定页数据返回。

3．设置 Repeater 控件

在 Lesson2 项目中添加 Repeater.aspx 页面，在页面的 form 标签中添加一个 Repeater 控件和一个 Literal 控件，Repeater 控件用于展示数据，Literal 控件用于展示分页标签。由于 Repeater 控件中显示的数据不能直接通过拖放控件或设置属性实现，需要手动编写代码，具体代码如下所示。

```
<asp:Repeater ID="repeater" runat="server" OnItemCommand="repeater_ItemCommand">
    <HeaderTemplate>
```

```
        <table id="studentTable"><tr><th>编号</th><th>学号</th><th>姓名</th>
        <th>班级</th><th>学科</th><th>年龄</th><th>电话</th><th>性别</th>
        <th>操作</th></tr>
    </HeaderTemplate>
    <ItemTemplate>
        <tr><td><%# Container.ItemIndex+1 %></td><td><%# Eval("StuNum") %></td>
        <td><%# Eval("StuName") %></td><td><%# Eval("StuClass") %></td>
        <td><%# Eval("subject") %></td> <td><%# Eval("StuAge") %></td>
        <td><%# Eval("StuPhone") %></td> <td><%# Eval("StuGender") %></td>
        <td><asp:LinkButton ID="btnEdit" CommandArgument='<%# Eval("ID") %>'
        CommandName="Update" runat="server" Text="修改" />
        <asp:LinkButton ID="btnDelete"
        OnClientClick="return confirm('是要真的删除吗？')"CommandArgument='
        <%# Eval("ID") %>'
        CommandName="Delete" runat="server">删除</asp: LinkButton> </td> </tr>
    </ItemTemplate>
    <FooterTemplate></table></FooterTemplate>
</asp:Repeater>
```

在上述代码中，当 Repeater 控件拖放完毕后，在该控件代码处添加 HeaderTemplate、ItemTemplate、FooterTemplate 等模板标签。其中，在 ItemTemplate 模板的 td 标签中分别通过 Eval()函数设置了需要展示的列，并为模板中的 LinkButton 设置了 CommandArgument 和 CommandName 属性。

4．设置 Repeater.aspx 页面布局

为了使页面功能更加完善以及效果更加美观，需要在页面中添加导航栏以及页面布局文件，在 Lesson2 的 Repeater.aspx 页面中添加一个用于显示导航栏的层，层中包括一个 Link Button 按钮，该按钮用于添加数据。在该页面的<head>标签内添加页面布局的文件引用，完成布局后的界面如图 5-14 所示。

提示：页面布局和样式引用的详细代码请参见 Module5 下的 Lesson2 中的源码。

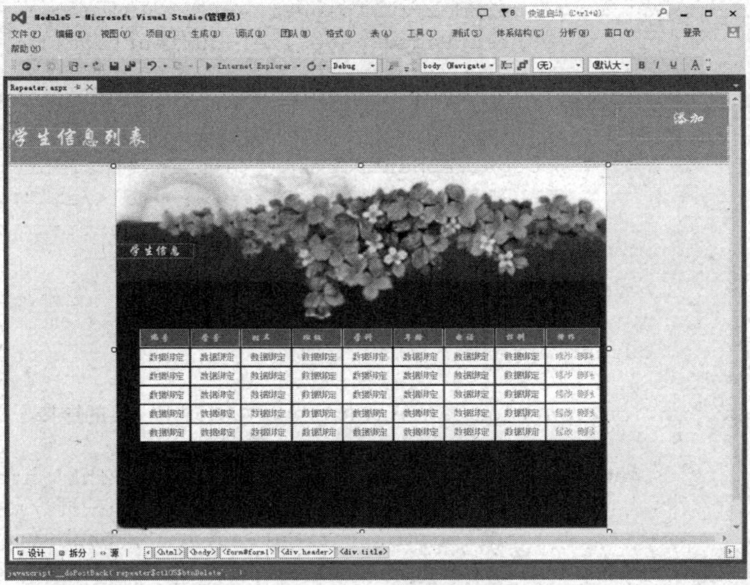

图 5-14 Repeater 控件数据展示

5．添加分页标签类

在 Lesson2 项目中添加一个 PagingHelper.cs 的类文件，在该类中定义一个 ShowPageNavigate()静态方法用于根据传递的参数生成相应的分页标签，具体代码如下所示。

```
public static string ShowPageNavigate(int pageSize, int currentPage, int totalCount)
   {
        string redirectTo = "";
        pageSize = pageSize == 0 ? 5 : pageSize; //一页默认 5 条数据
        var totalPages = Math.Max((totalCount + pageSize - 1) / pageSize, 1);
        var output = new StringBuilder();
        if (totalPages > 1)
        {
            if (currentPage != 1) //处理首页链接
            {
               output.AppendFormat("<a class='pageLink' href='{0}?
                 pageIndex=1&pageSize={1}'>首页</a> ", redirectTo, pageSize);
            }
        if (currentPage > 1) //处理上一页的链接
            {
              output.AppendFormat("<a class='pageLink' href='{0}? pageIndex={1}
              &pageSize={2}'>上一页</a> ", redirectTo, currentPage - 1, pageSize);
            }
            output.Append(" ");
            int currint = 5;
            for (int i = 0; i <= 10; i++)//一共最多显示 10 个页码，前面 5 个，后面 5 个
            {
               if ((currentPage + i - currint) >= 1 && (currentPage + i - currint)
                    <= totalPages)
               {
                   if (currint == i) //当前页处理
                   {
                        output.AppendFormat("<a class='cpb' href='{0}?
                        pageIndex={1}&pageSize={2}'>{3}</a> ", redirectTo,
                        currentPage, pageSize, currentPage);
                   }
                   else//一般页处理
                   {
                        output.AppendFormat("<a class='pageLink' href='{0}?
                        pageIndex={1}&pageSize={2}'>{3}</a> ", redirectTo,
                        currentPage + i - currint, pageSize,
                        currentPage + i - currint);
                   }
               }
                output.Append(" ");
            }
            if (currentPage < totalPages) //处理下一页的链接
            {
                output.AppendFormat("<a class='pageLink' href='{0}?
                        pageIndex={1}&pageSize={2}'>下一页</a> ",
                        redirectTo, currentPage + 1, pageSize);
            }
            output.Append(" ");
```

```
            if (currentPage != totalPages) //处理末页的链接
            {
                output.AppendFormat("<a class='pageLink' href='{0}?
                      pageIndex={1}&pageSize={2}'>末页</a> ", redirectTo,
                      totalPages, pageSize);
            }
            output.Append(" ");
        }
        output.AppendFormat("<font class='pageLink'>第{0}页 / 共{1}页
        </font>", currentPage, totalPages);
        return output.ToString();
    }
```

在上述代码中，首先根据参数确定当前页的页码，并通过 Math 类的 Max()方法得到显示数据的总页数；然后，使用 for 循环来添加页码链接；最后，通过比较当前页和总页数来处理“下一页”、“末页”、“首页”以及“上一页”的链接并将拼接的字符串返回。

提示：Math 类是为数学函数提供常数和静态方法的静态类，Max()方法用于返回两个同类型数值中较大的一个数。

6．绑定数据

分页标签的代码编写完成后，接下来就可以获取数据库中的数据绑定到 Repeater 控件上并将生成的分页标签展示到页面上。首先在 Repeater.apsx.cs 文件中找到 Page_Load 事件，当该事件触发时获取数据并绑定到 Repeater 控件中，然后为 Literal 控件设置 Text 属性，具体代码如下所示。

```
public StudentAction action = new StudentAction();
    protected void Page_Load(object sender, EventArgs e)
    {
        //每一页的条数
        int pageSize = int.Parse(Request["pageSize"] ?? "5");
        //需要查询的页码
        int pageIndex = int.Parse(Request["pageIndex"] ?? "1");
        //总条数
        int total = 0;
        if (!IsPostBack)
        {
            //设置数据源
            this.repeater.DataSource = action.GetStudents(pageIndex, pageSize,
                                        out total);
            //绑定数据
            this.repeater.DataBind();
        }
        //分页标签
        this.NavStrHtml.Text = PagingHelper.ShowPageNavigate(pageSize,
                                pageIndex, total);
    }
```

在上述代码中，Page_Load 事件方法中实现了当页面加载时分页显示当前页对应的数据。首先通过 Request 对象获取需要查询的当前页码；然后调用 StudentAction 对象的 GetStudents()方法查询数据，将数据设置为 Repeater 控件的数据源并通过 DataBind()方法实现绑定；最后调用 PagingHelper 的 ShowPageNavigate()方法将分页标签字符串显示到 Literal 控件上。运行项目，结果如图 5-15 所示。

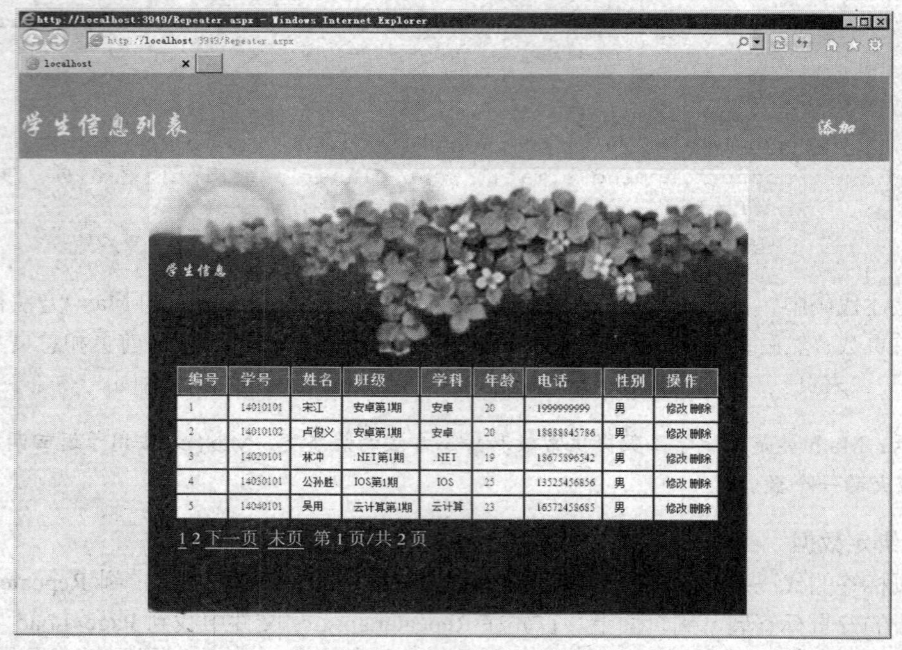

图 5-15　Repeater 控件数据展示

从图 5-15 所示的页面中可以看出，数据库中的数据已经正常显示到 Repeater 控件上了，分页标签也正常显示出来。当单击图 5-15 所示的【下一页】链接时显示对应页码的数据，如图 5-16 所示。

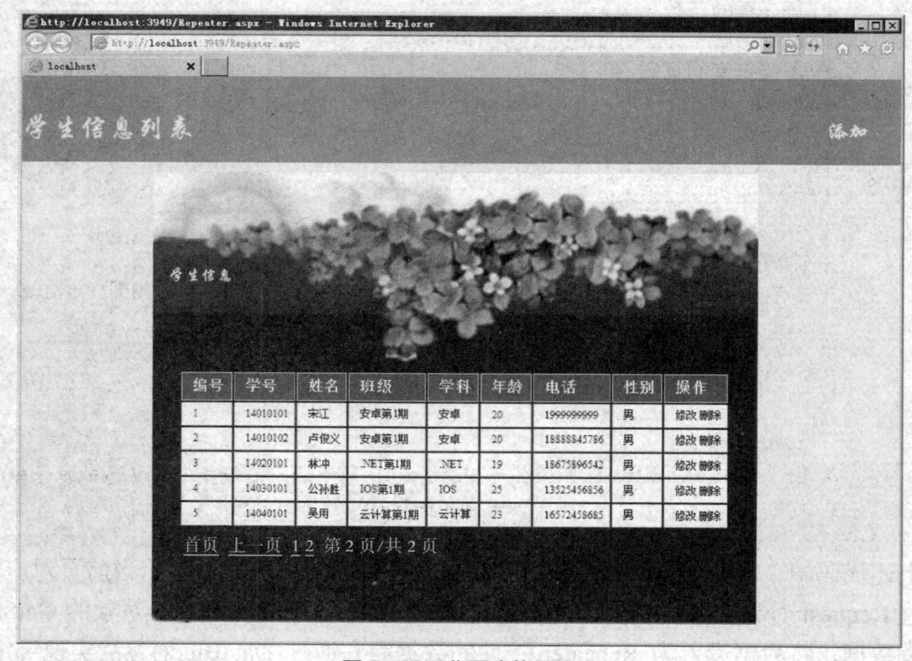

图 5-16　分页功能展示

7．创建添加信息界面

数据绑定完成后，此时开始实现添加数据的功能。在 Repeater.aspx 页面的导航栏处找到【添加】按钮，并为该控件注册 Click 单击事件，在该事件方法中实现跳转到添加信息页面的功能，具体代码如下所示。

```
protected void btnAdd_Click(object sender, EventArgs e)
    {
        Response.Redirect("/AddStudent.aspx");
    }
```

在上述代码中，使用 Response 对象的 Redirect()方法将页面跳转到"AddStudent.aspx"页面。接下来在项目中添加一个 AddStudent.aspx 页面用于实现添加功能，向该页面中拖放控件并设置其属性，然后添加导航栏和相关的样式文件，效果如图 5-17 所示。

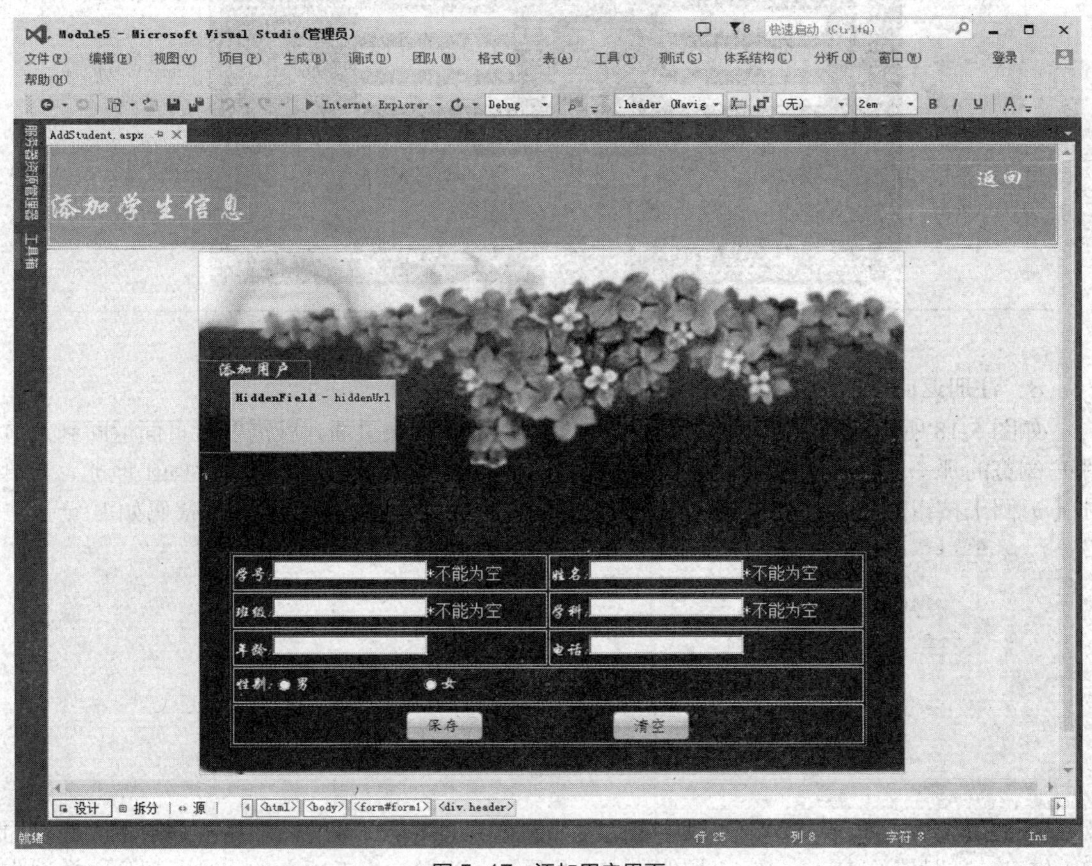

图 5-17　添加用户界面

提示：HiddenField 控件是一个隐藏域，该控件主要用于存储一些不需要显示的信息。

在图 5-17 所示的页面中实现了添加用户页面的基本布局。其中，界面中的【保存】按钮是一个 LinkButton 控件。运行项目，在图 5-16 所示的页面中单击【添加】按钮跳转到添加页面，运行结果如图 5-18 所示。

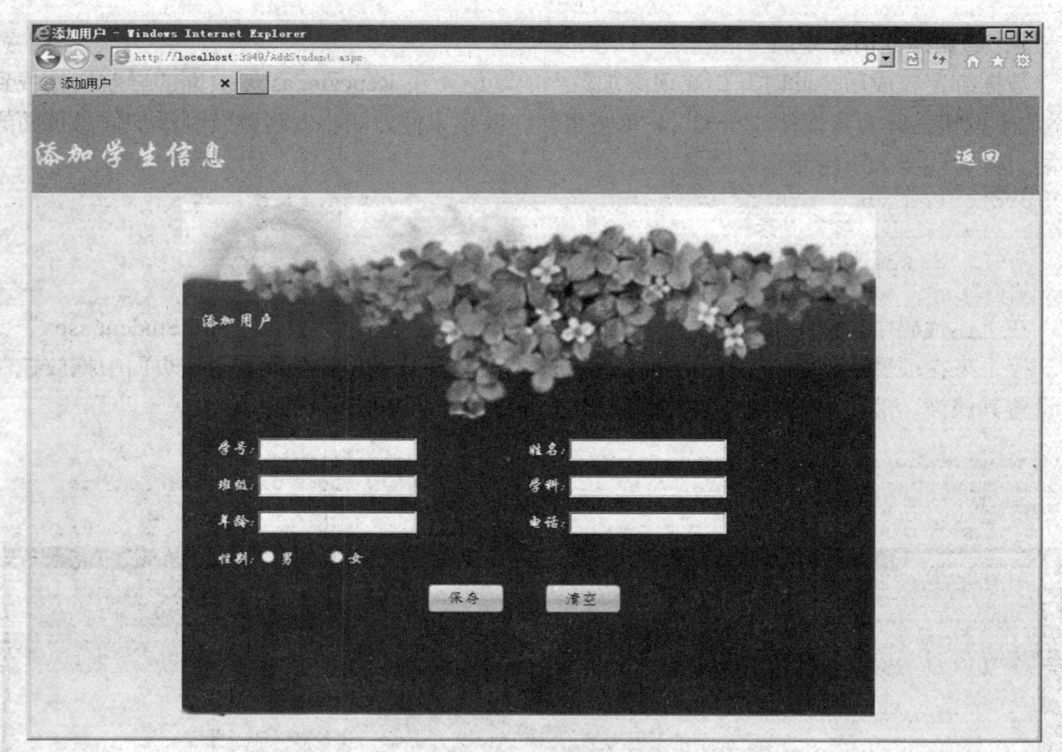

图 5-18　添加用户页面

8．注册返回按钮的单击事件

如图 5-18 所示，当用户添加数据时要想返回到数据列表页面，就需要将页面返回到之前用户浏览的那一页，所以使用一个 HiddenField 控件保存之前用户访问页面的 url 地址。当单击【返回】按钮时，跳转到该地址就可以继续浏览之前查看的数据了，具体代码如下所示。

```
protected void Page_Load(object sender, EventArgs e)
{
        //判断页面是否为回传
        if (!IsPostBack)
        {
             // Request.UrlReferrer 获取有关客户端上次请求的 Url 信息
             hiddenUrl.Value = Request.UrlReferrer.ToString();
        }
}
```

在上述代码的 Page_Load 方法中通过 Request.UrlReferrer 属性获取到客户端上次请求的 Url 信息，并赋值给 HiddenField 控件的 Value 属性，当单击【返回】按钮时返回到之前浏览的页面。为【返回】按钮注册单击事件，具体代码如下所示。

```
protected void btnBack_Click(object sender, EventArgs e)
{
         //跳转到 LinkButton 控件中存储的地址
         Response.Redirect(hiddenUrl.Value);
}
```

上述代码中，为【返回】按钮实现了单击事件方法，单击该按钮时获取 HiddenField 控件的 Value 属性中存储的 url，并通过 Response.Redirect()方法跳转到该地址。

9. 添加插入数据的方法

返回功能实现后开始实现添加功能，在添加数据前需要判断输入的学号是否唯一，此时在项目的 StudentAction 类中定义一个 SelectCount()方法，该方法用于查询新添加数据的 stuNum 值是否已经存在，具体代码如下所示。

```
public int SelectCount(string stuNum)
{
        //sql 查询语句
        string sql = "select count(*) from Student where StuNum=@StuNum ";
        //参数对象
        SqlParameter para = new SqlParameter("@StuNum", stuNum);
        //返回的条数
        int count = Convert.ToInt32(SqlHelper.ExecuteScalar(sql, para));
        return count;
 }
```

在上述代码中，首先定义一个 SQL 语句，并将方法的参数封装到 SqlParameter 的对象中，然后调用了 SqlHelper 的 ExecuteScalar()方法返回查询数据的条数。接下来在上述 StudentAction 类中定义一个 InsertStudent()方法用于将数据插入到数据库中，具体代码如下所示。

```
public int InsertStudent(StudentModel stu)
    {
        //插入语句
       string sql = "insert into Student
       values(@StuNum, @StuName, @StuClass, @Subject, @StuAge, @StuPhone, @StuGender)";
       //参数数组
       SqlParameter[] paras = new SqlParameter[]{
               new SqlParameter("@StuNum",stu.StuNum),
               new SqlParameter("@StuClass",stu.StuClass),
               new SqlParameter("@StuName",stu.StuName),
               new SqlParameter("@Subject",stu.Subject),
               new
       SqlParameter("@StuAge", stu. StuAge==null?DBNull. Value: (object)stu.StuAge),
               new SqlParameter("@StuPhone",stu.StuPhone),
               new SqlParameter("@StuGender",stu.StuGender)
           };
        //执行命令
        int count = SqlHelper.ExecuteNonQuery(sql, paras);
        return count;
  }
```

上述代码的 InsertStudent()方法用于实现向数据库中插入一条数据的功能。其中，将 StudentModel 类型的参数对象的数据封装到 SqlParameter 类型的数组中，调用 SqlHelper 类的 ExecuteNonQuery()方法执行命令，并返回数据库受影响的行数。

10. 注册保存按钮的单击事件

数据的添加功能实现后，在 Lesson2 的 AddStudent.aspx 界面中找到【保存】按钮和【清空】按钮，并为其注册单击事件。在【清空】按钮的事件中实现清空所有输入框的文本内容的功能，具体代码不做赘述。在【保存】按钮的事件中实现将数据保存到数据库中，具体代码如下所示。

```
protected void btnInsert_Click(object sender, EventArgs e)
   {
        //获取输入的学号
        string stuNum = txtStuNum.Text.Trim();
        //判断验证是否通过
        if (Page.IsValid)
        {
           //判断学号是否重复
           if (action.SelectCount(stuNum) > 0)
           {
               Response.Write("<script>alert('学号重复')</script>");
           }
           //插入学生信息
           else
           {
               int age;
               StudentModel stu = new StudentModel();
               stu.StuAge = Int32.TryParse(txtStuAge.Text.Trim(), out age) ?
                      (int?)age : null;
               stu.StuClass = txtStuClass.Text.Trim();
               stu.StuGender = radbtnB.Checked ? "男" : (radbtnG.Checked ? "女" : "");
               stu.StuName = txtStuName.Text.Trim();
               stu.StuNum = stuNum;
               stu.Subject =txtSubject.Text.Trim();
               stu.StuPhone = txtStuPhone.Text.Trim();
               bool isOk = action.InsertStudent(stu) > 0;
               if (isOk)
               {
                   Response.Redirect("/Repeater.aspx");
               }
               else
               {
                  Response.Write("<script>alert('添加失败')</script>");
               }
           }
        }
   }
```

在上述代码中，首先通过 Page 类的 IsValid 属性判断验证是否通过，并调用 StudenAction 对象的 SelectCount()方法判断需添加的学号是否重复，然后将需要添加的数据封装到 StudentModel 的对象中并调用 InsertStudent()方法执行添加操作。

11．测试添加功能

当添加数据的功能实现后，运行项目并单击列表页面的【添加】按钮，页面跳转到添加学生信息的页面，填写需要添加的学生信息，并单击【保存】按钮，如图 5-19 所示。

在图 5-19 所示的页面中单击【保存】按钮后数据被添加到数据库中，添加成功后页面直接跳转到数据列表页面，效果如图 5-20 所示。

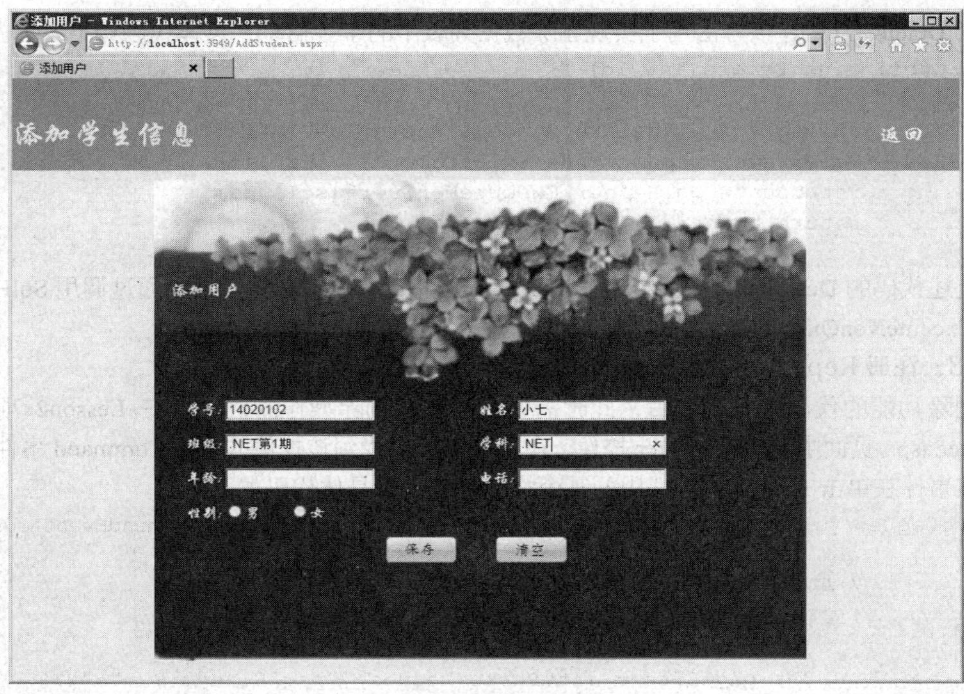

图 5-19　实现添加功能

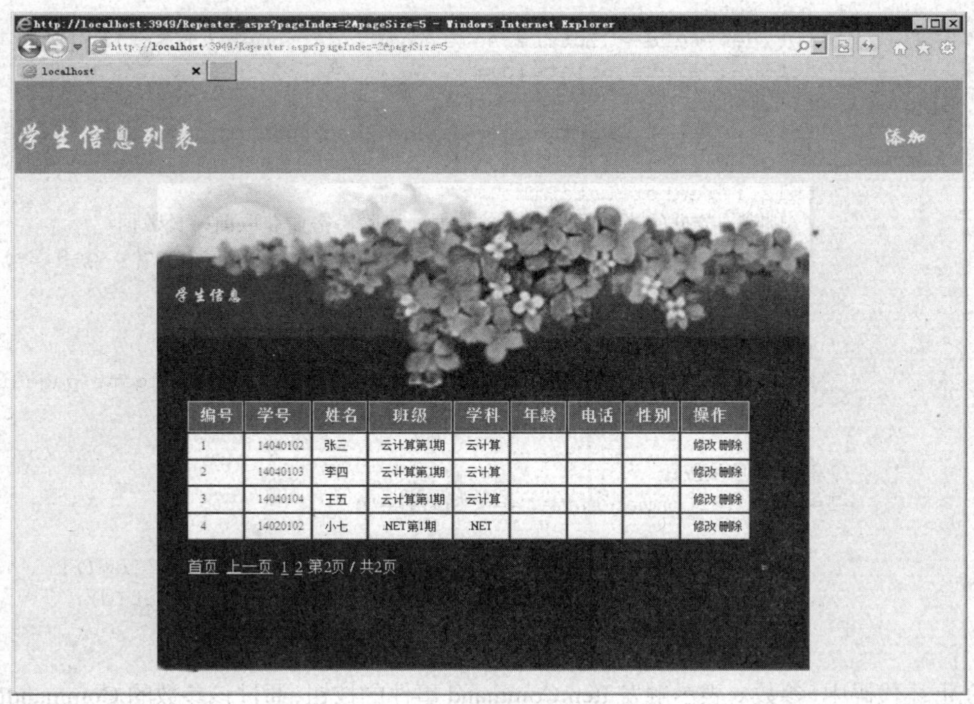

图 5-20　添加成功后的列表

如图 5-20 所示，添加的数据已经被成功插入到数据库并展示到页面上。

12．添加删除数据的方法

添加功能的代码编写完成后，接下来实现删除功能。在 Lesson2 的 StudentAction 类中定义一个 Delete()方法，该方法用于实现删除数据列表中的学生信息，具体代码如下所示。

```
public int Delete(int id)
    {
        string sql = "delete Student where Id=@Id";
        SqlParameter pam = new SqlParameter("@Id", id);
        int count= SqlHelper.ExecuteNonQuery(sql, pam);
        return count;
    }
```

上述代码的 Delete()方法用于删除 Student 表中指定 id 的数据。其中，通过调用 SqlHelper 类的 ExecuteNonQuery()方法执行删除操作，并返回删除的行数。

13．注册 Repeater 控件的 ItemCommand 事件

删除功能的代码编写完成后，此时需要编写触发删除操作的代码。在 Lesson2 项目的 Repeater.aspx 页面中选中 Repeater 控件，在属性面板中找到该控件的 ItemCommand 事件并注册，该事件在单击 Repeater 控件中的某个按钮时触发，具体代码如下所示。

```
protected void repeater_ItemCommand(object source, RepeaterCommandEventArgs e)
    {
        //单击了删除按钮
        if (e.CommandName == "Delete")
        {
            int pageSize = int.Parse(Request["pageSize"] ?? "5");
            int pageIndex = int.Parse(Request["pageIndex"] ?? "1");
            int total = 0;
            int deleteId = int.Parse(e.CommandArgument.ToString());
            action.Delete(deleteId);
            //重新绑定
            this.repeater.DataSource = action. GetStudents(pageIndex, pageSize,
                                    out total);
            this.repeater.DataBind();
            //删除的数据的当前页只有一条数据，删除后需要获取前一页数据
            if (pageIndex > 1 && total <= (pageIndex - 1) * pageSize)
            {
                pageIndex -= 1;
            }
            this.NavStrHtml.Text = PagingHelper. ShowPageNavigate(pageSize,
                                pageIndex, total);
        }
        //单击了修改按钮
        else if (e.CommandName == "Update")
        {
            int editId = int.Parse(e.CommandArgument.ToString());
            Response.Redirect("EditStudent.aspx?id=" + editId);
        }
    }
```

在上述代码中，参数 e 表示触发 ItemCommand 事件的按钮，通过该参数的 CommandName 属性来确定执行操作的类型以及通过 CommandArgument 属性获取需操作的数据 ID。执行数据删除后重新加载数据以及分页标签。运行项目，并单击第 4 条数据中的【删除】链接，如图 5-21 所示。

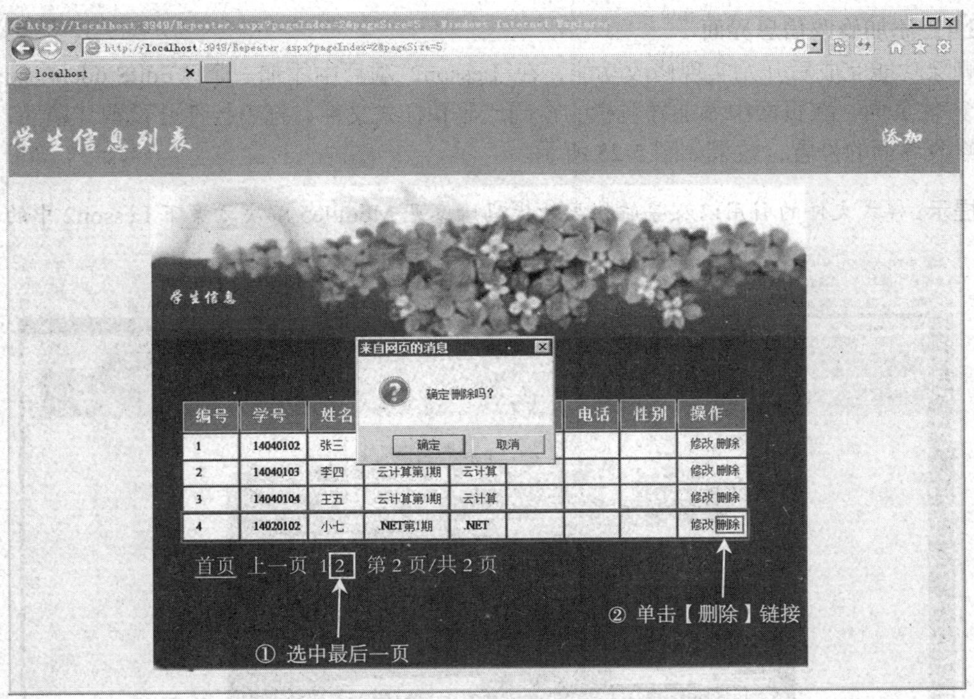

图 5-21　删除操作

从图 5-21 所示的页面可知，当单击图中标识的【删除】链接时，弹出删除操作提示框，单击弹出框中的【确定】按钮删除当前数据，效果如图 5-22 所示。

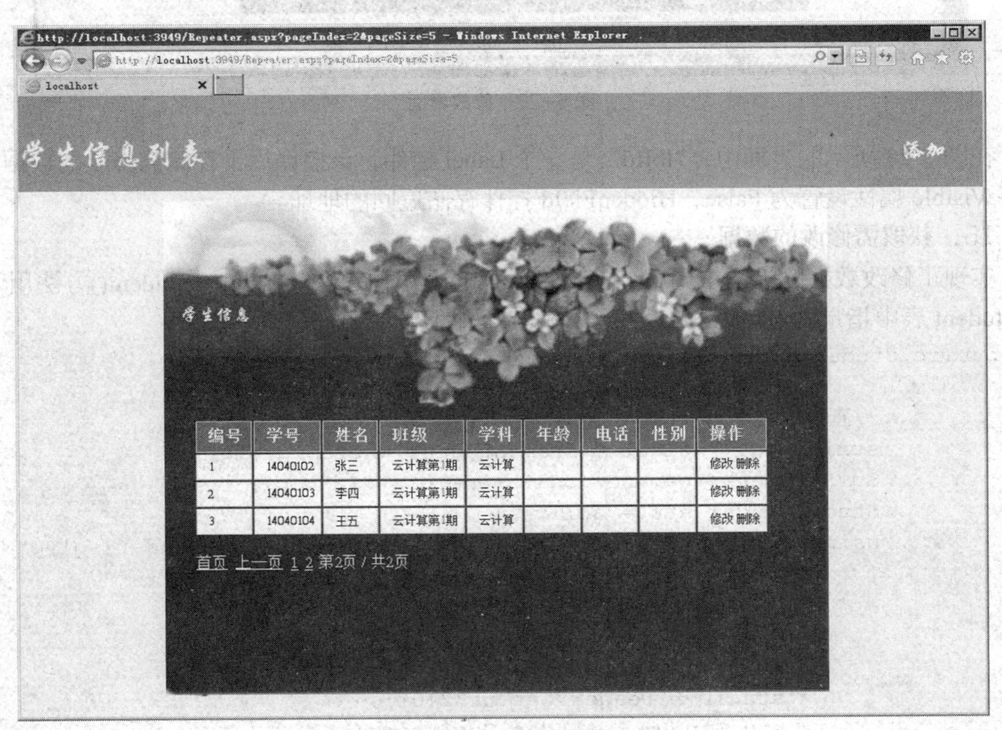

图 5-22　删除成功

14．添加修改信息界面

删除功能完成后开始实现修改功能，在 Lesson2 项目中添加一个“EditStudent.aspx”的 Web 窗体页面，在页面中添加导航栏的布局代码和样式文件，拖曳控件并设置其属性，完成数据修改界面的设置，效果如图 5-23 所示。

提示：样式文件的引用以及导航栏层的代码请参见 Module5 解决方案下 Lesson2 中的源码。

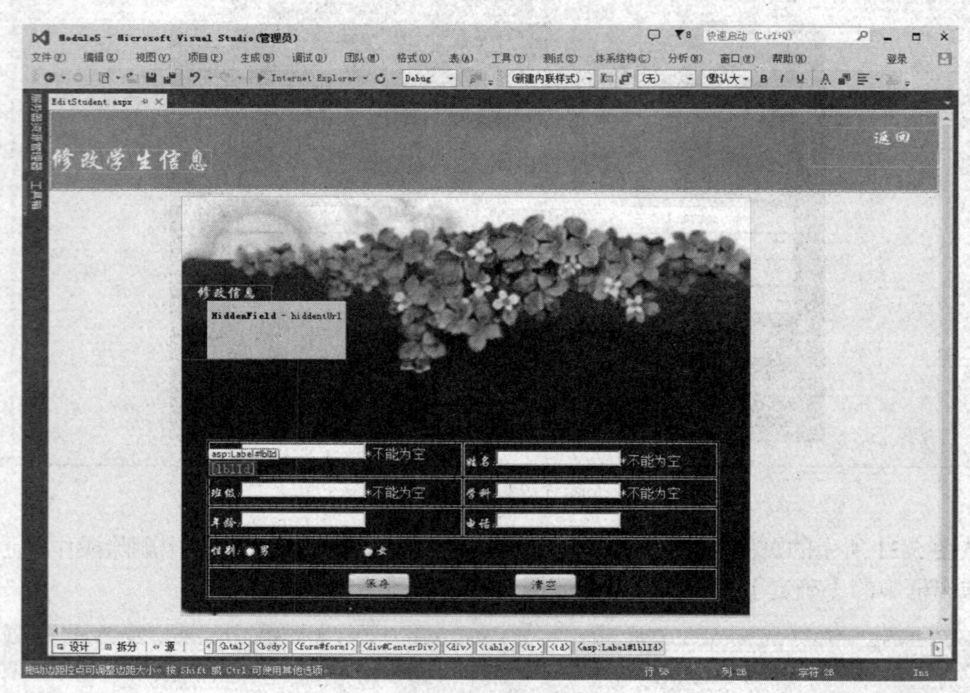

图 5-23　修改界面

在图 5-23 所示的页面中，“lblId”是一个 Label 控件，该控件用于存储需修改的数据 ID，并将 Visible 属性设置为 False，HiddenField 控件存储返回的地址。

15．获取需修改的数据

实现了修改数据的界面布局后，在 StudentAction 类中定义一个 SelectStudent()方法用于获取 Student 表中指定的 ID 数据并返回，具体代码如下所示。

```
public StudentModel SelectStudent(int id)
    {
        //查询语句
        string sql="select * from Student where Id=@Id";
        SqlParameter pam=new SqlParameter("@Id",id);
        StudentModel stu = null;
        using (SqlDataReader reader = SqlHelper.ExecuteReader(sql,pam))
        {
            if (reader.Read())
            {
                stu = new StudentModel();
                stu.ID = reader.GetInt32(0);
                stu.StuNum = reader.GetString(1);
                stu.StuName = reader.GetString(2);
```

```
                stu.StuClass = reader.GetString(3);
                stu.Subject = reader.GetString(4);
              //可空数据列在通过 reader.GetInt32()方法获取时首先得判断数据是否为空
                stu.StuAge = Convert.IsDBNull(reader[5])? null :
                           (int?)reader.GetInt32(5);
                stu.StuPhone = Convert.IsDBNull(reader[6]) ? null :
                            reader.GetString(6);
                stu.StuGender = Convert.IsDBNull(reader[7]) ? null :
                            reader.GetString(7);
            }
        }
        return stu;
    }
```

在上述代码中，首先定义一个 SQL 字符串并将查询参数封装到 SqlParameter 的对象中进行参数化替换，然后调用 SqlHelper 的 ExecuteReader()方法返回一个 SqlDataReader 类型的对象，并将读取到的第 1 行数据封装到 StudentModel 类型的对象中，最后返回查询到的数据。

16．加载需修改的数据

查询到需要修改的数据后，在 EditStudent.aspx.cs 文件中的 Page_Load()方法中实现将需要修改的数据显示到界面上，具体代码如下所示。

```
protected void Page_Load(object sender, EventArgs e)
    {
        //判断页面是否为回传
        if (!IsPostBack)
        {
            //存储上次请求的链接地址
            hiddentUrl.Value = Request.UrlReferrer.ToString();
            //获取需修改的数据的 ID
            string id = Request.QueryString["ID"];
            if (string.IsNullOrEmpty(id))
            {
                Response.Write("<script>alert('数据错误')</script>");
            }
            else
            {
                //获取需要修改的数据并绑定到页面中
                StudentModel stu = action.SelectStudent(Convert.ToInt32(id));
                if (stu == null)
                {
                    Response.Write("<script>alert('需修改的用户不存在') </script>");
                }
                else
                {
                    lblId.Text = stu.ID.ToString();
                    txtStuNum.Text = stu.StuNum;
                    txtStuName.Text = stu.StuName;
                    txtStuClass.Text = stu.StuClass;
                    txtSubject.Text = stu.Subject;
                    txtStuAge.Text = stu.StuAge == null ? "" : stu.StuAge.ToString();
                    txtStuPhone.Text = stu.StuPhone;
                    if (stu.StuGender == "男")
```

```
                {
                    radbtnB.Checked = true;
                }
                else if (stu.StuGender == "女")
                {
                    radbtnG.Checked = true;
                }
            }
        }
    }
}
```

在上述代码中，分别通过 Request 对象的 UrlReferrer 属性和 QueryString 属性获取到上次请求的 url 以及需修改数据的 ID 值，并将获取到的 url 赋值给 HiddenField 控件的 Value 属性，通过调用 StudentAction 的对象的 SelectStudent()方法获取需要修改的数据，并将数据绑定到页面上显示出来。

17．测试加载修改数据功能

将需要修改数据的展示功能完成后，运行项目，在数据显示列表信息中单击第 1 页数据，并单击第 1 条学生信息的【修改】链接，如图 5-24 所示。

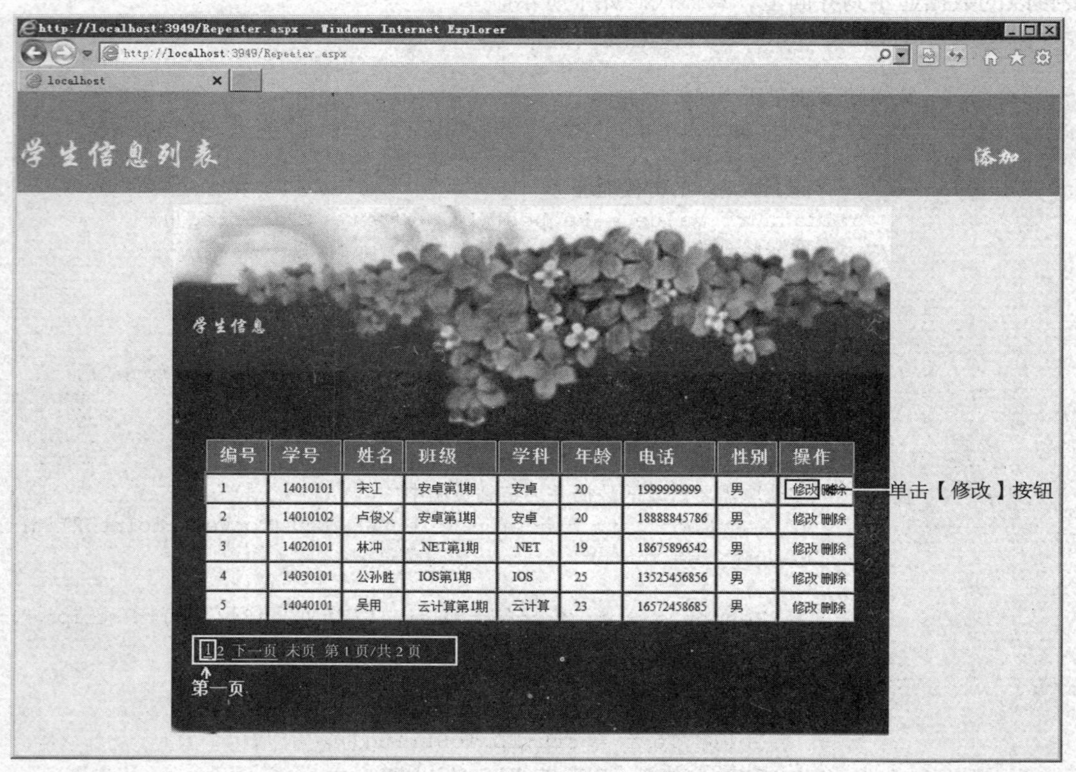

图 5-24　单击【修改】链接

在图 5-24 所示的页面中单击【修改】链接后会直接跳转到学生信息修改页面，在该页面中显示了被选中的学生的信息，如图 5-25 所示。

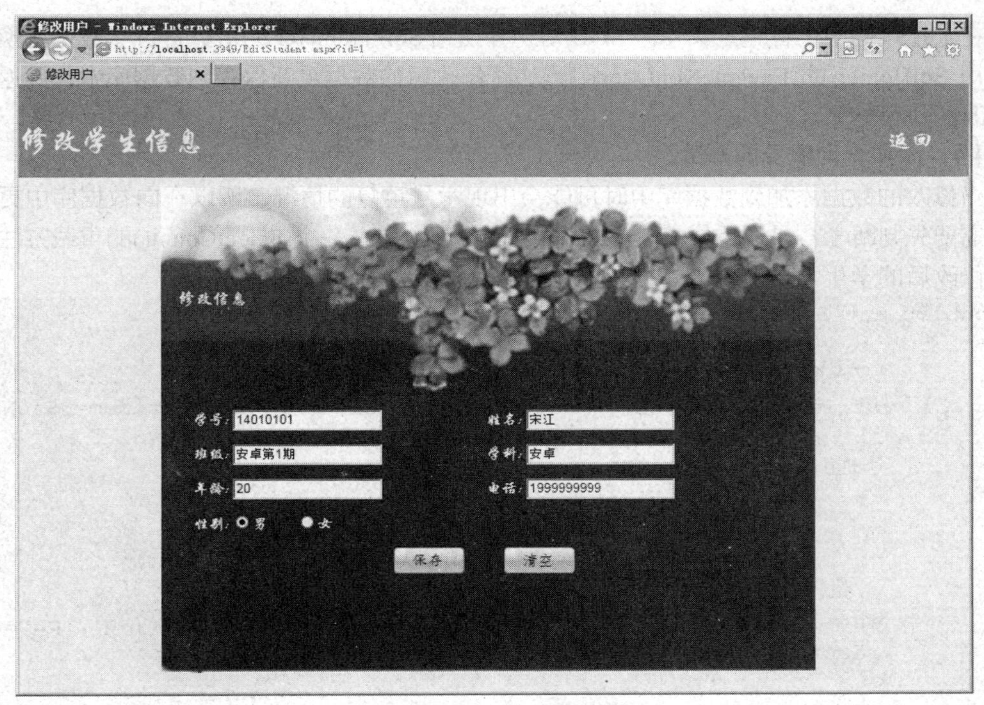

图 5-25　修改页面

18．添加修改数据的保存方法

在图 5-25 所示的页面中修改完数据后，接下来就需要将修改后的数据保存到数据库中。在 Lesson2 的 StudentAction 类中定义一个 UpdateStudent()方法用于将修改后的信息保存到数据库中，具体代码如下所示。

```
public int UpdateStudent(StudentModel stu)
    {
        //修改语句
        string sql = "update Student set
        StuNum=@StuNum,StuName=@StuName,StuClass=@StuClass,
        Subject=@Subject, StuAge=@StuAge, StuPhone=@StuPhone, StuGender=@StuGender
        where ID=@ID";
        //参数数组
        SqlParameter[] paras = new SqlParameter[]{
               new SqlParameter("@ID",stu.ID),
               new SqlParameter("@StuNum",stu.StuNum),
               new SqlParameter("@StuClass",stu.StuClass),
               new SqlParameter("@StuName",stu.StuName),
               new SqlParameter("@Subject",stu.Subject),
               new SqlParameter("@StuAge",stu.StuAge==null?
                                    DBNull.Value:(object)stu.StuAge),
               new SqlParameter("@StuPhone",stu.StuPhone),
               new SqlParameter("@StuGender",stu.StuGender)
            };
         int count = SqlHelper.ExecuteNonQuery(sql, paras);
         return count;
  }
```

在上述代码中，首先定义一个 SQL 语句并使用 SqlParameter 的对象进行参数化替换，然后调用 SqlHelper 的 ExecuteNonQuery()方法将修改后的数据重新保存到数据库中，并返回数据修改的执行结果。

19．添加查询学号的方法

当修改的数据添加到数据库中时可能会出现学号重复的情况，所以在向数据库中更新数据前需要先判断学号是否重复。在 StudentAction 类中定义一个 SelectCount()的重载方法用于判断修改后的学生学号是否唯一，具体代码如下所示。

```
public int SelectCount(string stuNum, int id)
    {
        //查询与参数 Id 不同、与参数 StuNum 相同的数据
        string sql = "select count(*) from Student where StuNum=@StuNum
                    and Id not in (@Id)";
        SqlParameter[] paras = new SqlParameter[]{
                new SqlParameter("@StuNum",stuNum),
                new SqlParameter("@Id",id)
            };
        //执行查询操作
        int count = Convert.ToInt32(SqlHelper.ExecuteScalar(sql, paras));
        return count;
 }
```

在上述代码中，实现了查询数据库中学号是否存在的功能。其中，定义一个 SQL 查询语句并将查询参数进行参数化替换，然后调用 SqlHelper 的 ExecuteScalar()方法执行查询命令，并返回查询结果。

20．注册执行修改操作的事件

在 Lesson2 项目中的修改信息页面 EditStudent.aspx 中找到【保存】和【清空】按钮并为其注册单击事件，其中【清空】按钮的事件方法就是将所有输入框的 Text 属性值设置为空即可，具体代码不做赘述。而在【保存】按钮的单击事件中实现将修改后的数据保存到数据库中，具体代码如下所示。

```
protected void btnUpdate_Click(object sender, EventArgs e)
    {
        string stuNum = txtStuNum.Text.Trim();
        //判断验证是否通过
        if(Page.IsValid)
        {
            //查询学号是否重复
            if (action.SelectCount(stuNum, Convert.ToInt32(lblId.Text)) > 0)
            {
                Response.Write("<script>alert('学号重复')</script>");
            }
            else
            {
                int age;
                StudentModel stu = new StudentModel();
                stu.ID = Convert.ToInt32(lblId.Text);
                stu.StuAge = Int32.TryParse(txtStuAge.Text.Trim(), out age) ?
                          (int?)age : null;
                stu.StuClass = txtStuClass.Text.Trim();
```

```
                    stu.StuGender = radbtnB.Checked ? "男" : (radbtnG.Checked ?
                                  8"女" : "");
                    stu.StuName = txtStuName.Text.Trim();
                    stu.StuNum = stuNum;
                    stu.Subject = txtSubject.Text.Trim();
                    stu.StuPhone = txtStuPhone.Text.Trim();
                    bool isOk = action.UpdateStudent(stu)>0;
                    if (isOk)
                    {
                       Response.Redirect("/Repeater.aspx");
                    }
                    else
                    {
                       Response.Write("<script>alert('修改失败')</script>");
                    }
                }
            }
        }
```

在上述代码中，通过 Page 的 IsValid 属性判断页面中的数据验证控件是否全部验证通过，然后调用 StudentAction 对象的 SelectCount()方法判断用户输入的学号是否重复，最后将修改后的数据封装成对象并调用 StudentAction 对象的 UpdateStudent()方法执行修改后数据的保存操作。

21．测试修改功能

运行项目，在图 5-24 所示的页面中单击第 1 条学生信息后面的【修改】链接，跳转到数据修改界面中，将学生的年龄修改为“18”，电话号码修改为“18657521456”，如图 5-26 所示。

图 5-26　修改学生信息

在图 5-26 所示的页面中修改完学生数据后，单击【保存】按钮，如果修改操作成功则会直接跳转到学生信息列表展示页面，如图 5-27 所示。

图 5-27　修改后的列表

【拓展深化】

1．Eval () 方法

Eval()方法表示将属性显示到指定的位置，例如，<%#Eval(“Name”)%>表示在当前位置显示绑定到 Repeater 控件中数据源实体对象的 Name 属性的值。需要注意的是，在使用 Eval()方法时，需要在方法前添加“#”。

2．SQL 分页语句

将数据库中的数据展示到网页中，若数据量很大，为了提高网页访问效率以及便于用户浏览，此时需要使用分页查询，下面讲解使用分页语句获取分页数据的 SQL 语句，代码如下所示。

```
int count=pageSize* (pageIndex-1);
sql = "select top(@pageSize) * from Student where Id not in
(select top(count) Id from Student)";
```

在上述代码中，pageSize 表示每一页需要显示的条数，pageIndex 表示当前的页码，count 表示当前页之前的数据条数。上述 SQL 语句表示查询 Id 不在前 count 条的前 pageSize 条数据。

3．var 关键字

var 关键字用于定义一个局部变量，该关键字可以代替任何类型，编译器会根据初始化语句右侧的表达式推断变量的类型。例如，在编写程序时，创建匿名对象无法确定对象的类型，此时就可以使用 var 关键字来代替，在使用时需要注意几点，具体如下表所示。

名称	注意点
var 关键字	var 只能修饰局部变量
	必须在定义时初始化
	初始化完成后，不能再给变量赋予与初始化值类型不同的值

测一测

学习完前面的内容，下面来动手测一测吧，请思考以下问题。

1. Math 类中有哪些常用的方法？
2. 怎样将 Repeater 控件中的数据隔行显示？

扫描右方二维码，查看【测一测】答案！

5.3 ListView 控件

Repeater 控件是一种快速展示列表数据的数据绑定控件，但该控件一般只用来展示数据，如果要对数据进行增、删、查、改操作，可以使用 ASP.NET 中提供的 ListView 控件。ListView 控件可以直接在显示数据列表中进行增、删、查、改操作，大大提高了项目的开发效率。

【知识讲解】

1．ListView 控件

ListView 控件是数据绑定控件，该控件可以快速地操作数据。在使用时要为 ListView 控件设置数据源，在启用增、删、查、改功能后，页面中会自动生成大量的标签，其中主要的标签以及标签的描述如表 5-4 所示。

表 5-4　ListView 控件

名称	描述
SelectedItemTemplate	为选中项指定显示内容
EmptyDataTemplate	指定数据源为空时的内容
AlternatingItemTemplate	为交替项指定要显示的内容
LayoutTemplate	指定用来定义 ListView 控件布局的模板
ItemTemplate	为 TemplateField 对象中的项指定要显示的内容
EditItemTemplate	为编辑项指定要显示的内容
InsertItemTemplate	为插入项指定要显示的内容

2．DataPager 控件

DataPager 控件是一个数据分页控件，当该控件与 ListView 一起使用时可以自动完成分页功能，并且数据在 ListView 中将以数据块的形式展示，DataPager 控件将为数据源中的数据生成页码。

3．ObjectDataSource 控件

数据绑定分为数据源和数据绑定控件两部分，其中数据源的种类有很多，在 Web 开发中 ObjectDataSource 是应用较广的数据源控件，并且它可以很容易地切换数据库。在 ObjectDataSource 控件中有几个常用的属性，其具体作用如表 5-5 所示。

表 5-5　Object DataSource 控件

属性	描述
TypeName	设置数据源操作类的全名
DeleteMethod	设置用于数据操作类中删除数据的方法名
InsertMethod	设置用于数据操作类中插入数据的方法名
SelectMethod	设置用于数据操作类中查询数据的方法名
UpdateMethod	设置用于数据操作类中更新数据的方法名

在上述表格中讲解了 ObjectDataSource 控件属性的作用。其中，当设置删除、插入、查询和更新的方法有参数时，参数的值可通过 DeleteParameters、InsertParameters、SelectParameters 和 UpdateParameters 属性进行设置。

【动手实践】

学习了 ListView 控件的基本知识，接下来通过 ListView 数据绑定控件结合 DataPager 控件以及 ObjectDataSource 控件来实现一个图书信息列表的功能，从而掌握 ListView 控件的增、删、查、改以及分页功能，下面大家一起动手练练吧！

1．创建数据表

ListView 控件的使用需要绑定数据源，所以在 itcast 数据库中创建一个 Book 数据表并设计好数据字段，具体如图 5-28 所示。

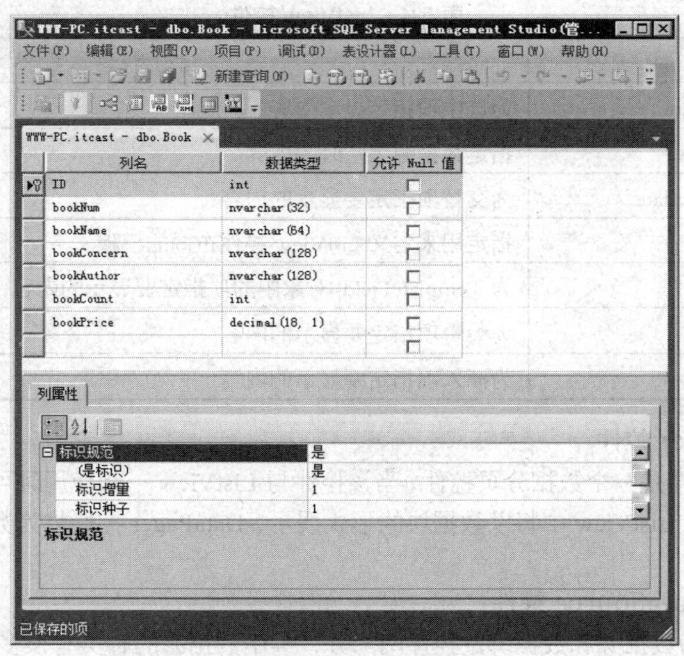

图 5-28　Book 表结构

在图 5-28 所示的界面中实现了图书数据表的创建。其中，ID 列用于标识主键，bookNum 列表示图书编号，bookName 列表示图书名称，bookConcern 列表示出版社，bookAuthor 列表示作者，bookCount 列表示图书数量，bookPrice 列表示图书价格。为了方便功能的测试，在数据表中添加一些测试数据，如图 5-29 所示。

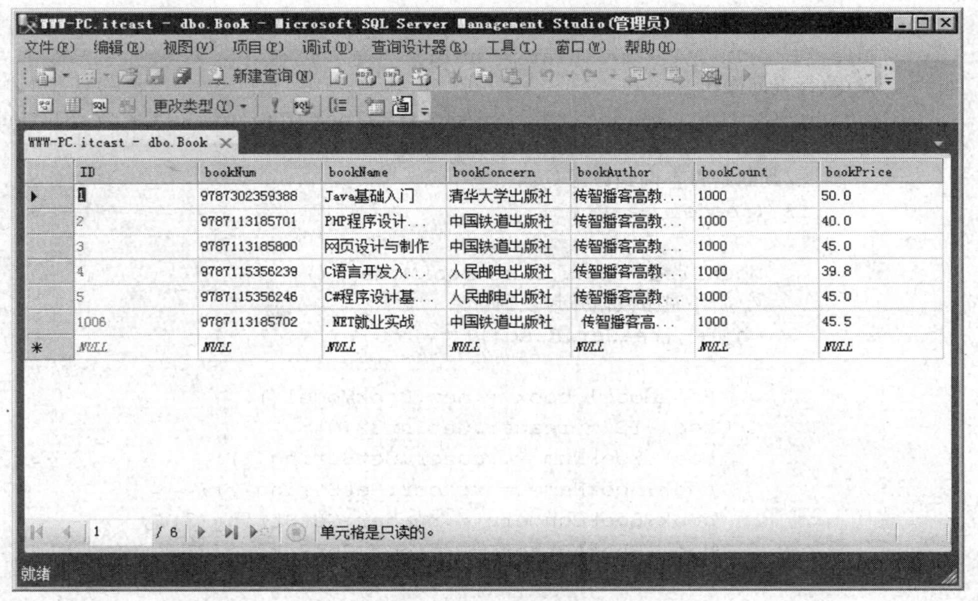

图 5-29 Book 表中的数据

2．添加表实体类

完成数据的创建后，接下来在程序中完成数据的增、删、查、改功能，然后直接在 ListView 控件上绑定即可。在 Module5 的解决方案中创建一个名称为“Lesson3”的 ASP.NET Web 应用程序，在该应用程序中添加一个名称为“BookModel.cs”的类文件用于将数据表转换成对应的实体模型，具体代码如下所示。

```
public class BookModel
{
    public int ID{get;set;} //主键 ID
    public string BookNum{get;set;} //编号
    public string BookName{get;set;} //书名
    public string BookConcern{get;set;} //出版社
    public string BookAuthor{get;set;} //作者
    public int BookCount{set;get;} //数量
    public decimal BookPrice{get;set;} //价格
}
```

在上述代码中，BookModel 类是 Book 数据表对应的表实体类，其中 BookModel 类的属性与 Book 表中的字段一一对应，这些属性用于存储字段中对应的值。

3．定义查询数据的方法

在项目中创建一个名称为“BookAction.cs”类，然后在项目中添加一个 SqlHelper.cs 工具类，在 BookAction 类中定义一个 GetBooks()方法用于实现获取数据的功能，具体代码如下所示。

```
//获取分页数据，maximumRows 为查询行数，startRowIndex 为查询的起始索引
    public List<BookModel> GetBooks(int maximumRows, int startRowIndex)
    {
        string sql = "select top(@maximumRows) * from Book where Id not in
                (select top(@startRowIndex) Id from Book)";
        SqlParameter[] pams ={
                new  SqlParameter("@maximumRows",maximumRows),
                new  SqlParameter("@startRowIndex",startRowIndex)
```

```
            };
            List<BookModel> bookList = null;
            //执行查询操作
            using (SqlDataReader reader = SqlHelper.ExecuteReader(sql,pams))
            {
                //判断是否查询到数据
                if (reader.HasRows)
                {
                    bookList = new List<BookModel>();
                    //循环遍历数据并封装到对象
                    while (reader.Read())
                    {
                        BookModel book = new BookModel();
                        book.ID = reader.GetInt32(0);
                        book.BookNum = reader.GetString(1);
                        book.BookName = reader.GetString(2);
                        book.BookConcern = reader.GetString(3);
                        book.BookAuthor = reader.GetString(4);
                        book.BookCount = reader.GetInt32(5);
                        book.BookPrice = reader.GetDecimal(6);
                        bookList.Add(book);
                    }
                }
            }
            //返回集合
            return bookList;
        }
```

上述代码实现了查询某一页数据的功能。其中，GetBooks()的两个参数 maximumRows 和 startRowIndex 分别表示查询行数和起始索引，然后通过拼接 sql 字符串调用 SqlHelper 的 ExecuteReader()方法查询相应的数据，并将数据封装到实体模型类 BookModel 中返回。

4．实现添加数据的方法

实现了数据查找功能，接下来实现数据添加功能。在 BookAction 类中添加一个 InsertBook()方法，用于向 Book 数据表中插入一条数据，具体代码如下所示。

```
    public int InsertBook(BookModel book)
        {
            //插入语句
            string sql = "insert into Book values(@BookNum,@BookName,
                        @BookConcern,@BookAuthor,@BookCount,@BookPrice)";
            //参数化查询
            SqlParameter[] paras = new SqlParameter[]{
                    new SqlParameter("@BookNum",book.BookNum),
                    new SqlParameter("@BookName",book.BookName),
                    new SqlParameter("@BookConcern",book.BookConcern),
                    new SqlParameter("@BookAuthor",book.BookAuthor),
                    new SqlParameter("@BookCount", book.BookCount),
                    new SqlParameter("@BookPrice",book.BookPrice),
                };
            int count = SqlHelper.ExecuteNonQuery(sql, paras);
            return count;
    }
```

上述代码实现了将添加的数据保存到数据库中。其中，InsertBook()方法的参数 BookModel 的对象是在 ListView 中输入的数据，将 BookModel 数据模型的属性值与 SQL 语句中的参数进行替换，并调用 SqlHelper 类的 ExecuteNonQuery()方法执行添加命令，最后返回执行结果。

5．实现删除数据的方法

实现数据的添加功能后，接下来实现数据的删除操作。在 BookAction 类中定义一个 Delete()方法用于根据参数对象的 ID 属性删除 Book 表中对应的数据，具体代码如下所示。

```
//删除数据
public int Delete(BookModel book)
{
//删除语句
string sql = "delete Book where Id=@Id";
//参数
SqlParameter pam = new SqlParameter("@Id", book.ID);
//执行命令
int count= SqlHelper.ExecuteNonQuery(sql, pam);
return count;
}
```

在上述代码中根据 Id 拼接 sql 字符串，然后调用 SqlHelper 类的 ExecuteNonQuery()方法执行操作，最后返回执行结果。

6．定义修改数据的方法

实现删除操作的方法后，接下来实现数据的修改功能。在 BookAction 类中定义一个 UpdateBook()方法用于修改 Book 表中对应的数据，具体代码如下所示。

```
//修改数据
public int UpdateBook(BookModel book)
{
    //修改语句
    string sql = "update Book set BookNum=@BookNum, BookName=@BookName,
    BookConcern=@BookConcern,BookAuthor=@BookAuthor,
    BookCount=@BookCount,BookPrice=@BookPrice where ID=@ID";
    //SQL 语句中的参数
    SqlParameter[] paras = new SqlParameter[]{
          new SqlParameter("@ID",book.ID),
          new SqlParameter("@BookNum",book.BookNum),
          new SqlParameter("@BookName",book.BookName),
          new SqlParameter("@BookConcern",book.BookConcern),
          new SqlParameter("@BookAuthor",book.BookAuthor),
          new SqlParameter("@BookCount", book.BookCount),
          new SqlParameter("@BookPrice",book.BookPrice),
     };
     int count = SqlHelper.ExecuteNonQuery(sql, paras);
     return count;
}
```

上述代码实现了将需要修改的数据通过 BookAction 模型传递进来，然后将该模型的数据获取出来并拼接 sql 字符串，最后调用 SqlHelper 类的 ExecuteNonQuery()方法执行修改操作并返回修改结果。

7．添加 ListView 控件

在 Lesson3 项目中添加一个名为“ListView.aspx”的 Web 窗体页面，打开该页面，并从

"工具箱"中找到【数据】分类拖曳一个 ListView 控件到页面上，如图 5-30 所示。

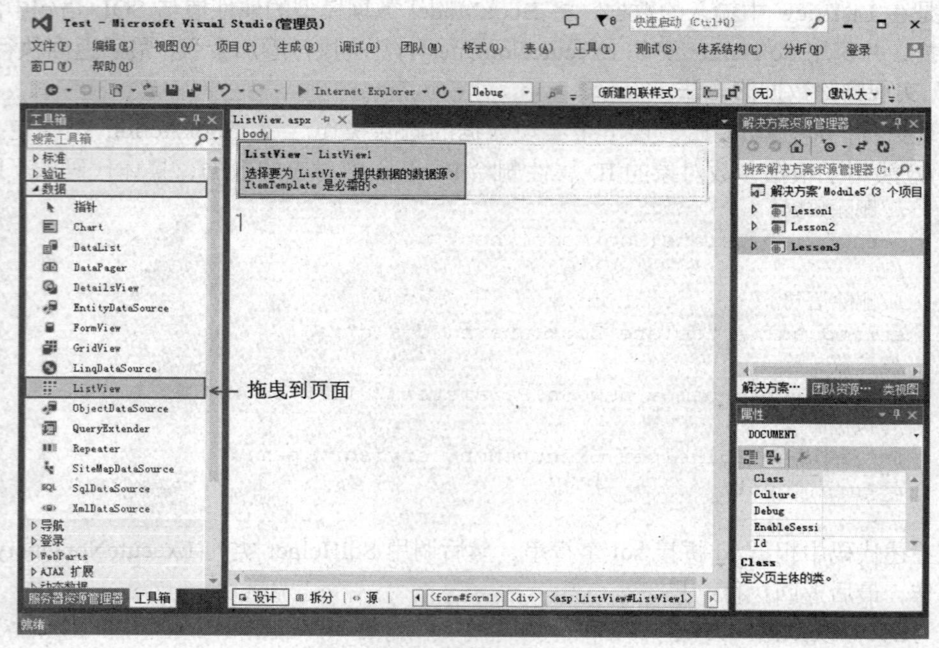

图 5-30 添加 ListView 控件

8．新建数据源

拖放完 ListView 控件后，就需要为该控件设置数据源。在 ListView.aspx 页面中单击 ListView 控件右上角的【▷】按钮，弹出"ListView 任务"框，单击"选择数据源"处的下拉列表，并选中【<新建数据源...>】项，如图 5-31 所示。

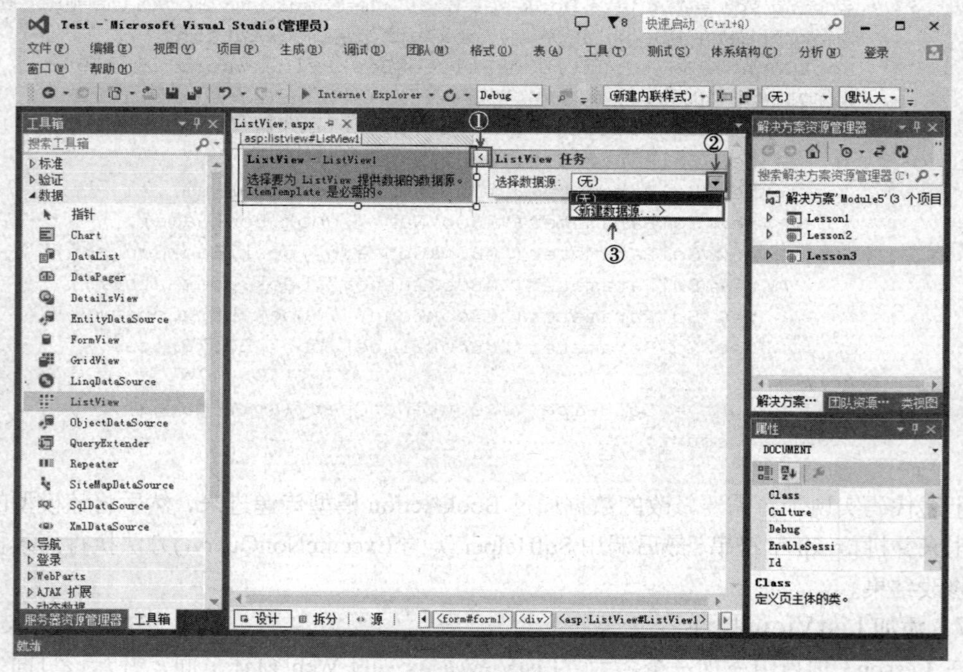

图 5-31 新建数据源

9．选择数据源类型

在图 5-31 所示的页面中选中下拉列表的【<新建数据源…>】时，弹出“数据源配置向导”对话框，在“选择数据源类型”的列表中选中【对象】，单击【确定】按钮，如图 5-32 所示。

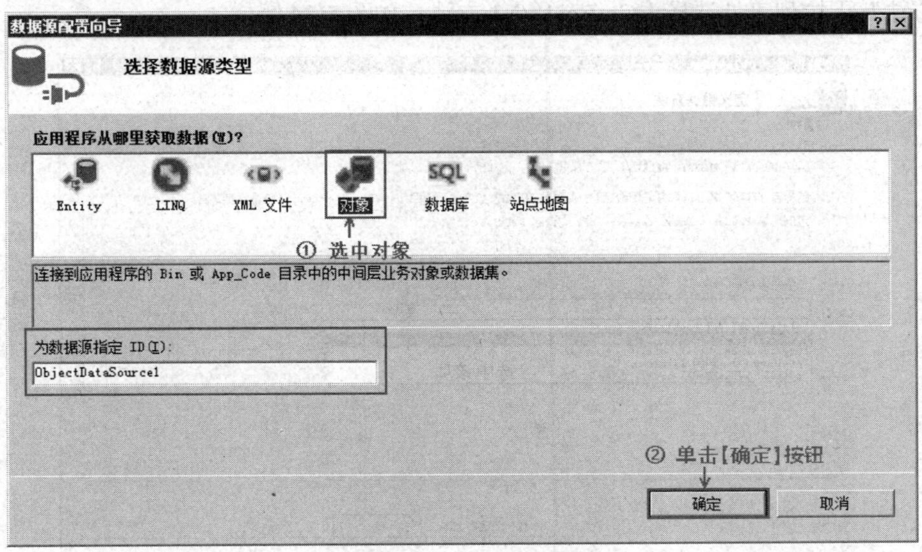

图 5-32 选择数据源类型

选中图 5-32 所示的【对象】项后，在“ListView.aspx”页面中会自动添加一个 ObjectDataSource 控件，并且图 5-32 所示的“为数据源指定 ID”的输入框自动设置为 ObjectDataSource 控件的 ID。

10．选择业务对象

在图 5-32 所示的对话框中单击【确定】按钮后，弹出“配置数据源”的对话框，在弹出对话框的“选择业务对象”下拉列表中选中【Lesson3.BookAction】项，如图 5-33 所示。

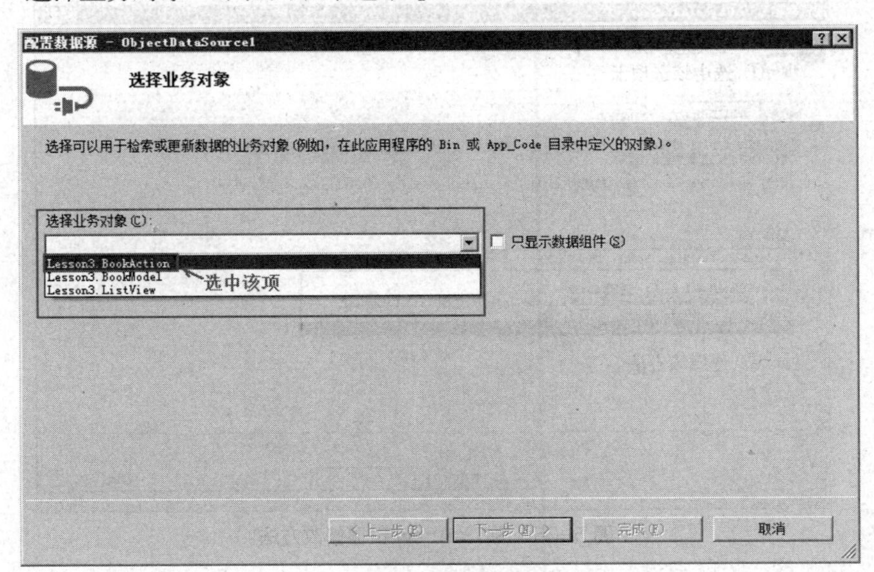

图 5-33 选择处理数据类

11．选择查询方法

在图 5-33 所示的对话框中为数据源设置完业务对象后，单击【下一步】按钮，弹出用于定义数据方法的“配置数据源”对话框，弹出框默认选中【SELECT】选项卡，在该选项卡的“选择方法”下拉列表处选择【GetBooks()】方法，如图 5-34 所示。

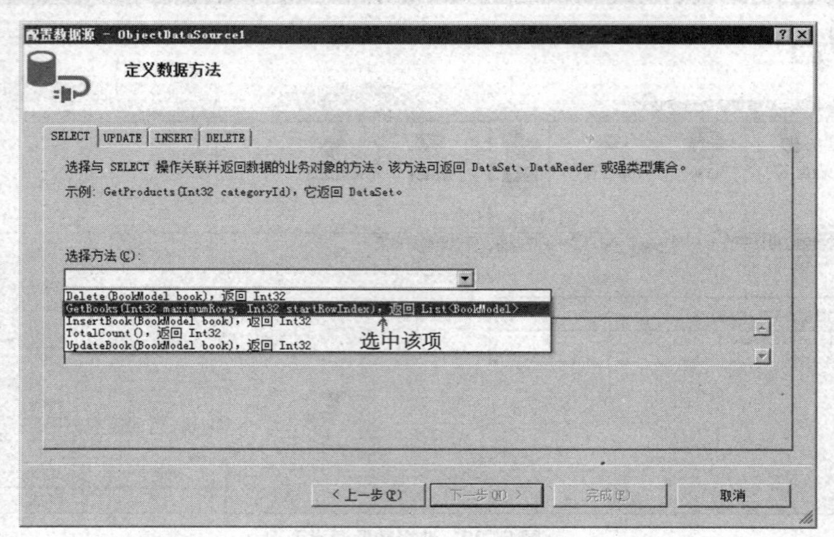

图 5-34　为 ListView 设置查询方法

如图 5-34 所示，将 ListView 控件的 Select 操作绑定为 GetBooks()方法，当 ListView 加载时会调用 GetBooks()方法显示查询出来的数据。

12．选择修改方法

在图 5-34 所示的对话框中设置完查询数据的方法后，选中对话框中的【UPDATE】选项卡，并在“选择方法”的下拉列表中选中【UpdateBook()】方法，如图 5-35 所示。

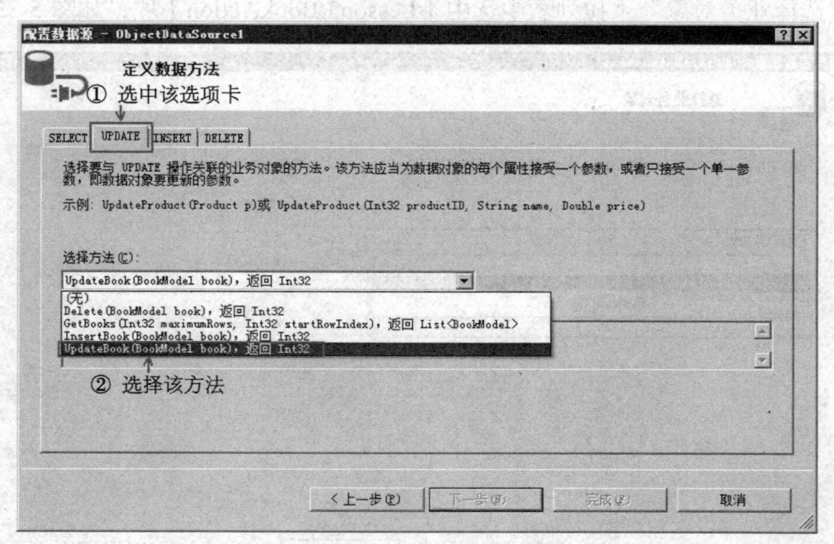

图 5-35　为 ListView 设置修改方法

13．选择添加数据方法

如图 5-35 所示，设置完修改数据使用的方法后，选中对话框中的【INSERT】选项卡，并在“选择方法”的下拉列表中选中【InsertBook()】方法，如图 5-36 所示。

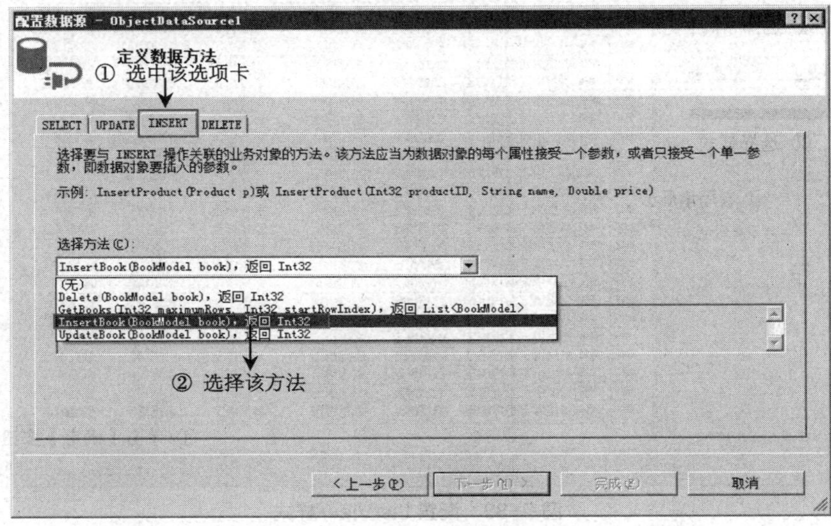

图 5-36　为 ListView 设置添加方法

14．选择删除数据方法

如图 5-36 所示，设置完添加数据使用的方法后，选中对话框中的【DELETE】选项卡，并在“选择方法”的下拉列表中选中【Delete()】方法，如图 5-37 所示。

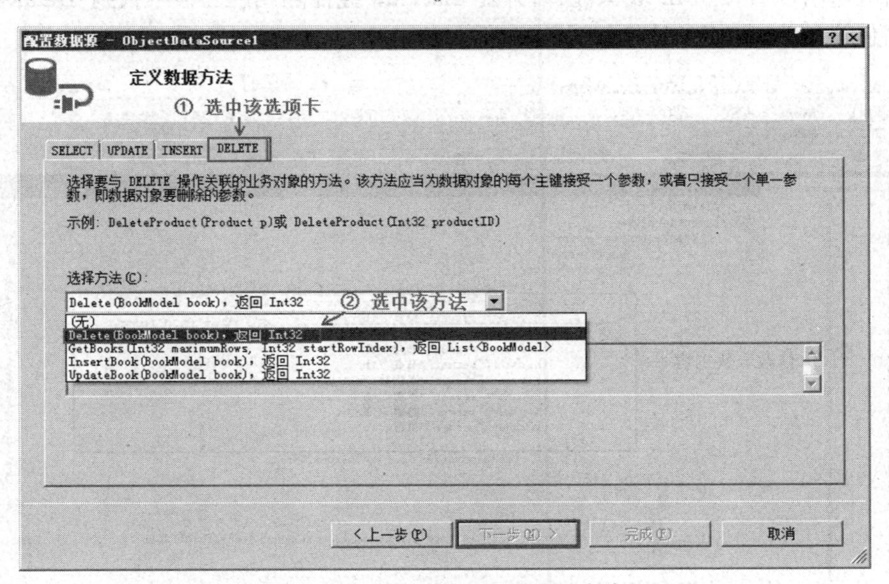

图 5-37　为 ListView 设置删除方法

在图 5-37 所示的对话框中为 ListView 控件设置删除数据的方法后，此时【下一步】按钮变成可用状态，单击【下一步】按钮，弹出一个对话框，单击【完成】按钮完成数据源的配置。

15．配置 ListView 控件样式

设置完 ListView 数据源的增、删、查、改方法后，就可以来设置 ListView 控件的显示样式了。在 ListView 控件上单击【▷】→【配置 ListView...】项，在弹出的“配置 ListView”对话框中设置布局和样式并启用增、删、查、改功能，单击【确定】按钮，效果如图 5-38 所示。

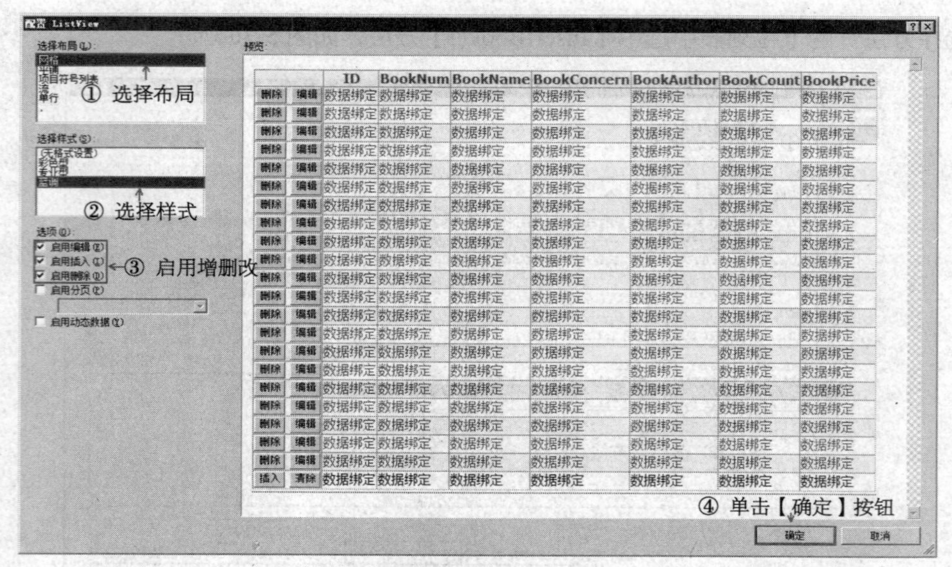

图 5-38　配置 ListView 样式

在图 5-38 所示的对话框中完成 ListView 控件的样式设置后，就可以来设置需要显示的数据列名称了。在编辑器活动窗口下方，将【设计】视图切换到【源】视图并修改绑定数据列的名称。ID 列是不需要显示到 ListView 界面上的，但是在进行增、删、查、改操作时需要使用到 ID 属性，所以直接将 ID 表头注释，并在 ListView 控件的属性面板中找到“DataKeyNames”属性并将值设置为“ID”，具体如图 5-39 所示。

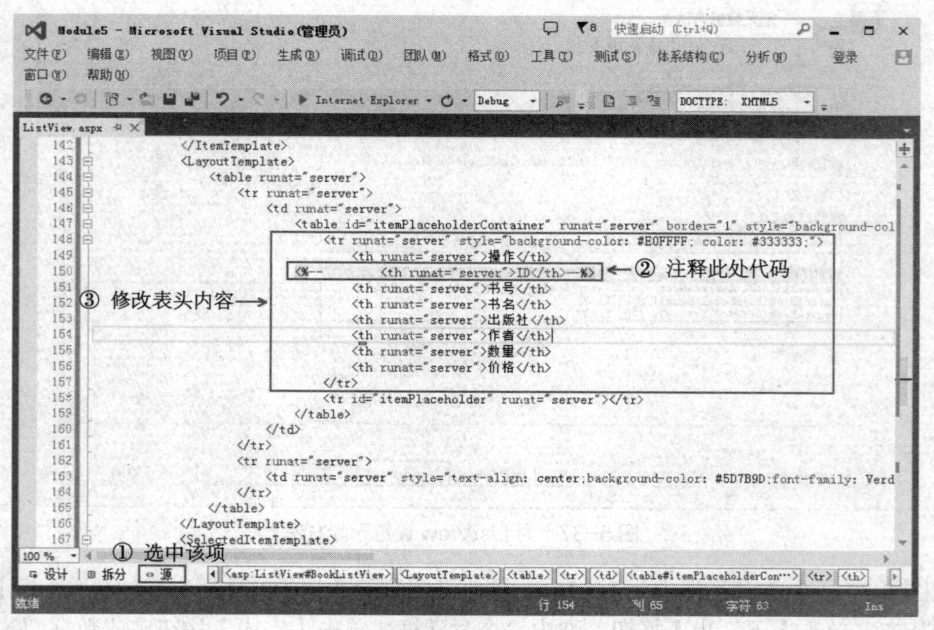

图 5-39　修改表头显示内容

在图 5-39 所示的界面中注释完 ID 表头后，还需要注释所有显示 ID 列数据的标签代码。在页面中找到“Text='<%# Bind ("BookNum") %>'”和“Text='<%# Eval("ID") %>'”的控件的代码并注释，注释完成后 ListView 控件中就不会显示 ID 列数据了，效果如图 5-40 所示。

Module5 - Microsoft Visual Studio(管理员)

ListView.aspx

操作	书号	书名	出版社	作者	数量	价格
删除 编辑	数据绑定	数据绑定	数据绑定	数据绑定	数据绑定	数据绑定
删除 编辑	数据绑定	数据绑定	数据绑定	数据绑定	数据绑定	数据绑定
删除 编辑	数据绑定	数据绑定	数据绑定	数据绑定	数据绑定	数据绑定
删除 编辑	数据绑定	数据绑定	数据绑定	数据绑定	数据绑定	数据绑定
删除 编辑	数据绑定	数据绑定	数据绑定	数据绑定	数据绑定	数据绑定
删除 编辑	数据绑定	数据绑定	数据绑定	数据绑定	数据绑定	数据绑定
删除 编辑	数据绑定	数据绑定	数据绑定	数据绑定	数据绑定	数据绑定
删除 编辑	数据绑定	数据绑定	数据绑定	数据绑定	数据绑定	数据绑定
删除 编辑	数据绑定	数据绑定	数据绑定	数据绑定	数据绑定	数据绑定
删除 编辑	数据绑定	数据绑定	数据绑定	数据绑定	数据绑定	数据绑定
删除 编辑	数据绑定	数据绑定	数据绑定	数据绑定	数据绑定	数据绑定
删除 编辑	数据绑定	数据绑定	数据绑定	数据绑定	数据绑定	数据绑定
删除 编辑	数据绑定	数据绑定	数据绑定	数据绑定	数据绑定	数据绑定
删除 编辑	数据绑定	数据绑定	数据绑定	数据绑定	数据绑定	数据绑定
删除 编辑	数据绑定	数据绑定	数据绑定	数据绑定	数据绑定	数据绑定
删除 编辑	数据绑定	数据绑定	数据绑定	数据绑定	数据绑定	数据绑定
删除 编辑	数据绑定	数据绑定	数据绑定	数据绑定	数据绑定	数据绑定
删除 编辑	数据绑定	数据绑定	数据绑定	数据绑定	数据绑定	数据绑定
删除 编辑	数据绑定	数据绑定	数据绑定	数据绑定	数据绑定	数据绑定

图 5-40　删除 ListView 中 ID 列的效果

16．添加分页控件

设置完 ListView 的数据显示问题后，接下来实现 ListView 数据分页显示的功能，这时需要使用 DataPager 分页控件。在“工具箱”中找到【DataPager】分页控件拖放到界面中并设置 PagedControlID 属性为 ListView 控件的 ID 属性，PageSize 属性设置为 4 表示默认每页显示 4 条数据，效果如图 5-41 所示。

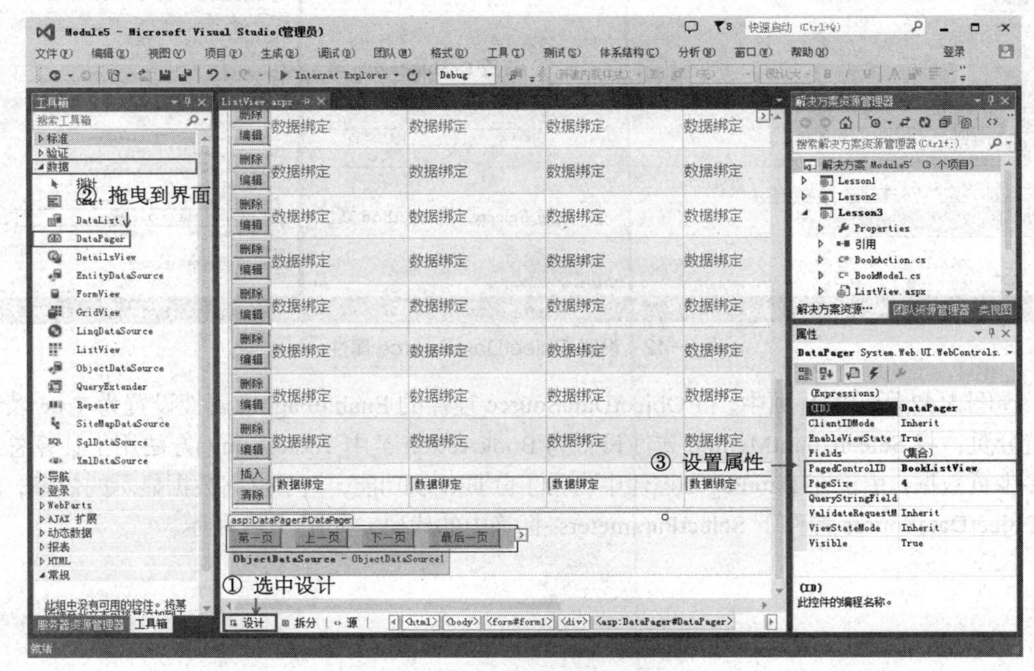

图 5-41　设置分页控件属性

17．设置 ListView 控件显示分页

DataPager 分页控件设置完毕后，需要在 ListView 控件中设置显示分页控件并关联数据。接下来在 BookAction 类中定义一个 TotalCount()方法用于返回 Book 表中所有数据的条数，具体代码如下所示。

```
//查询数据总条数
public int TotalCount()
{
    string sql = "select count(*) from Book";
    int count = Convert.ToInt32(SqlHelper. ExecuteScalar (sql));
    return count;
}
```

在上述代码中实现了查询数据表中有多少条数据。首先创建 SQL 查询语句，然后通过 SqlHelper 类的 ExecuteScalar()方法执行查询操作并将查询结果返回。回到 ListView.aspx 页面，选中该页面中的 ObjectDataSource 控件设置 EnablePaging 和 SelectCountMethod 属性，如图 5-42 所示。

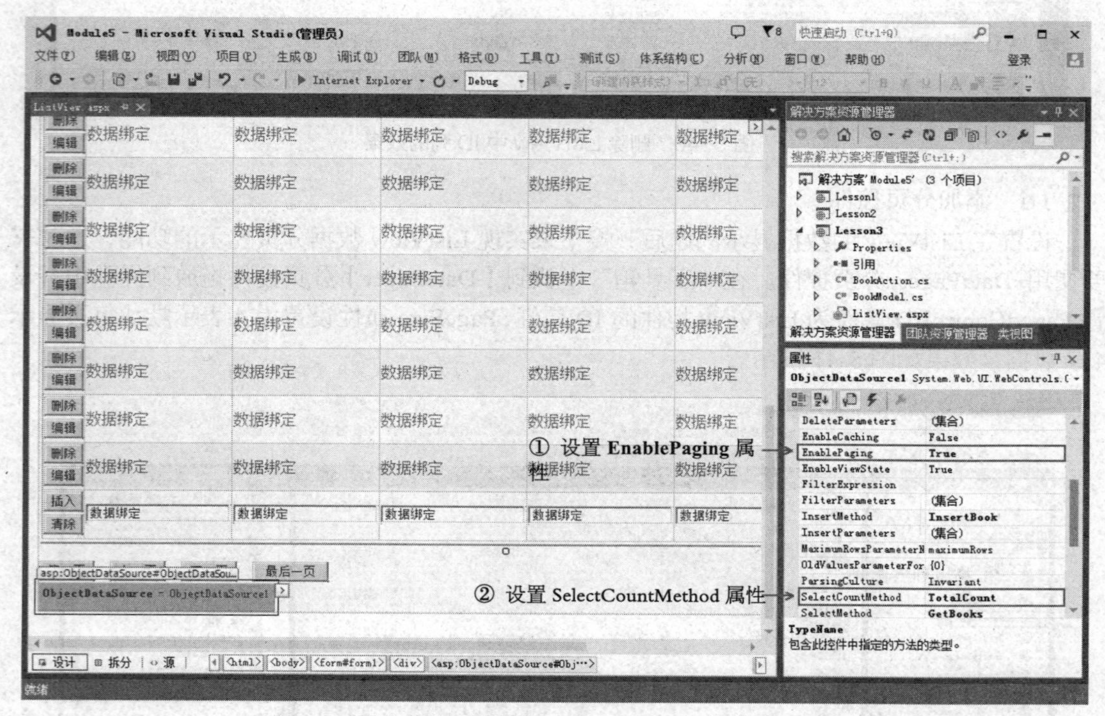

图 5-42　设置 ObjectDataSource 属性

在图 5-42 所示的界面中，将 ObjectDataSource 控件的 EnablePaging 属性设置为 True 表示支持分页，将 SelectCountMethod 属性设置为 BookAction 类中 TotalCount()方法用于计算总共有多少页数据。由于在 DataPager 控件中自带了分页显示功能，为了提高数据显示的效率，注释 ObjectDataSource 控件下 SelectParameters 标签中的代码，如图 5-43 所示。

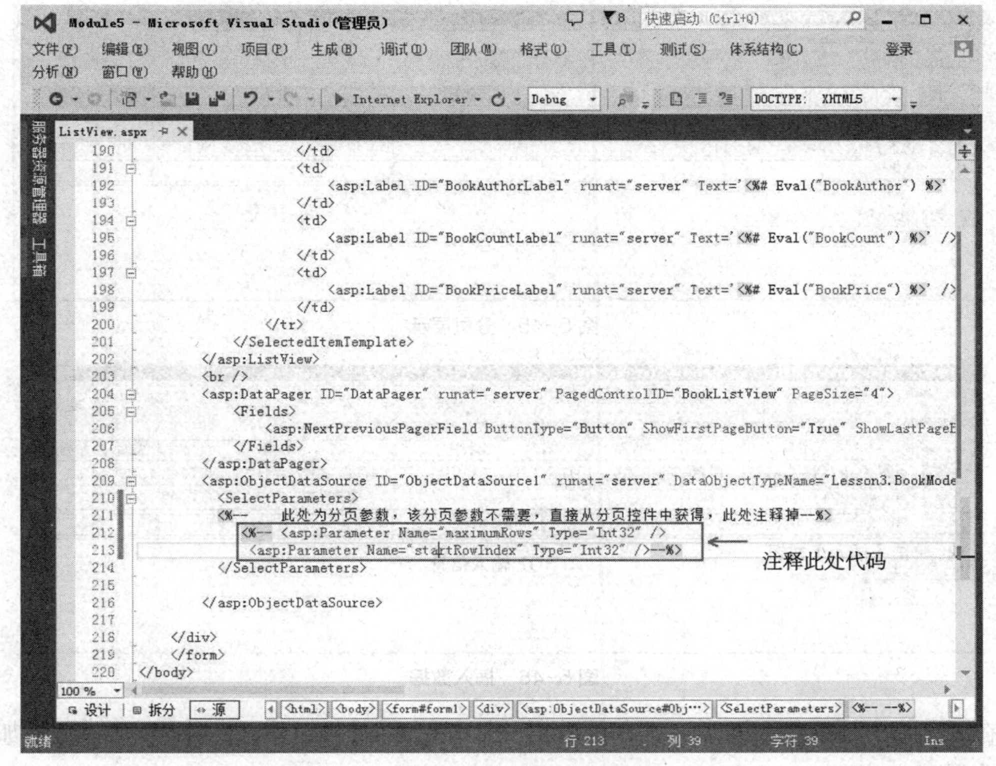

图 5-43　注释 SelectParameters 标签内的代码

18．测试项目功能

完成上述操作后，ListView 数据展示和 DataPager 的分页效果就实现了，接下来将“ListView.aspx”页面设置为起始页，运行项目测试结果，效果如图 5-44 所示。

操作	书号	书名	出版社	作者	数量	价格
删除 编辑	9787302359388	Java基础入门	清华大学出版社	传智播客高教产品研发部Java小组	1000	50.0
删除 编辑	9787113185701	PHP程序设计基础教程	中国铁道出版社	传智播客高教产品研发部PHP小组	1000	40.0
删除 编辑	9787113185800	网页设计与制作	中国铁道出版社	传智播客高教产品研发部平面小组	1000	45.0
删除 编辑	9787115356239	C语言开发入门教程	人民邮电出版社	传智播客高教产品研发部C++小组	1000	39.8
插入 清除						

第一页　上一页　下一页　最后一页

图 5-44　数据展示

从图 5-44 所示的页面中可以看出，数据已经被成功展示到页面上了，每一页只显示 4 条数据。当单击图 5-44 所示的【下一页】按钮后，效果如图 5-45 所示。

从图 5-45 所示的页面中可知，单击【下一页】按钮后显示下一页数据说明分页功能已经实现，此时在页面的最后一行文本框中填写信息，填写完毕后单击【插入】按钮，如图 5-46 所示。

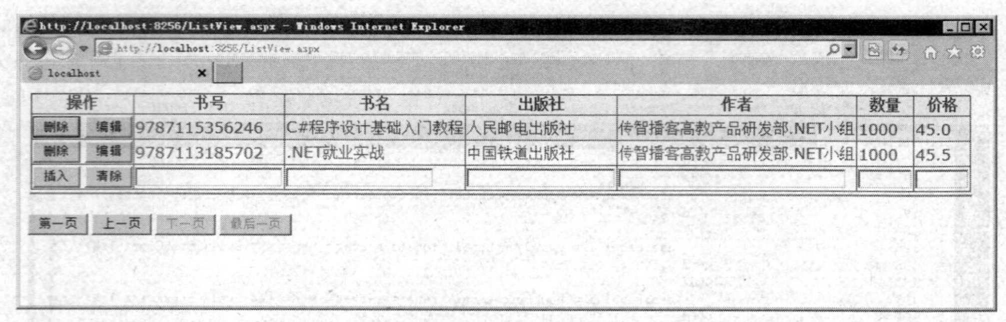

图 5-45 分页展示

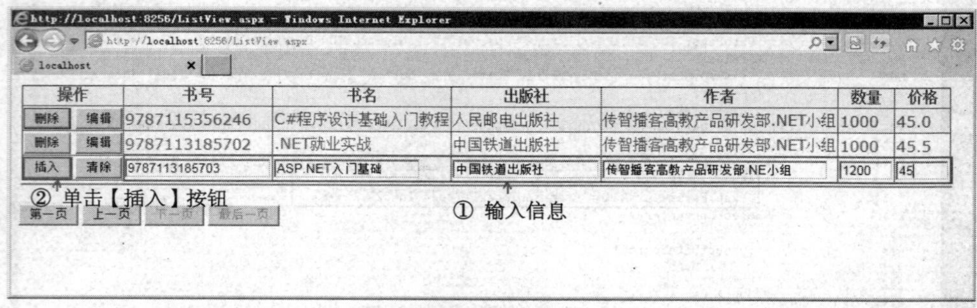

图 5-46 插入数据

在图 5-46 所示的页面中输入添加的数据并单击【插入】按钮后，数据列表会被重新加载，如图 5-47 所示。

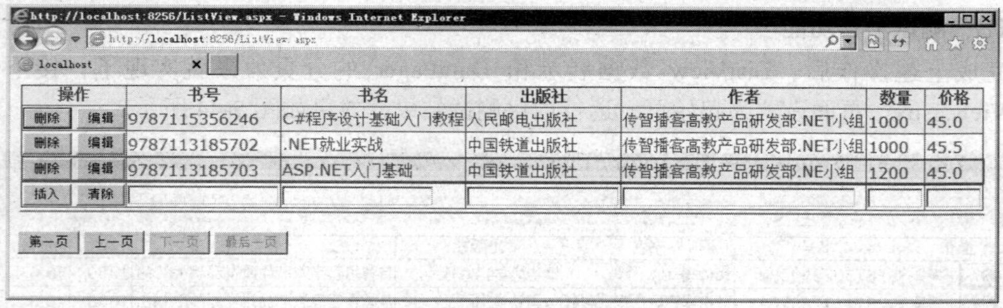

操作	书号	书名	出版社	作者	数量	价格
删除 编辑	9787115356246	C#程序设计基础入门教程	人民邮电出版社	传智播客高教产品研发部.NET小组	1000	45.0
删除 编辑	9787113185702	.NET就业实战	中国铁道出版社	传智播客高教产品研发部.NET小组	1000	45.5
删除 编辑	9787113185703	ASP.NET入门基础	中国铁道出版社	传智播客高教产品研发部.NE小组	1200	45.0
插入 清除						

图 5-47 插入功能完成

如图 5-47 所示，数据已经被成功插入到数据库中了，此时单击书名为“ASP.NET 入门基础”行数据的【编辑】按钮，然后将数量“1200”改为“1500”，单击【更新】按钮，如图 5-48 所示。

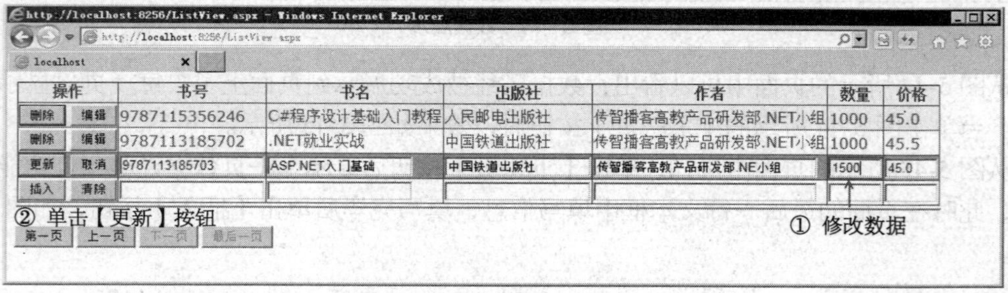

操作	书号	书名	出版社	作者	数量	价格
删除 编辑	9787115356246	C#程序设计基础入门教程	人民邮电出版社	传智播客高教产品研发部.NET小组	1000	45.0
删除 编辑	9787113185702	.NET就业实战	中国铁道出版社	传智播客高教产品研发部.NET小组	1000	45.5
更新 取消	9787113185703	ASP.NET入门基础	中国铁道出版社	传智播客高教产品研发部.NE小组	1500	45.0
插入 清除						

② 单击【更新】按钮　① 修改数据

图 5-48 修改数据

在图 5-48 所示的页面中单击【更新】按钮后，数据列表被重新加载，如图 5-49 所示。

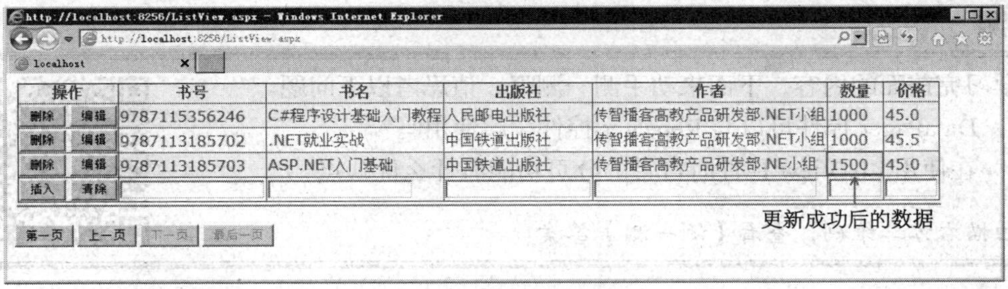

http://localhost:8256/ListView.aspx - Windows Internet Explorer

http://localhost:8256/ListView.aspx

localhost

操作	书号	书名	出版社	作者	数量	价格
删除 编辑	9787115356246	C#程序设计基础入门教程	人民邮电出版社	传智播客高教产品研发部.NET小组	1000	45.0
删除 编辑	9787113185702	.NET就业实战	中国铁道出版社	传智播客高教产品研发部.NET小组	1000	45.5
删除 编辑	9787113185703	ASP.NET入门基础	中国铁道出版社	传智播客高教产品研发部.NE小组	1500	45.0
插入 清除						

更新成功后的数据

第一页 上一页 下一页 最后一页

图 5-49 修改功能完成

如图 5-49 所示，数据已经修改成功，此时单击书名为"ASP.NET 入门基础"行数据的【删除】按钮删除数据，数据列表被重新加载，如图 5-50 所示。

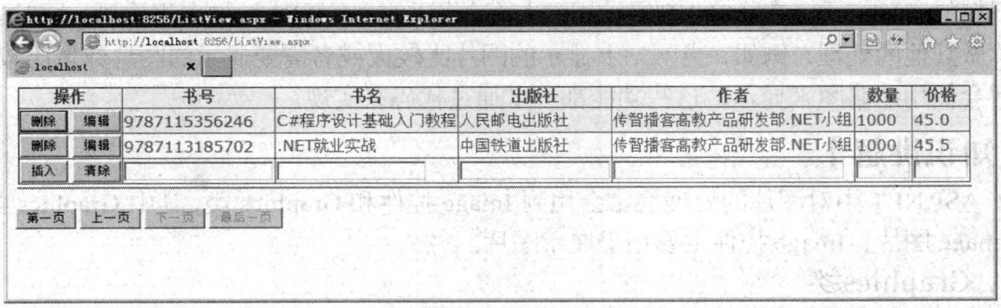

http://localhost:8256/ListView.aspx - Windows Internet Explorer

http://localhost:8256/ListView.aspx

localhost

操作	书号	书名	出版社	作者	数量	价格
删除 编辑	9787115356246	C#程序设计基础入门教程	人民邮电出版社	传智播客高教产品研发部.NET小组	1000	45.0
删除 编辑	9787113185702	.NET就业实战	中国铁道出版社	传智播客高教产品研发部.NET小组	1000	45.5
插入 清除						

第一页 上一页 下一页 最后一页

图 5-50 删除功能完成

【拓展深化】

1. Bind () 和 Eval () 方法

ASP.NET 支持分层数据绑定模型，数据绑定表达式使用 Eval()和 Bind()方法将数据绑定到控件并将更改提交回数据库。其中，Eval()方法用于单向绑定将数据字段的值作为参数并返回字符串显示到页面，而 Bind()方法支持读、写功能可用于双向绑定，检索数据绑定控件的值并将更改提交回数据库。

2. ObjectDataSource 控件分页属性

在使用 ObjectDataSource 控件做数据源时，如果数据需要进行分页显示就需要对 ObjectDataSource 控件的相关属性进行设置，具体如表 5-6 所示。

表 5-6 ObjectDataSource 控件

属性名称	描述
EnablePaging	表示查询是否支持分页
SelectCountMethod	用于获取数据的总行数
MaximumRowsParameterName	查询数据方法中的参数，表示分页中每一页的行数
StartRowIndexParameterName	查询数据方法中的参数，表示查询数据的起始索引

在上述表格中讲解了 ObjectDataSource 控件关联分页的相关属性。需要注意的是，当设置 MaximumRowsParameterName 和 StartRowIndexParameterName 属性的值时必须与查询数据

方法的参数名相同。

测一测

学习完前面的内容，下面来动手测一测吧，请思考以下问题。

1. DataPager 控件可以与 Repeater 控件一起使用吗？
2. 在使用 ListView 控件时自带的分页功能有什么优缺点？

扫描右方二维码，查看【测一测】答案！

5.4 图片管理

在日常生活中，经常会发现网上有很多带有来源的水印图片，在图片上添加水印是保护图片版权的一种方式。在 ASP.NET 中也可以通过代码实现给图片添加水印效果，同时还可以对图片做其他的处理，例如，当网站上显示的图片比较大或者需要显示的图片数量比较多时，通常都会使用缩略图来显示，这些功能都可以通过代码来实现。

【知识讲解】

在 ASP.NET 中对图片的处理经常会用到 Image 控件和 Graphics 类，其中 Graphics 类用于绘制 Image 图片，Image 控件主要用于展示图片。

1．Graphics 类

Graphics 类位于 System.Drawing 命名空间下，主要用于实现图形绘制功能。该类中包含很多图形操作的方法，其中 FromImage()方法将 Image 对象作为参数传入并返回一个 Graphics 对象，DrawImage()可以在指定位置绘制指定大小的 Image 图片。

2．Image 控件

Image 控件用于在 Web 页面展示图片，使用该控件可以快速地展示图片效果。在使用 Image 控件时需要设置相关属性来控制图片的显示效果，常用属性如表 5-7 所示。

表 5-7　Image 控件

属性	描述
AlternateText	在图像无法显示时显示的替换文字
ImageAlign	获取或设置 Image 控件相对于网页上其他元素的对齐方式
ImageUrl	获取或设置 Image 控件中显示的图像存储位置

【动手实践】

在学习了图片处理的相关知识后，接下来结合 Repeater 控件以及 FileUpload 文件上传控件实现一个图片上传、下载、展示、缩略图和添加水印等功能，下面大家一起动手练练吧！

1．添加数据表

打开 SQL Server 数据库，在 itcast 数据库中创建一个名为“Photos”的表，该表用于存储上传的图片信息。表中包含了主键 ID 列、图片标题 Title 列、图片地址 Url 列、图片描述 Message 列和标识缩略图 Sign 列，这些列的数据类型如图 5-51 所示。

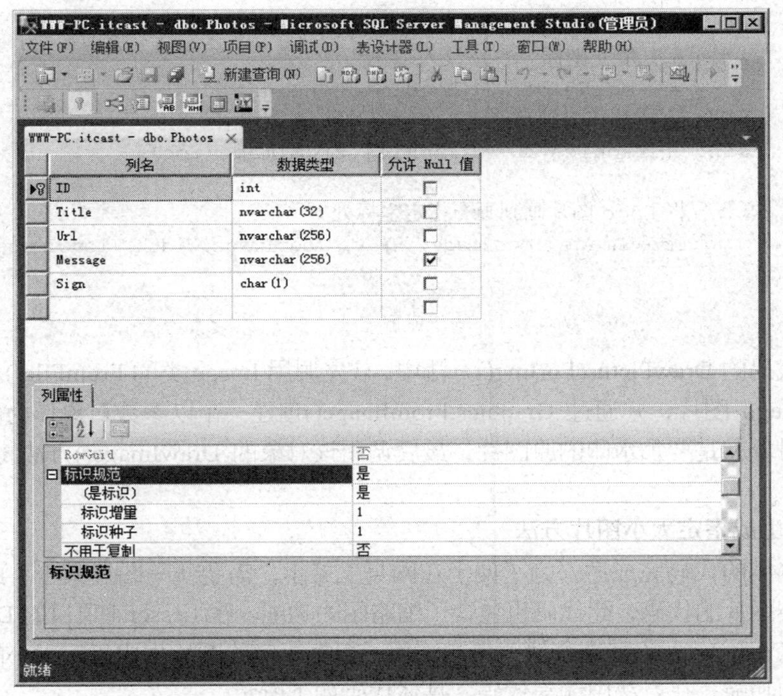

图 5-51　Photos 表结构

2．添加表实体类

在 Module5 解决方案下添加一个名为“Lesson4”的 ASP.NET Web 应用程序，在该应用程序中添加名为“Photo.cs”和“SqlHelper.cs”类文件，并在 Photo 类中编写代码，具体代码如下所示。

```
public class Photo
    {
        public int ID{ get; set; } //主键 ID
        public string Name{get;set;} //图片标题
        public string Url{get;set;} //图片地址
        public string Sign{get;set;} //标记大小图
    }
```

在上述代码中，Photo 类是 itcast 数据库中 Photos 数据表对应的表实体类，其中 Photo 类中的属性与 Photos 表中的字段一一对应，这些属性用于存储字段中对应的值。

3．定义图片加水印方法

图片上传功能就是获取用户上传的图片并保存图片，在保存图片之前为了防止图片被盗用，需要给图片加上水印。在 Lesson4 项目中添加一个名为“DrawPicture.cs”的类文件，该类文件用于存储操作图片的方法，在该类中定义一个 DrawPictureForImg()静态方法，此方法用于给指定图片加水印，在方法中编写代码，具体代码如下所示。

```
public static void DrawPictureForImg (System.Drawing.Image img, string logoPath)
      {
        //创建 Logo 图片对象
        using (System.Drawing.Image logoImage =
                            System.Drawing.Image.FromFile(logoPath))
        {
           //水印左上角 x 坐标
```

```
            int x = img.Width - logoImage.Width;
            //水印左上角 y 坐标
            int y = img.Height - logoImage.Height;
            //以 img 图片作为画布创建一个绘图对象
            using (Graphics g = Graphics.FromImage(img))
            {
                //将 Logo 图片画到画布指定坐标处
                g.DrawImage(logoImage, x, y, logoImage.Width, logoImage.Height);
            }
        }
    }
```

在上述代码的 DrawPictureForImg()方法中，首先调用 Image 类的 FromFile()获取需要绘制在图片中的 logo 图片，并通过 Graphics.FromImage()创建一个以参数对象作为画布的绘图对象，此参数对象就是要加水印的原图片，最后调用该对象的 DrawImage()方法将 logo 图片画到原图片上。

4．定义生成指定大小图片方法

图片加水印的代码完成后，为了便于在网页上展示，需要统一图片大小，此时需要编写生成指定大小图片的代码，此代码也包含了缩略图的功能。在 Lesson4 项目的 DrawPicture 类中定义一个 CreateImage()静态方法，该方法用于根据指定的图片生成指定大小的新图片，即生成缩略图的功能，在方法中编写代码，具体代码如下所示。

```
public static Photo CreateImage(Image image, int width, int height, string imageName,
            string url,string path, string Sign,string logoUrl=null)
    {
        Image newImg;//生成指定大小的图片
        Photo ps = new Photo();
        ps.Name = imageName;
        ps.Url = url;
        ps.Sign = Sign;
        //通过 Image 类的实例方法 GetThumbnailImage()生成指定大小的图片
        newImg = image.GetThumbnailImage(width, height, null, new IntPtr());
        if (!string.IsNullOrEmpty(logoUrl))
        {
          //给大图加水印
          DrawPictureForImg(newImg, logoUrl);
        }
        //将图片保存
        newImg.Save(path);
        newImg.Dispose();
        return ps;
}
```

在上述代码的 CreateImage()方法中，首先分别创建 Image 和 Photo 类型的对象，并调用 Image 类型参数对象的 GetThumbnailImage()方法返回一个指定大小的 Image 对象，调用 DrawPictureForImg()方法给新建的大图片添加水印，分别调用 Save()和 Dispose()方法保存图片和销毁图片对象。

5．定义插入图片信息方法

图片处理的功能完成后，需要将图片的信息存储到数据库中便于使用，此时需要编写一个将图片信息保存到数据库中的方法。首先在 Lesson4 的项目中添加一个名为“Action.cs”的类文件，并在该类中定义一个 InsertPhoto()方法，此方法用于向 Photos 数据表中插入一条数据，即保存图片信息，在该方法中编写代码，具体代码如下所示。

```
public int InsertPhoto(List<Photo> photos)
    {
        //插入数据的总条数
        int count = 0;
        //插入语句
        string sql = " insert into Photos values(@name,@url, @Sign) ";
        //循环向数据库中插入数据
        foreach (var p in photos)
        {
            SqlParameter[] parm ={
                        new SqlParameter("@name",p.Name),
                        new SqlParameter("@url",p.Url),
                            new SqlParameter("@sign",p.Sign)
                    };
             count += SqlHelper.ExecuteNonQuery(sql, parm);
        }
        return count;
    }
```

在上述代码的 InsertPhoto()方法中，方法的参数为 Photo 类型的集合，该集合存储了所有需要添加的数据，调用该方法时可同时保存多张图片的信息。循环遍历集合并调用 SqlHelper 的 ExecuteNonQuery()方法将遍历到的数据插入到数据表中，最后返回添加结果。

6．注册上传按钮单击事件

图片加水印以及生成缩略图的代码编写完成后，就可以将图片保存了，此时需要在项目中添加存放图片的文件夹。在 Lesson4 项目中添加名为“Image”和“picture”的文件夹，其中“picture”文件夹用于存放水印图标，在 Image 文件夹下添加两个名为“BImage”和“SImage”的子文件夹，这两个文件夹分别用于存储上传的大图和缩略图。文件夹添加完成后，在 picture 文件夹下添加一个 logo.gif 图片，添加完成后的项目结构如图 5-52 所示。

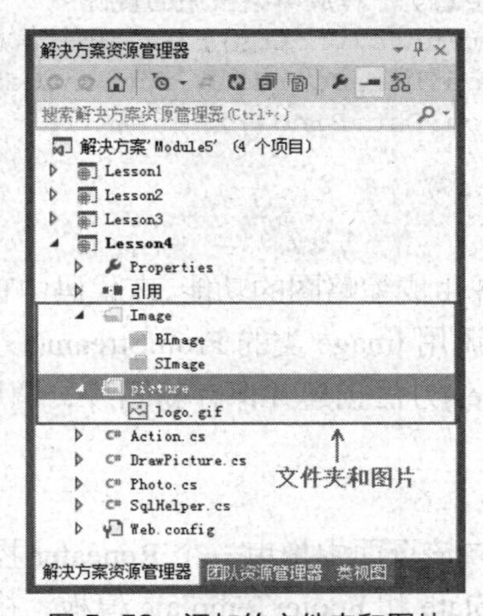

图 5-52　添加的文件夹和图片

完成上述操作后，此时开始编写前端展示页面，在 Lesson4 项目中添加一个名为“Photos.aspx”的 Web 窗体页面。打开该页面，向页面中拖曳 FileUpload 和 Button 控件用于实现图片上传操作，并为控件设置 ID 和 Text 属性，设置完成后选中 Button 控件为其注册单击事件，在事件中编写代码，具体代码如下所示。

```
Action action = new Action();
protected void btn_Click(object sender, EventArgs e)
    {
        if (fileUpload.HasFile)
        {
          //获取文件后缀
          string fileExtension = Path. GetExtension(fileUpload.FileName).
          ToLower();
          string[] str = { ".jpg", ".jpeg", ".gif", ".png", ".bmp" };
          List<Photo> photos = new List<Photo>();
          string fileName = fileUpload.FileName;
          string urlB = string.Format("./Image/BImage/{0}", fileName);
          string pathB = Server.MapPath(urlB); //大图的物理地址
          string urlS = string.Format("./Image/SImage/{0}", fileName);
          string pathS = Server.MapPath(urlS); //小图的相对地址
          if (str.Contains(fileExtension)) //判断上传的是否为图片
          {
             System.Drawing.Image image; //创建一个 Image 对象（图片对象）
             //通过指定的上传的文件流创建一个 Image 类型的对象
             image = System. Drawing. Image. FromStream(fileUpload. FileContent);
             string imageName=Path.GetFileNameWithoutExtension(fileName);
             string logoPath=Server.MapPath(@"./picture/logo.gif");
             //将生成 200 像素×200 像素的图片
             Photo ps = DrawPicture.CreateImage(image, 200, 200, imageName, urlS,
                                             pathS, "S");
             photos.Add(ps);
             Photo pb = DrawPicture.CreateImage(image, 400, 400, imageName, urlB,
                         pathB, "B", logoPath);
             photos.Add(pb);
             image.Dispose();//释放对象占用的资源
             action.InsertPhoto(photos); //将图片信息保存到数据库
             repeaterPhotos.DataSource = action.GetImage();//重新绑定控件
             repeaterPhotos.DataBind();
          }
        }
 }
```

上述代码实现了图片上传并生成缩略图的功能，在代码中首先创建了一个 Action 的 action 对象，然后在 btn_Click 事件中调用 Image 类的 FromStream()方法获取上传的图片对象，最后调用 DrawPicture 的 CreateImage()方法创建并保存新图片，调用 action 的 InsertPhoto()方法将新图片信息存储到数据库。

7．添加 Repeater 控件

打开 Photos.aspx 文件，并向该页面中拖曳一个 Repeater 控件。在代码的 Repeater 标签中添加 HeaderTemplate、ItemTemplate 和 FooterTemplate 模板，并在 ItemTemplate 模板中添加两个 LinkButton 和一个 Image 控件，具体代码如下所示。

```
<div style="width: 980px;margin: 0 auto; height:70%">
   <asp:Repeater ID="repeaterPhotos" runat="server" >
     <HeaderTemplate><ul id="photos"></HeaderTemplate>
```

```
        <ItemTemplate><li style="margin:2px;padding:2px">
         <asp:Image ID="Image1" ImageUrl='<%# Eval("Url") %>'
                    runat="server"  /><br />
         <asp:LinkButton ID="titleLink" runat="server" Text='<%# Eval("Name") %>'
          CommandName="Show" CommandArgument='<%# Eval("Name") %>'>
         </asp:LinkButton>
         <asp:LinkButton ID="downloadLink" runat="server" CommandName = "Download"
         CommandArgument='<%# Eval("Name") %>'>下载</asp:LinkButton></li>
         </ItemTemplate><FooterTemplate></ul></FooterTemplate>
      </asp:Repeater>
  </div>
```

在上述代码的 Repeater 控件中，Image 控件用于展示缩略图，LinkButton 控件分别用于显示下载图片和展示大图的链接，并且为 LinkButton 控件设置了 CommandName 属性和 CommandArgument 属性。CommandName 属性存储的是操作名称，用于单击时区分单击的操作是预览还是下载，CommandArgument 属性用于存储需要操作的图片名称。

提示：页面布局以及样式请参见 Moudel5 解决方案下的 Lesson4 项目的 Photos.aspx 源代码。

8．获取缩略图

前端页面完成后，需要将所有的缩略图全部展示到界面上，此时需要编写获取所有缩略图信息的代码。在 Lesson4 项目的 Action 类中定义一个 GetImage()方法，此方法用于获取所有缩略图的数据，在该方法中编写代码，具体代码如下所示。

```
  public List<Photo> GetImage()
      {
          string sql=" select * from Photos where Sign='S' ";//查询所有小图片
          List<Photo> phonos = null;
          using (SqlDataReader reader = SqlHelper.ExecuteReader(sql))
          //获取数据
          {
              if (reader.HasRows) //确定是否获取到数据
              {
                  phonos = new List<Photo>();
                   while(reader.Read())//循环读取数据并封装到对象中
                   {
                      Photo p = new Photo();
                      p.ID = reader.GetInt32(0);
                      p.Name = reader.GetString(1);
                      p.Url = reader.GetString(2);
                      phonos.Add(p);
                  }
              }
          }
          return phonos;
      }
```

在上述代码的 GetImage()方法中，首先创建 SQL 查询语句用于查询 Photos 表中所有 Sign 列的值为 S 的数据，调用 SqlHelper 类的 ExecuteReader()方法执行查询操作并将查询的数据封装到对象中，最后返回对象集合。在页面加载的时候需要将这些缩略图展示出来，打开 Lesson4 中 Photos.aspx.cs 文件，在该文件的 Page_Load 事件中编写代码，具体代码如下所示。

```
protected void Page_Load(object sender, EventArgs e)
  {
        if (!IsPostBack) //非回传
        {
            repeaterPhotos.DataSource = action.GetImage();//设置数据源
            repeaterPhotos.DataBind();//绑定数据
        }
}
```

在上述代码中，通过调用 Action 的对象的 GetImage()方法获取图片，并将获取到的数据设置为 Repeater 控件的数据源，最后调用 Repeater 控件的 DataBind()方法绑定数据。

9．测试图片展示及上传等功能

完成上述代码的编写后开始测试图片上传以及展示的功能，将该项目设置为启动项，并将 Photos.apsx 设置为起始页。运行项目，运行结果如图 5-53 所示。

图 5-53 运行界面

如图 5-53 所示，页面展示成功，单击图中的【浏览...】按钮，弹出“选择要加载的文件”对话框，在弹出框中选择需要上传的图片，如图 5-54 所示。

图 5-54 文件选择

选择图 5-54 所示的图片并单击【打开】按钮后，页面的文件上传控件处显示被选中图片的路径，单击【上传】按钮，如图 5-55 所示。

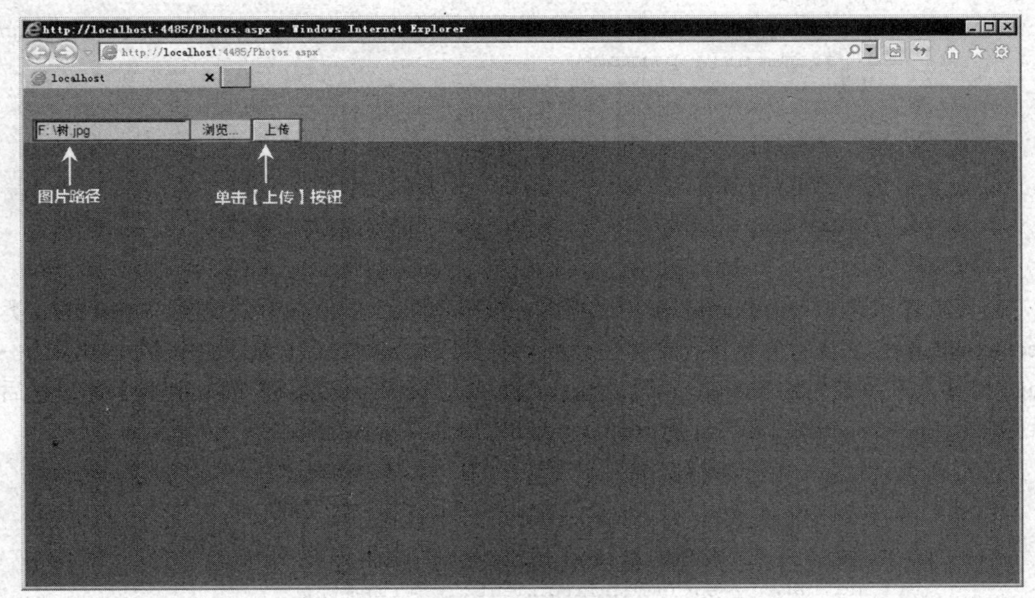

图 5-55　图片上传

当单击图 5-55 所示的【上传】按钮时，开始上传文件，当完成上传后页面被刷新，并且重新加载所有的缩略图，如图 5-56 所示。

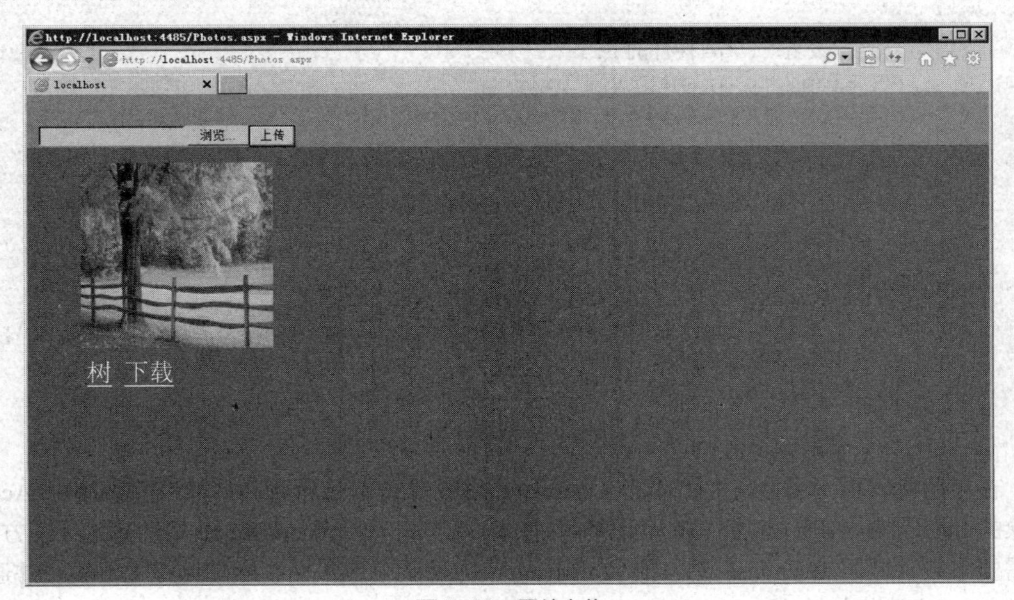

图 5-56　图片上传

10．实现下载和展示大图功能

如图 5-56 所示，图片展示功能已经实现，此时需要实现单击图 5-56 所示的图片名称时展示大图的功能。首先在 Action 类中定义一个 SelectPhotoUrl()方法，该方法用于指定图片的 url，在该方法中编写代码，具体代码如下所示。

```
public string  SelectPhotoUrl(string name ,string sign)
    {
        //查询语句
        string sql = "select url from Photos where name=@name and sign=@sign";
        SqlParameter[] parms ={
                    new SqlParameter("@name", name),
                    new SqlParameter("@sign",sign)
                  };
        //查询对应的地址
        string url = SqlHelper.ExecuteScalar(sql, parms).ToString();
        return url;
 }
```

在上述代码的 SelectPhotoUrl()中，首先创建 SQL 查询语句并调用 SqlHelper 类的 ExecuteScalar()方法执行查询操作并将值返回。打开 Photos.aspx 页面，在该页面中添加一个 Image 控件，并将控件的 Visible 属性设置为 false，即默认不显示该控件。完成上述设置后，找到页面中的 Repeater 控件并注册 ItemCommand 事件，具体代码如下所示。

```
    protected void repeaterPhotos_ItemCommand (object source,
                                    RepeaterCommandEventArgs e)
    {
       //获取触发事件的按钮的 CommandArgument 值
       string name = e.CommandArgument.ToString();
       //调用 SelectPhotoUrl()方法查询大图片的地址
       string url = action.SelectPhotoUrl(name, "B");
       //设置图片显示
       if(e.CommandName=="Show")
       {
          //设置 Image 控件的 url
          Bigphoto.ImageUrl = url;
          Bigphoto.Visible = true;
       }
       //设置图片下载
       else if (e.CommandName == "Download")
       {
         //为响应报文头添加保存文件项
         Response.AddHeader("Content-Disposition",
             "attachment;filename=" + Server. UrlEncode(Path. GetFileName(url)));
         //以文件的形式输出
         Response.WriteFile(Server.MapPath(url));
       }
}
```

在上述代码中，通过获取控件的 CommandArgument 属性得到图片的名称，调用 Action 对象的 SelectPhotoUrl()方法获取大图地址，并通过控件的 CommandName 属性确定处理方式，当需要下载时调用 Response 对象的 AddHeader()方法为响应报文头增加保存文件项，并通过 WriteFile()方法将其输出。

提示：Server.UrlEncode()表示 url 编码，由于编码方式不同，不对原始的 url 进行编码有可能会造成下载时出现图片名称乱码的情况。

11．测试下载和展示大图功能

完成上述代码的编写后，此时来测试展示大图以及下载的功能，为了方便测试再继续上传两张图片，上传完成后在页面的图片列表中单击任意图片名称，并切换图片再单击，运行结果如图 5-57 所示。

图 5-57　大图展示

如图 5-57 所示，当单击图片列表中图片的名称时，对应的大图图片将在列表下方显示出来。单击图片列表中图片下方的【下载】链接时，弹出“另存为”对话框，如图 5-58 所示。

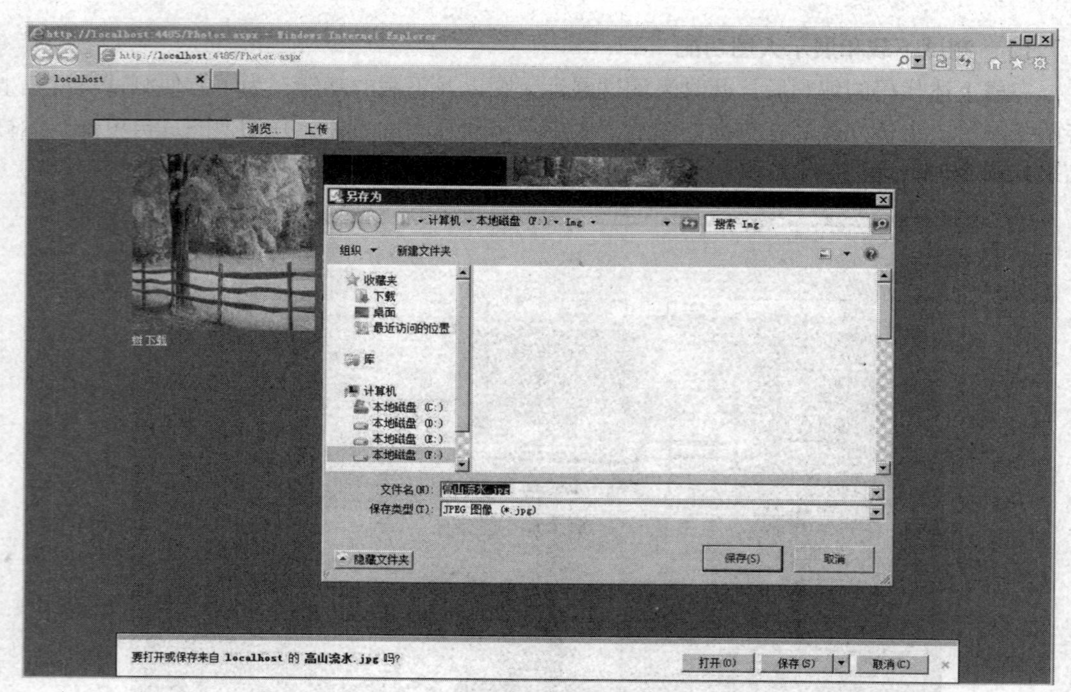

图 5-58　图片下载

在图 5-58 所示的对话框中选择图片保存的地址，并单击对话框中的【保存】按钮，保存成功后打开文件夹，结果如图 5-59 所示。

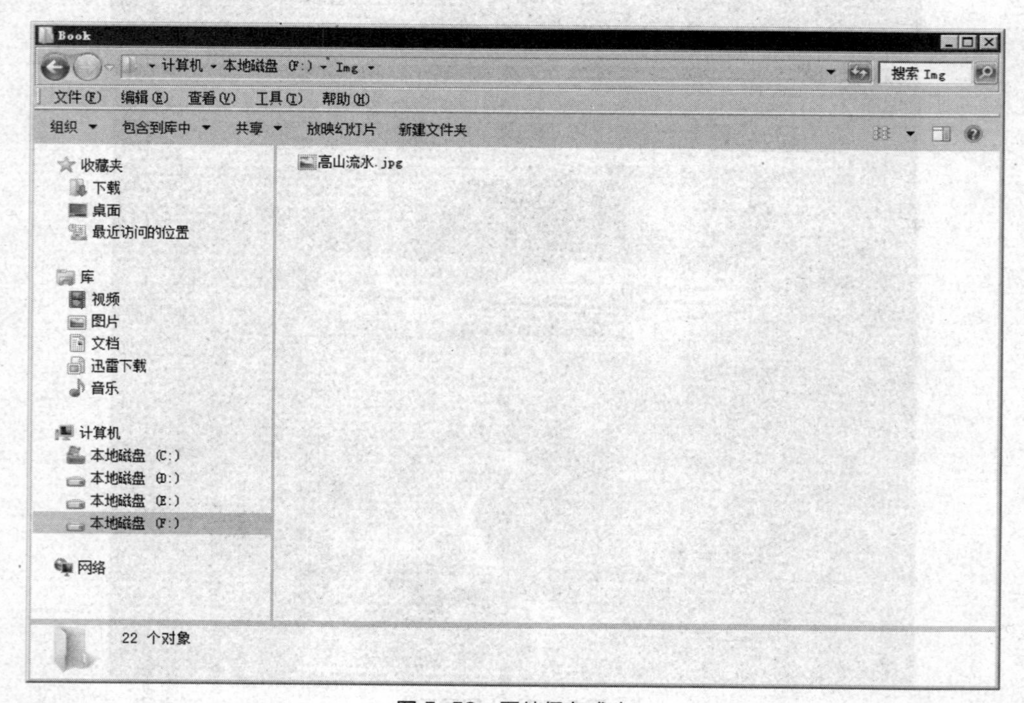

图 5-59　图片保存成功

由图 5-59 所示的窗口可知，图片保存成功，检测图片是否可以成功打开，如图 5-60 所示。

图 5-60 图片展示

【拓展深化】

1. AddHeader () 和 WriteFile () 方法

当响应报文中 HttpHandler 输出的是 html/txt/jpeg 等类型的信息，那么浏览器会将内容直接显示。如果希望弹出保存对话框，此时可以使用 Response.AddHeader()方法在响应头中增加如下内容，"Response.AddHeader("Content-Disposition", "attachment;filename=" + name);"，其中 filename 为保存文件名。而 WriteFile()方法用于将指定的文件直接写入 HTTP 响应输出流，参数表示图片的路径。

2. FileUpLoad 控件上传文件

FileUpload 控件显示一个文本框控件和一个浏览按钮，使用户可以选择客户端上的文件并将它上载到 Web 服务器。用户通过在控件的文本框中输入本地计算机上文件的完整路径（例如，C:\MyFiles\TestFile.txt）来指定要上载的文件，也可以通过单击【浏览】按钮，然后在"选择文件"对话框中选择文件。

用户选择要上载的文件后，FileUpload 控件不会自动将该文件保存到服务器。必须显式提供一个控件或机制，使用户能提交指定的文件。例如可以提供一个按钮，用户单击它即可上载文件。为保存指定文件需要编写代码调用 SaveAs()方法，该方法的作用是将文件内容保存到服务器上的指定路径。

测一测

学习完前面的内容，下面来动手测一测吧，请思考以下问题。

1. Image 控件和 Image 类分别有什么作用？
2. 网站中，注册或登录时验证码的功能是怎么实现的？

扫描右方二维码，查看【测一测】答案！

5.5 本章小结

【重点提炼】

本章主要讲解了一些常用的基本 Web 控件和数据绑定控件，重点讲解了数据验证控件、Repeater 控件、ListView 等控件的使用方法，并通过具体案例进行演示，具体内容如表 5-8 所示。

表 5-8 第 5 章重点内容

小节名称	知识重点	案例内容
5.1 小节	Web 服务器控件功能、验证控件的使用	使用 Web 控件实现用户注册
5.2 小节	Repeater 控件的使用	使用 Repeater 控件实现学生信息增、删、查、改与分页功能
5.3 小节	ListView 控件的使用、DataPager 控件的使用	ListView 控件与 DataPager 控件实现图书信息增、删、查、改及分页功能的案例
5.4 小节	图片上传控件、缩略图、图片加水印	图片处理

PART 6

第 6 章 异步处理

——不刷新页面请求数据

学习目标

当一个网站中需要展示的数据量比较大时，通常都会使用分页处理，但是当用户进行翻页浏览时，刷新整个页面会影响用户体验，本章学习的异步处理就是用于实现不刷新当前页面来显示不同的数据内容，在学习过程中大家需要掌握以下内容。

- 能够使用异步操作请求数据
- 能够掌握异步分页技术的使用
- 能够使用 jQuery UI 框架编写前端页面

情景导入

小张在一家公司做.NET 开发，上个月向客户提交了新闻网站的项目并正式运营。前几天该客户联系了小张，反映在浏览新闻页面查看新闻不同页的数据时，网页重新刷新加载速度有点慢，而且用户体验也不是很好，希望能解决一下这个问题。小张与同事经过讨论，决定修改加载新闻数据的代码，这些代码将使用异步技术来实现，实现原理如图 6-1 所示。

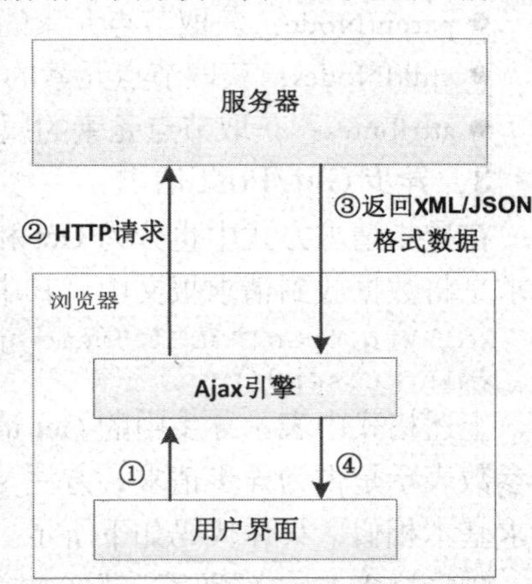

图 6-1　异步请求过程

图 6-1 所示为通过 Ajax 实现异步操作的原理图，Ajax 可以实现更新数据的同时不刷新页面的功能。当用户在界面上查看下一页新闻时，首先由 Ajax 引擎对请求报文进行处理，在对请求报文进行处理时定义返回数据的格式为 XML 或者 JSON，然后再将 HTTP 请求发送到服务器。服务器对接收到的请求报文进行分析，返回对应格式的数据给浏览器。浏览器接收到数据后由 Ajax 引擎对界面数据进行更新操作，并且不会影响到当前页面的其他内容。

6.1 异步登录

异步实际是一种处理事物的方式，比如走路的同时可以听音乐，听音乐并不会影响走路，这两件事可以同时进行。同样在程序中也可以这样做，当一个页面运行的时候，通过异步操作可以实现不影响当前页面正常浏览的情况下执行其他操作，也就是异步可以实现网页的无刷新更新数据操作的原因。

【知识讲解】

1．异步的概念

异步也称为AJAX，即Asynchronous JavaScript And XML，表示异步的JavaScript和XML。异步不是一种编程语言而是一种应用技术，实现异步功能的代码要写在<Script>标签中。在学习异步之前需要对HTML、CSS、JavaScript DOM的知识有一定了解。

2．DOM操作简介

DOM全称为“文档对象模型”，因为网页是由HTML的节点标签组成，为了能灵活操作页面上的元素标签，相关组织制定了 DOM 标准，该标准中提供了很多方法可以灵活操作页面上的元素标签，具体讲解如下所示。

（1）常用的Dom方法

- getElementById(id)：获取带有指定id的节点元素。
- appendChild(node)：插入新的子节点元素。
- removeChild(node)：删除子节点元素。
- getElementsByTagName()：获取带有标签名称的元素节点。
- getElementsByClassName()：获取带有指定样式名的元素节点。

（2）常用Dom属性

- innerHTML：获取节点元素的文本值。
- parentNode：获取节点元素的父节点。
- childNodes：获取节点元素的子节点。
- attributes：获取节点元素的属性节点。

3．异步Get/Post请求

在异步请求方式中也分为Get和Post请求，Get请求是将数据放在请求的Url中，而Post请求是将数据放到请求报文中。其中，使用异步方式发送get请求的具体代码如下所示。

```
xmlhttp.open("GET","demo_get.aspx",true);
xmlhttp.send();
```

上述格式中表示异步中的Get请求方式，第2个参数表示接收数据的页面处理程序，第3个参数表示是否为异步请求，方法send()表示请求开始发送。而Post请求的实现代码与Get请求基本相似，具体代码如下所示。

```
xmlhttp.open("POST","demo_post.aspx",true);
xmlhttp.send();
```

上述代码实现了Post请求，与Get请求的区别在于请求方式的第1个参数不同，填写为“POST”就表示发送Post请求，其他参数的含义与Get请求一致。

【动手实践】

在学习完相关的异步基础知识后，接下来通过一个简单的异步登录案例来学习异步操作在实际代码中的使用，大家一起动手练练吧！

1．创建登录界面

打开 Visual Studio，创建一个名称为“AjaxLogin”的 ASP.NET Web 应用程序，在该应用程序中添加一个名称为“Login.aspx”的 Web 窗体程序，编写程序的界面代码如下所示。

```
<body>
    <form id="form1" runat="server">
    <div>
        <table>
            <tr>
                <td>用户名：</td>
                <td>
                    <input type="text" id="txtName" />
                </td>
            </tr>
            <tr>
                <td>密码：</td>
                <td>
                    <input type="password " id="txtPwd" />
                </td>
            </tr>
                <tr>
                <td colspan="2">
                    <input type="button" value="登录" id="btnLogin"/>
                </td>
            </tr>
       </table>
    </div>
    </form>
</body>
```

上述代码中，通过一个 table 布局实现一个登录界面，其中包括一个 type=“text”的 input 控件、一个 type=“password”的 input 控件和一个 type=“button”的 input 控件，在项目中选中该文件并用鼠标右键单击，在弹出的命令菜单中单击【在浏览器中查看】命令，运行结果如图 6-2 所示。

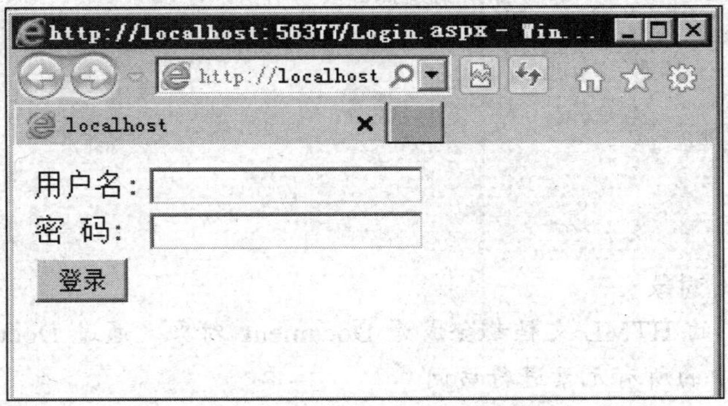

图 6-2 运行结果

2. 实现异步操作

由图 6-2 所示的页面可知，页面被成功展示出来。在页面中编写异步操作的 JavaScript 代码，这些代码放在<script></script>标签中，并将<script></script>放于<head>标签内，具体实现代码如下所示。

提示：<script></script>标签及其代码可以放于<head>和<body>标签的任意位置，一般习惯放于<head>标签内。

```
<script type="text/javascript">
        window.onload = function () {
            var btnLogin = document.getElementById("btnLogin");
            btnLogin.onclick = function () {
                //发送异步请求
                var xhr;
                if (XMLHttpRequest) {
                    //创建异步对象
                    xhr = new XMLHttpRequest();
                }
                else {
                    xhr = new ActiveXObject("Microsoft.XMLHTTP");
                }
                //拿到用户名密码
                var txtName = document.getElementById("txtName");
                var txtPwd = document.getElementById("txtPwd");
                //由于是 get 请求，所以要将数据拼接到 url 上
                var strUrl = "ProcessLogin.ashx?name=" + txtName.value + "&pwd=" +
                                 txtPwd.value;
                //提交到后台地址,是否异步
                xhr.open("Get", strUrl, true);
                xhr.send();
                //上面发送了异步请求，然后监控页面状态
                xhr.onreadystatechange = function () {
                    if (xhr.readyState == 4 && xhr.status == 200) {
                        if (xhr.responseText == "ok") {
                            window.location.href = "main.aspx";
                        }
                        else {
                            //如果错误就直接弹出错误警告
                            alert(xhr.responseText);
                        }
                    };
                };
            };
        };
</script>
```

讲解：Document 对象

每个载入浏览器的 HTML 文档都会成为 Document 对象。通过 Document 对象可以从脚本中对 HTML 页面中的所有元素进行访问。

上述代码中，通过 document.getElementById()获取登录按钮，然后给该按钮添加 onclick

单击事件，在该事件中来实现异步操作。异步操作分三个步骤，首先创建异步对象 XMLHttpRequest，然后通过 open()方法确定异步请求方式并调用 send()方法发送请求，最后用异步对象的 onreadystatechange 属性监听页面状态并作出处理。

3．添加处理异步请求的一般处理程序

完成上述发送异步请求的 JavaScript 脚本代码后，接下来编写处理异步请求的代码，在 AjaxLogin 应用程序下添加一个名称为“ProcessLogin.ashx”的一般处理程序和名称为“main.aspx”的 Web 页面，并在“ProcessLogin.ashx”一般处理程序中编写代码，具体代码如下所示。

```
public void ProcessRequest(HttpContext context)
    {
            context.Response.ContentType = "text/plain";
            //获取用户名密码
            string txtName=context.Request["name"];
            string txtPwd=context.Request["pwd"];
            if (txtName == "itcast" && txtPwd == "123456")
            {
                context.Response.Write("ok");
            }
            else
            {
                context.Response.Write("用户名密码错误");
            }
    }
```

上述代码用于接收登录页面异步提交过来的 get 请求，并获取用户名、密码校验，当用户名和密码都正确时返回“ok”，错误则返回提示信息。返回的信息交给步骤 2 代码中的 xhr.onreadystatechange 函数进行处理，当用户名为 itcast，密码为 123456 时返回值为 ok，通过 window.location.href 将页面跳转到 main.aspx 主页。下面运行程序，输入用户名“itcast”和密码“123789”，效果如图 6-3 所示。

在图 6-3 所示的页面中，单击【登录】按钮，由于正确密码是“123456”，弹出密码错误的提示框，运行结果如图 6-4 所示。

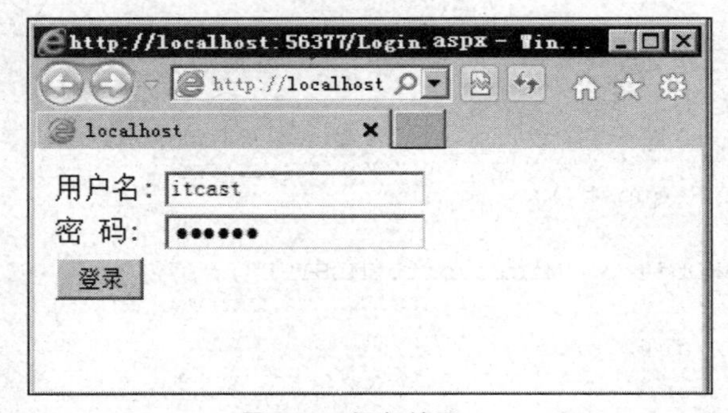

图 6-3　运行结果

图 6-4　运行结果

当登录失败时，重新运行程序，输入正确的用户名“itcast”和密码“123456”，单击【登录】按钮，运行结果如图 6-5 所示。

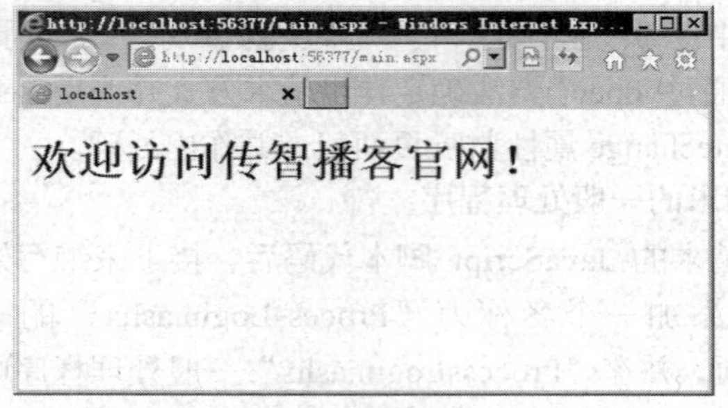

图6-5　运行结果

4. 封装异步方法

异步发送请求的代码经常使用，代码内容基本一致，需要改变的只有请求的方式、请求的地址以及返回响应时执行的方法，所以可以将发送异步请求的代码封装到一个方法中，封装后的代码如下所示。

```
<script type="text/javascript">
        window.onload = function () {
            var btnLogin = document.getElementById("btnLogin");
            btnLogin.onclick = function () {
                var txtName = document.getElementById("txtName");
                var txtPwd = document.getElementById("txtPwd");
                var strUrl = "ProcessLogin.aspx?name=" + txtName.value + "&pwd=" +
                                txtPwd.value;
               //调用封装的异步方法 myAjax
                myAjax("get", strUrl, function (data) {
                    if (data == "ok") {
                        window.location.href = "main.aspx";
                    } else {
                        alert(data);
                    }
                });
            };
        };
          //封装后的方法
        function myAjax(httpMethod, url, callback) {
            //发送异步请求
            var xhr;
            if (XMLHttpRequest) {
                xhr = new XMLHttpRequest();
            } else {
                xhr = new ActiveXObject("Microsoft.XMLHTTP");
            }
            xhr.open(httpMethod, url, true);
            xhr.send();
            xhr.onreadystatechange = function () {
                if (xhr.readyState == 4 && xhr.status == 200) {
                    callback(xhr.responseText);
                }
            };
        }
    </script>
```

提示：在上述代码中，“xhr=new XMLHttpRequest();”和“xhr=new ActiveXObject ("Microsoft.XMLHTTP");”主要用于兼容性的判断，有些 IE 浏览器的版本只支持 ActiveXObject 对象，并且只有 IE 才支持 ActiveXObject 对象。

上述代码将 open()方法中的请求方式、请求地址、返回响应后执行的操作函数等 3 个参数作为封装后的 myAjax()方法的参数，在执行异步操作时调用方法并传递相应参数。运行程序，输入用户名、密码后，运行效果跟上面相同，此处不做演示。

5．jQuery 异步操作

虽然我们已经封装好了异步处理的方法，使用起来也很简单，但是始终适应不了各种需求的变化，针对此问题，john Resig（jQuery 的创始人）封装了一些常用的 JavaScript 操作的库，称为 jQuery。我们要在项目中使用 jQuery 需要先在项目中导入 jQuery-2.1.1.js 文件，导入后的项目结构如图 6-6 所示。

图 6-6　项目结构

如图 6-6 所示，成功导入了 jQuery 文件，现在就可以在程序中直接使用 jQuery 代码了。下面我们通过使用 jQuery 来实现上面的异步登录操作，修改<Script>标签中的代码如下所示。

```
<script src="JQuery-2.1.1.min.js"></script>
   <script type="text/javascript">
       $(function () {
           $("#btnLogin").click(function () {
               var txtName = $("#txtName").val();
               var txtPwd = $("#txtPwd").val();
               $.get("ProcessLogin.ashx", { name:txtName, pwd:txtPwd },
               function (data) {
                   if (data == "ok") {
                       window.location.href = "main.aspx";
                   }
                   else {
                       alert("用户名密码错误");
                   }
               });
           });
       });
   </script>
```

上述代码中实现了使用 jQuery 实现异步方式发送 get 请求的功能。其中，通过 click()方法实现单击事件，通过 val()方法获取标签的文本值，通过 get()方法进行异步提交操作。其中，

get()方法的第 1 个参数表示发送请求的后台页面地址，第 2 个参数表示发送到后台的数据，第 3 个参数表示后台返回的数据。重新运行项目，效果如图 6-7 所示。

在图 6-7 所示的页面中输入正确的用户名和密码，然后单击【登录】按钮，注意观察地址栏中的地址是否改变。执行完成后，页面跳转，如图 6-8 所示。

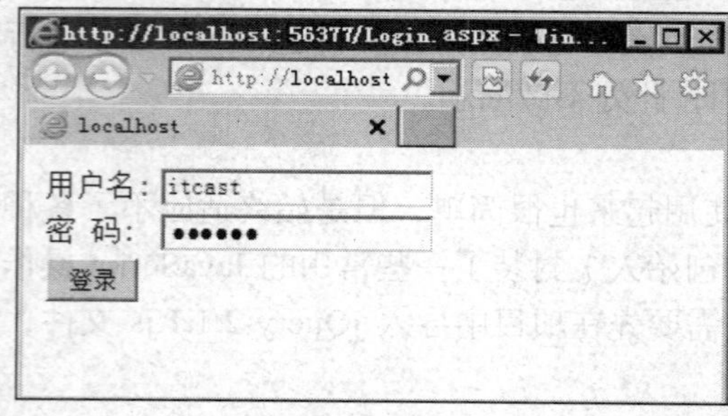

图 6-7 运行结果

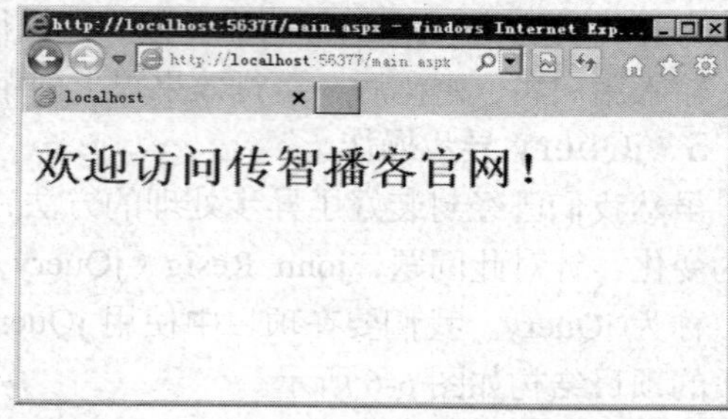

图 6-8 运行结果

【拓展深化】

1. 异步对象的请求和响应

异步对象是指 XMLHttpRequest，该对象中最常用的两个方法为 open()和 send()方法，open()方法用于规定请求的类型、URL 以及是否是异步请求，send()方法用于将请求发送到服务器。该对象包含的两个属性用于响应处理，responseText 用于获取字符串形式的响应数据，responseXML 获得 XML 形式的响应数据。

2. status 属性和 readyState 属性

XMLHttpRequest 对象的 status 属性表示页面的状态。状态码 200 表示页面响应完毕，返回“ok”；状态码 404 表示页面未找到，返回文字“未找到页面”。而 readyState 属性用于存储 XMLHttpRequest 的状态信息，其状态从 0 到 4 发生改变，表达的含义如表 6-1 所示。

表 6-1 readyState 属性

属性值	描述
0	请求未初始化
1	服务器连接已建立
2	请求已接收
3	请求处理中
4	请求已完成，且响应已就绪

3. XML 格式

XML 是一种可扩展的标记语言，跟 HTML 类似，不同的是 XML 的标签节点都是由自己定义的，然后自己再根据自己定义的节点名称来解析，这样就具有较高的灵活性和高效性，通常用来进行数据传输的工作。下面以用户登录信息为例，定义一个 XML 文本格式，代码如下所示。

```
<?xml version="1.0" encoding="utf-8" ?>
<userInfo>
  <name>itcast</name>
  <password>123456</password>
</userInfo>
```

4．JSON 文本格式

JSON 是另外一种文本存储格式，跟 XML 类似，但比 XML 数据量更小、传输速度更快、解析更加简洁。上面存储用户登录信息的 XML 格式，用 JSON 来存储的话，代码如下所示。

```
{
"userInfo": [
      { "name":"itcast" , "password":"123456" },
      { "name":"itcast1" , "password":"1234561" }
   ]
}
```

测一测

学习完前面的内容，下面来动手测一测吧，请思考以下问题。

1. Ajax 异步方式请求数据有哪些优点？
2. 在使用 Ajax 请求服务器时出现错误，如何调试？

扫描右方二维码，查看【测一测】答案！

6.2 异步分页

在实际项目开发中，经常会使用异步分页技术。当需要在网页上展示较多数据时，往往一个页面无法完全展示，所以通常都会将数据分页展示，由于变化的内容只是网页中的一部分，通常都是使用异步分页来实现，以便提高用户体验。

【知识讲解】

1．分页技术实现原理

当需要将网页上的数据进行分页浏览时，就需要使用分页技术，实际上就是当单击某一页的链接时，将该页的数据查询出来，需要知道以下几个参数。

- Total：数据的总条数，用于计算总共有多少页来显示分页标签。
- PageSize：每页显示多少条数据（设定一个默认值）。
- PageIndex：当前需要单击的页码（设定一个默认值，一般默认值为 1 即首页）。

实现原理：例如要显示第 5 页数据，默认每页 5 条数据。

① 根据当前页码 pageIndex，每页显示多少条数据 pageSize，算出前面有 20 条数据。

② 查询出前面的 20 条数据根据 ID 排序，然后再查询这前 20 条数据的后 5 条数据，也就是第 21~25 条数据。

2．分页 SQL 语句解析

在编写分页查询 SQL 语句时，需要用到嵌套查询，内层查询需要查询数据的前多少条。比如每页 5 条数据，显示第 5 页数据，那么内层查询就是查询前 20 条数据，然后在外层查询中查询 ID 不在内层查询中的数据的前 5 条数据，具体代码如下所示。

```
int totalSize = pageSize * (pageIndex - 1);
string pageSql = "select top @pageSize ID,title,Date,people from
Itcast_Main where (ID not in (select top @totalSize ID from
Itcast_Main order by ID))order by ID";
```

【动手实践】

在学习完第6.1小节异步的基础知识以及本小节讲解的分页知识后，下面通过一个异步分页的案例来巩固和加深大家对异步知识的掌握，大家一起动手来练练吧！

1．实现前端界面

在实际项目中会根据具体需要展示的数据类型来编写前端界面代码，这里我们只展示一个课程列表信息，创建一个项目名称为“AjaxPaging”的ASP.NET Web应用程序，在项目中创建一个Main.html页面，实现一个课程展示的列表，具体代码如下所示。

```
<head>
<meta http-equiv="Content-Type" content="text/html; charset=utf-8"/>
   <title></title>
</head>
<body>
    <table>
        <thead>
            <tr>
                <th>课程编号</th>
                <th>课程名称</th>
                <th>发布时间</th>
                <th>发布人员</th>
            </tr>
        </thead>
</table>
</body>
```

上述代码实现了基本的课程信息表的展示页面，但是表格中没有具体的数据，所以需要通过异步方式来获取数据库中关于课程信息的数据。接下来在项目中创建一个Model_Main.cs实体模型类，该类的对象用于保存从数据库中查询到的数据，其具体代码如下所示。

```
public  class Model_Main
    {
        private int _id;
        private string _title;
        private DateTime _date;
        private string _people;
        public int ID
        {
            set{ _id=value;}
            get{return _id;}
        }
        public string title
        {
            set{ _title=value;}
            get{return _title;}
        }
        public DateTime Date
        {
            set{ _date=value;}
            get{return _date;}
        }
        public string people
        {
```

```
            set{ _people=value;}
            get{return _people;}
        }
    }
```

上述代码中实现了一个课程信息表的数据实体模型类，该类中的属性与数据表中需要查询的字段一一对应。

2．查询数据库中的数据

创建完实体模型后，接下来就可以进行数据库查询操作了，首先在 web.config 配置文件中添加数据库连接字符串，具体代码如下所示。

```
<connectionStrings>
    <add name="itcast"
      connectionString="server=.;uid=sa;pwd=123456;database=itcast"/>
  </connectionStrings>
```

上述代码中，name 表示连接字符串的名字，server 表示服务器的名字，如果是本地数据库可以使用“.”来表示，uid 表示数据库登录的用户名，pwd 表示数据库登录的密码，database 表示要查询的数据库名称。接下来在项目中添加 SqlHelper 工具类，在工具类中扩展查询数据的 Query()方法，具体代码如下所示。

```
public static DataSet Query(string SQLString, params SqlParameter[] pms)
    {
        DataSet ds = new DataSet();
        using (SqlDataAdapter adapter = new SqlDataAdapter(SQLString, constr))
        {
            if (pms != null)
            {
                adapter.SelectCommand.Parameters.AddRange(pms);
            }
            adapter.Fill(ds);
        }
        return ds;
    }
```

上述代码实现了查询数据库中的数据，并以 DataSet 数据集合的方式返回。其中，参数 SQLString 表示需要查询的 SQL 语句字符串，参数 pms 表示参数化查询对象。当获取到数据库中的数据集合之后需要将它展示到 Main.html 中的 Table 表格上，由于数据库返回的是一个 DataSet 集合，需要对数据进行解析，在项目中添加一个 GetNewList.cs 类，并在该类中编写代码，具体代码如下所示。

```
public class GetNewList
    {
        //遍历数据表中有多少行并调用 DataRowToModel 方法
        public  List<Model_Main> DataTableToList(DataTable dt)
        {
            List<Model_Main> modelList = new List<Model_Main>();
            int rowsCount = dt.Rows.Count;
            if (rowsCount > 0)
            {
                Model_Main model;
                for (int n = 0; n < rowsCount; n++)
                {
                    model = DataRowToModel(dt.Rows[n]);
```

```
                if (model != null)
                {
                    modelList.Add(model);
                }
            }
        }
        return modelList;
    }
    //将每一行的数据保存到到实体类中，返回数据实体对象
    public Model_Main DataRowToModel(DataRow row)
    {
        Model_Main model = new Model_Main();
        if (row != null)
        {
            if (row["ID"] != null && row["ID"].ToString() != "")
            {
                model.ID = int.Parse(row["ID"].ToString());
            }
            if (row["title"] != null)
            {
                model.title = row["title"].ToString();
            }

            if (row["Date"] != null && row["Date"].ToString() != "")
            {
                model.Date = DateTime.Parse(row["Date"].ToString());
            }
            if (row["people"] != null)
            {
                model.people = row["people"].ToString();
            }
        }
        return model;
    }
}
```

上述代码实现了将 DataTable 中的数据逐行读取并保存到数据实体 Model_Main 对象中，最终返回实体对象的 List 集合。其中 DataTableToList()方法用于遍历 DataTable 中的数据，而 DataRowToModel()方法用于将每一行的数据赋值给 Model_Main 模型对象。

3．将数据显示到界面上

实现了数据库中的数据查询和处理后，接下来就可以将数据显示到界面上了，在项目中创建一个名称为“LoadAllNews.ashx”的一般处理程序，并编写展示数据的代码，具体代码如下所示。

```
public void ProcessRequest(HttpContext context)
    {
        context.Response.ContentType = "text/plain";
        //获取数据库中的所有数据
        string pageSql= "select ID,title,Date,people from Itcast_Main";
        DataSet ds = SqlHelper.Query(pageSql,null);
        GetNewList newList = new GetNewList();
        List<Model_Main> listData = newList. DataTableToList(ds. Tables[0]);
```

```
        //获取一个 model 实体的对象，直接转换成 js 数组、字符串
        JavaScriptSerializer jsJavaScriptSerializer = new
                                JavaScriptSerializer();
        //序列化只能序列化一个类型
        string jsonStr = jsJavaScriptSerializer.Serialize(listData);
        context.Response.Write(jsonStr);
    }
```

上述代码实现了从数据库中查询所有数据并返回给请求页面。其中，调用 SqlHelper 中的 Query()方法从数据库中查询数据，然后通过 DataTableToList()方法将数据转换成数据实体对象集合，最后通过 JavaScriptSerializer 对象将实体对象转换成 Json 格式输出。接下来在 Main.html 中发送异步请求展示数据，具体代码格式如下所示。

```
<head>
<meta http-equiv="Content-Type" content="text/html; charset=utf-8"/>
<title></title>
<script src="javascript/JQuery-2.1.1.min.js"></script>
    <script type="text/javascript">
        $(function () {
            initTable();
        });
        //初始化表格
        function initTable() {
            $.ajax({
                url: "LoadAllNews.ashx",
                data: "",
                dataType: "json",//后台返回数据的类型
                type: "post",//请求类型
                  success: function (data) {
                    $("#tbBody").html("");
                    for (var key in data) {
                        var dateStr = "2014-10-11";
                        var strTr = "<tr>";
                        strTr += "<td>" + data[key].ID + "</td>";
                        strTr += "<td>" + data[key].title + "</td>";
                        strTr += "<td>" + dateStr + "</td>";
                        strTr += "<td>" + data[key].people + "</td>";
                        strTr += "</tr>";
                        $("#tbBody").append(strTr);
                    }
                }
            });
        }
   </script>
</head>
<body>
    <table>
        <thead>
            <tr>
                <th>课程编号</th>
                <th>课程名称</th>
                <th>发布时间</th>
                <th>发布人员</th>
```

```
            </tr>
        </thead>
        <tbody id="tbBody"></tbody>
    </table>
</body>
```

提示：ajax()是发送异步请求的方法，该方法既可以发送 post 请求也可以发送 get 请求。

上述代码实现了将从 LoadAllNews.ashx 获取到的数据以表格的形式显示到页面上，其中通过异步 post 方式发送请求，并在 initTable()方法中对数据进行遍历，然后通过 id 选择器获取到<tbody>标签，并将数据追加到对应位置，运行程序效果如图 6-9 所示。

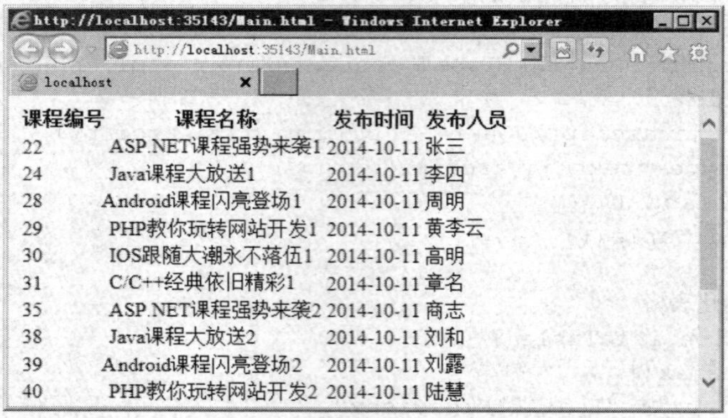
http://localhost:35143/Main.html - Windows Internet Explorer
http://localhost:35143/Main.html
localhost
课程编号 课程名称 发布时间 发布人员
22 ASP.NET课程强势来袭1 2014-10-11 张三
24 Java课程大放送1 2014-10-11 李四
28 Android课程闪亮登场1 2014-10-11 周明
29 PHP教你玩转网站开发1 2014-10-11 黄李云
30 IOS跟随大潮永不落伍1 2014-10-11 高明
31 C/C++经典依旧精彩1 2014-10-11 章名
35 ASP.NET课程强势来袭2 2014-10-11 商志
38 Java课程大放送2 2014-10-11 刘和
39 Android课程闪亮登场2 2014-10-11 刘露
40 PHP教你玩转网站开发2 2014-10-11 陆慧

图 6-9 课程信息展示列表

4．添加表格样式

为了让课程信息列表看起来更加美观，接下来在程序中添加表格的 CSS 样式，将编写好的 CSS 样式文件 tableStyle.css 添加到项目中，并在 Main.html 页面中直接引用。表格样式添加完毕后，重新运行程序，效果如图 6-10 所示。

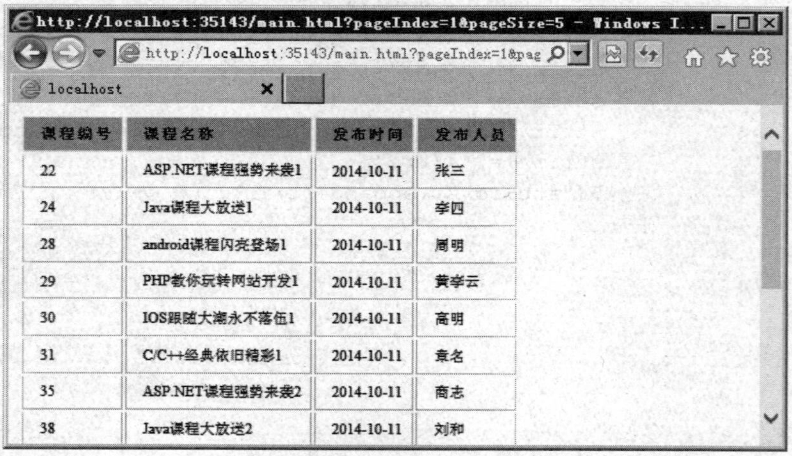
http://localhost:35143/main.html?pageIndex=1&pageSize=5 - Windows I...
http://localhost:35143/main.html?pageIndex=1&pag
localhost
课程编号 课程名称 发布时间 发布人员
22 ASP.NET课程强势来袭1 2014-10-11 张三
24 Java课程大放送1 2014-10-11 李四
28 android课程闪亮登场1 2014-10-11 周明
29 PHP教你玩转网站开发1 2014-10-11 黄李云
30 IOS跟随大潮永不落伍1 2014-10-11 高明
31 C/C++经典依旧精彩1 2014-10-11 章名
35 ASP.NET课程强势来袭2 2014-10-11 商志
38 Java课程大放送2 2014-10-11 刘和

图 6-10 添加表格样式后的数据表

5．添加分页标签

数据正确显示后，接下来实现数据的分页功能。首先在页面上添加分页标签，在实际开发中为了提高开发效率，通常都会使用一些已经写好的工具类来实现分页标签的功能。在项目中添加 Paging.cs 类和分页的样式 NavPager.css，接下来修改 LoadAllNews.ashx 中的代码将分页的 HTML 代码输出到 Main.html 中，具体代码如下所示。

```
public void ProcessRequest(HttpContext context)
    {
        context.Response.ContentType = "text/plain";
        //默认显示第一页数据，默认显示 5 条
        int pageSize = int.Parse(context.Request["pageSize"]??"5");
        int pageIndex = int.Parse(context.Request["pageIndex"]??"1");
        int total = 0;
        //查询数据库中数据的总条数
        string sql = "select count(*) from Itcast_Main";
        total = Convert.ToInt32(SqlHelper.ExecuteScalar(sql));
        //获取数据库中的数据
        string pageSql= "select ID,title,Date,people from Itcast_Main";
        DataSet ds = SqlHelper.Query(pageSql,null);
        GetNewList newList = new GetNewList();
        List<Model_Main> listData = newList. DataTableToList(ds. Tables[0]);
        //返回分页超链接标签
        string strNavHtml = Paging.ShowPageNavigate(pageSize, pageIndex, total);
        JavaScriptSerializer jsJavaScriptSerializer = new
                          JavaScriptSerializer();
        //将数据对象集合和分页标签合并成一个匿名对象
        var data = new { NewsList = listData, NavHtml = strNavHtml };
        //将合并后的数据对象序列化
        string jsonStr = jsJavaScriptSerializer.Serialize(data);
        context.Response.Write(jsonStr);
    }
```

上述代码实现了将分页标签和数据一起输出到前端页面。其中，调用了 Paging 工具类的 ShowPageNavigate()方法获取分页标签，该方法需要传递 3 个参数，参数 pageSize 表示每一页显示的数据条数，pageIndex 表示当前浏览的页码，total 表示数据的总条数。然后将数据和分页标签字符串封装到匿名对象 data 中，并进行序列化操作，最后返回给 Main.html 和 LoadAllNews.ashx 的数据内容发生改变，所以异步请求处理的代码也需要进行修改，具体代码如下所示。

```
<script type="text/javascript">
    $(function () {
        initTable(); //初始化表格
    });
    //初始化表格
    function initTable() {
        $.ajax({
            url: "LoadAllNews.ashx",
            data: "",//发送后台数据
            dataType: "json",//后台返回数据的类型
            type: "post",//请求类型
            success: function (data) {
                $("#tbBody").html("");
                for (var i in data.NewsList) {
                    var dateStr = "2014-10-11";
                    var strTr = "<tr>";
                    strTr += "<td>" + data.NewsList[i].ID + "</td>";
```

```
                    strTr += "<td>" + data.NewsList[i].title + "</td>";
                    strTr += "<td>" + dateStr + "</td>";
                    strTr += "<td>" + data.NewsList[i].people + "</td>";
                    strTr += "</tr>";
                    $("#tbBody").append(strTr);
                }
                //添加分页标签
               $("#NavLink").html(data.NavHtml);
            }
        });
    }
  </script>
</head>
<body>
    <table>
        <thead>
            <tr>
                <th>课程编号</th>
                <th>课程名称</th>
                <th>发布时间</th>
                <th>发布人员</th>
            </tr>
        </thead>
        <tbody id="tbBody">
        </tbody>
    </table>
    <!--显示分页标签-->
    <div id="NavLink" class="paginator">
    </div>
</body>
```

上述代码实现了将课程信息数据和分页标签显示到页面的功能。由于 LoadAllNews.ashx 返回的数据包括课程信息数据和分页标签数据，需要遍历 data.NewsList 分别获取课程信息并显示出来，而 data.NavHtml 直接就是分页标签的 HTML 字符串代码。运行程序，效果如图 6-11 所示。

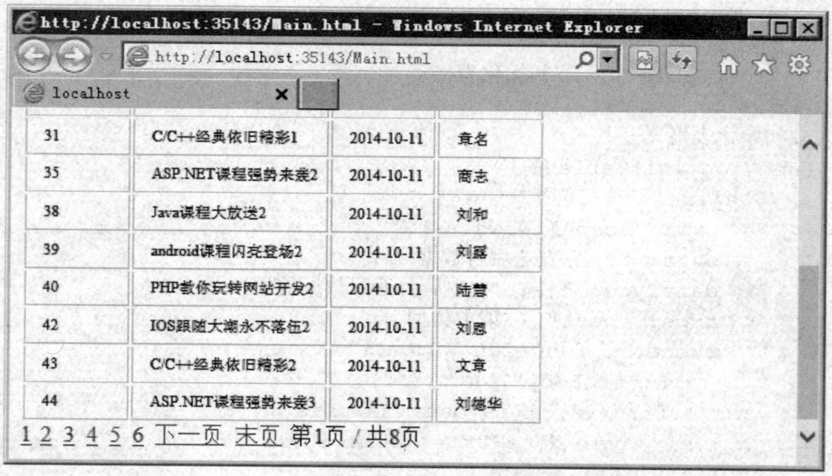

31	C/C++经典依旧精彩1	2014-10-11	章名
35	ASP.NET课程强势来袭2	2014-10-11	商志
38	Java课程大放送2	2014-10-11	刘和
39	android课程闪亮登场2	2014-10-11	刘磊
40	PHP教你玩转网站开发2	2014-10-11	陆慧
42	IOS跟随大潮永不落伍2	2014-10-11	刘恩
43	C/C++经典依旧精彩2	2014-10-11	文章
44	ASP.NET课程强势来袭3	2014-10-11	刘德华

1 2 3 4 5 6 下一页 末页 第1页 / 共8页

图 6-11　显示分页标签

在图 6-11 所示的页面中，将数据和分页标签成功地显示出来，但是这个分页标签显示的效果不够美观，接下来在该页面中添加分页标签的样式文件 NavPager.css 的引用。重新运行程序，效果如图 6-12 所示。

http://localhost:35143/Main.html - Windows Internet Explorer
http://localhost:35143/Main.html
localhost

31	C/C++经典依旧精彩1	2014-10-11	章名
35	ASP.NET课程强势来袭2	2014-10-11	商志
38	Java课程大放送2	2014-10-11	刘和
39	android课程闪亮登场2	2014-10-11	刘鑫
40	PHP教你玩转网站开发2	2014-10-11	陆慧
42	IOS跟随大潮永不落伍2	2014-10-11	刘恩
43	C/C++经典依旧精彩2	2014-10-11	文章
44	ASP.NET课程强势来袭3	2014-10-11	刘德华

1 2 3 4 5 6 下一页 末页 第1页 / 共8页

图 6-12 添加分页标签样式

6．实现分页查询

添加完分页标签后，接下来就需要实现单击分页标签的页码链接时显示不同的数据。修改 LoadAllNews.ashx 中获取数据的代码，具体代码如下所示。

```
public void ProcessRequest(HttpContext context)
    {
        context.Response.ContentType = "text/plain";
        //默认显示第一页数据，默认显示 5 条
        int pageSize = int.Parse(context.Request["pageSize"]??"5");
        int pageIndex = int.Parse(context.Request["pageIndex"]??"1");
        int total = 0;
       //查询数据库中的数据条数
        string sql = "select count(*) from Itcast_Main";
        total = Convert.ToInt32(SqlHelper.ExecuteScalar(sql));
        //查询多少页多少条数据,返回数据实体
        int totalSize = pageSize * (pageIndex - 1);
        string pageSql = "select top @pageSize ID,title,Date,people from
        Itcast_Main where (ID not in (select top @totalSize ID from
        Itcast_Main order by ID))order by ID";
        SqlParameter[] ps = new SqlParameter[] {
            new SqlParameter("@pageSize",pageSize),
            new SqlParameter("@totalSize",totalSize)
        };
        DataSet ds = SqlHelper.Query(pageSql,null);
        GetNewList newList = new GetNewList();
        List<Model_Main> listData = newList. DataTableToList(ds. Tables[0]);
        //返回分页超链接标签
        string strNavHtml = Paging.ShowPageNavigate(pageSize, pageIndex, total);
        //获取一个 model 实体的对象，直接转换成 js 数组、字符串
```

```
        JavaScriptSerializer jsJavaScriptSerializer = new
                                JavaScriptSerializer();
        //输出分页标签到前台和列表json数据,合并内容和标签
        var data = new { NewsList = listData, NavHtml = strNavHtml };
        //序列化只能序列化一个类型
        string jsonStr = jsJavaScriptSerializer.Serialize(data);
        context.Response.Write(jsonStr);
    }
```

上述代码接收了 Main.html 请求的数据页数和条数，并通过 SqlParameter 对象进行参数化替换，最后调用 Query()方法查询第 pageIndex 页的 pageSize 条数据显示到页面上。运行程序，效果如图 6-13 所示。

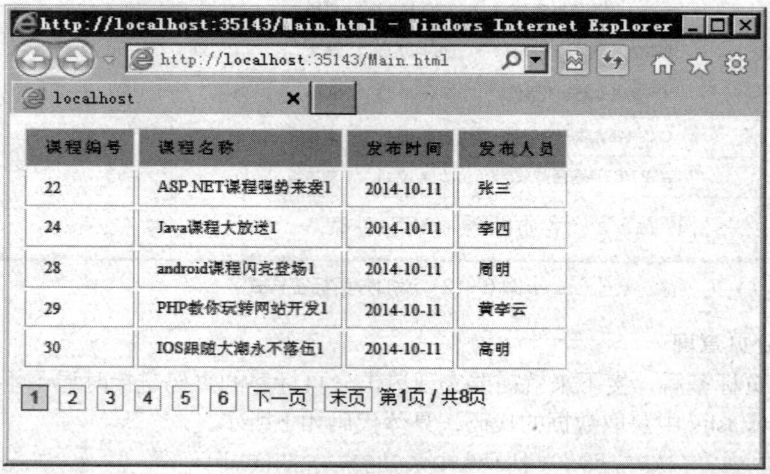

http://localhost:35143/Main.html - Windows Internet Explorer

http://localhost:35143/Main.html

localhost

课程编号	课程名称	发布时间	发布人员
22	ASP.NET课程强势来袭1	2014-10-11	张三
24	Java课程大放送1	2014-10-11	李四
28	android课程闪亮登场1	2014-10-11	周明
29	PHP教你玩转网站开发1	2014-10-11	黄孝云
30	IOS跟随大潮永不落伍1	2014-10-11	高明

1 2 3 4 5 6 下一页 末页 第1页 / 共8页

图 6-13　运行结果

7．添加分页单击事件

在图 6-13 所示的页面中默认显示的是第 1 页数据，接下来为分页标签添加单击事件。当单击数字标签时，向 LoadAllNews.ashx 发送当前单击的页数，并将获取的数据在页面中显示出来，具体实现代码如下所示。

```
<head>
    <title></title>
    <link href="css/tableStyle.css" rel="stylesheet" />
    <link href="css/NavPager.css" rel="stylesheet" />
    <script src="javascript/JQuery-2.1.1.min.js"></script>
    <script type="text/javascript">
        $(function () {
            initTable(""); //初始化表格
        });
        //初始化表格
        function initTable(PostData) {
            $.ajax({
                url: "LoadAllNews.ashx",
                data: PostData,//发送后台数据
                dataType: "json",//后台返回数据的类型
                type: "post",//请求类型
                success: function (data) {
```

```
                    $("#tbBody").html("");
                    for (var i in data.NewsList) {
                        var dateStr = "2014-10-11";
                        var strTr = "<tr>";
                        strTr += "<td>" + data.NewsList[i].ID + "</td>";
                        strTr += "<td>" + data.NewsList[i].title + "</td>";
                        strTr += "<td>" + dateStr + "</td>";
                        strTr += "<td>" + data.NewsList[i].people + "</td>";
                        strTr += "</tr>";
                        $("#tbBody").append(strTr);
                    }
                    //添加分页标签
                    $("#NavLink").html(data.NavHtml);
                    //绑定分页超级链接标签的单击事件
                    bindNavLinkClickEvent();
                }
            });
        }
        //绑定分页超链接标签的单击事件
        function bindNavLinkClickEvent() {
            $(".pageLink").click(function () {
                //改变当前页数据
                //改变分页标签
                var href = $(this).attr("href");
                var strPostData = href.substr(href.lastIndexOf('?') + 1);
                initTable(strPostData);
                return false;
            });
        }
    </script>
</head>
<body>
    <table>
        <thead>
            <tr>
                <th>课程编号</th>
                <th>课程名称</th>
                <th>发布时间</th>
                <th>发布人员</th>
            </tr>
        </thead>
        <tbody id="tbBody">
        </tbody>
    </table>
    <!--显示分页标签-->
    <div id="NavLink" class="paginator">
    </div>
</body>
```

上述代码实现了单击分页标签的页码显示对应数据的功能。其中，当初始化数据的时候调用 bindNavLinkClickEvent()方法，给分页标签添加单击事件，将被单击的页码传递给LoadAllNews.ashx 页面并获得相应的数据，同时更新标签链接，运行结果如图 6-14 所示。

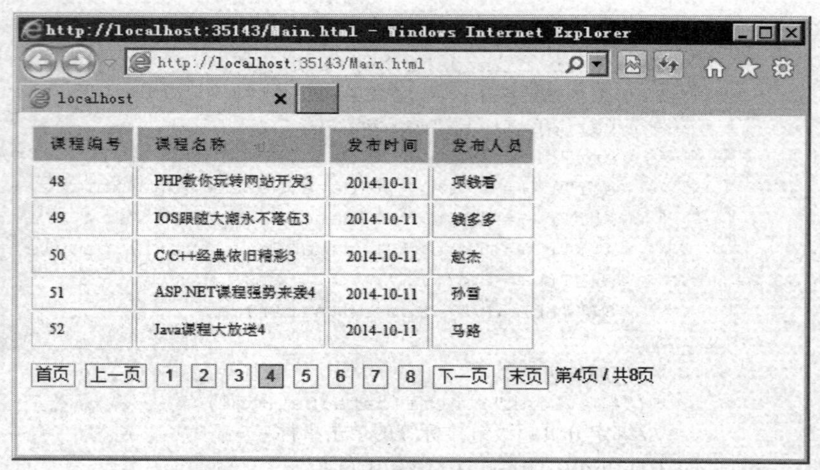

图 6-14　显示第 4 页数据

【拓展深化】

1．匿名类

匿名类即没有名字的类，创建的时候使用 new 关键字来声明它们。匿名类的声明是在编译时进行的，实例化是在运行时进行，当一个对象只使用一次、其他地方都不需要使用时，就可以使用匿名类来创建对象，上述案例中使用匿名类的具体代码如下所示。

```
List<Model_Main> listData = newList.DataTableToList(ds.Tables[0]);
string strNavHtml = Paging.ShowPageNavigate(pageSize, pageIndex, total);
//输出分页标签到前台和列表 json 数据,合并内容和标签
var data = new { NewsList = listData, NavHtml = strNavHtml };
```

上述代码中分别有一个字符串类型 strNavHtml 和集合类型 listData，当需要序列化这两个类型对象时，就需要将这两个对象封装成一个对象，此时就可以使用匿名类，在匿名类内部定义两个属性并赋值，这样就可以进行序列化操作了。

2．异步分页案例实现步骤

大家在学习完上面的异步分页的案例后，是否觉得步骤或者代码比较复杂，接下来为大家总结一下实现步骤和思路。只要理清思路，实现起来就会容易很多，具体步骤如下所示。

（1）获取数据库中的所有数据。

（2）实现页面前端的数据显示。

（3）添加样式代码，改版样式的效果。

（4）分页标签添加到表格下面。

（5）修改获取数据的代码，实现显示分页数据。

（6）注册分页标签的单击事件并修改异步请求代码。

测一测

学习完前面的内容，下面来动手测一测吧，请思考以下问题。

1.　普通页面请求与异步请求的区别有哪些？

2. 使用 Jquery 发送 Get 请求和 Post 请求需要填写的参数有什么不同？

扫描右方二维码，查看【测一测】答案！

6.3 jQuery UI 框架

在互联网中，用户体验是提高用户访问率以及用户粘性的重要部分，当用户浏览一个网页觉得舒适、操作简单方便时，就说明该网站的用户体验很好。而实际开发中，为了快速开发这种用户体验较好的界面，通常都会选择使用成熟的 UI 框架，而 jQuery UI 就是这类界面开发的框架之一。

【知识讲解】

1．jquery UI 框架的概念

jquery UI 框架是基于 jQuery 库封装的一系列处理 UI 界面的 javaScript 代码，这种框架中包括了多种界面相对较美观、功能较完善的 UI 控件，例如，Tab 容器、可折叠容器、工具提示、浮动层以及可滚动容器等，并且这些控件自带拖放、滚动、表格排序等功能，在实际项目中使用非常普遍。

2．jQuery UI 框架的种类

随着 jquery UI 框架的流行，很多开发人员开发了不同类型的 UI 框架来高效完成项目，jQuery 中的 UI 框架除了一套名称为“jQueryUI”的框架之外，还有 Liger UI、DWZ 富客户端框架和 EasyUI 等框架，接下来将分别讲解这些 UI 框架的特点。

（1）Liger UI 框架

LigerUI 是基于 jQuery 开发的由一系列控件组成的 jQuery UI 框架，包括表单、布局、表格等常用 UI 控件，使用 LigerUI 可以快速创建风格统一的界面效果。

（2）DWZ 富客户端框架

DWZ 富客户端框架是基于 JQuery 实现的 Ajax RIA（丰富互联网应用程序）开源框架，它支持用 HTML 扩展的方式来代替 Javascript 代码。DWZ 富客户端框架更加快速、更易扩展，它是轻量级的 UI 框架。

（3）EasyUI 框架

EasyUI 是一种基于 jQuery 的用户界面插件集合，为创建现代化、互动的 JavaScript 应用程序提供必要的功能，它是支持 HTML5 网页的完整框架。

3．EasyUI 讲解

EasyUI 提供了一个完整的组件集合，包括 DataGrid 网格、Tree 控件和 Tabs 选项卡面板等，开发人员可以使用这些组件高效地创建需要的界面效果，这些控件的具体作用如表 6-2 所示。

表 6-2　控件的具体作用

组件名称	组件功能
Dialog 对话框	对话框（Dialog）是一个特殊类型的窗口，它在顶部有一个工具栏，在底部有一个按钮栏。默认情况下，对话框（Dialog）只有一个显示在头部右侧的关闭工具。用户可以配置对话框行为来显示其他工具
Tabs 标签页/选项卡	Tabs 选项卡一次显示一个标签面板，每个标签都包含面板标题和按钮
Tree 树控件	树（Tree）在网页中以树形结构显示分层数据。它向用户提供展开、折叠、拖曳、编辑和异步加载功能
DataGrid 网格布局	DataGrid 以表格格式显示数据，并为选择、排序、分组和编辑数据提供了丰富的支持。其特性包括单元格合并、多列页眉、冻结列和页脚等

【动手实践】

学习了上面的 jQuery UI 框架的基本知识，接下来使用 EasyUI 中的 Tree 控件和 DataGrid 控件实现一个页面布局效果，帮助大家掌握这些 UI 框架的使用，下面大家一起动手练练吧！

1．Tree 控件的使用

打开 Visual Studio 工具，新建一个名称为“Module6”的解决方案，并在该解决方案中创建一个名称为“Lesson3”的 ASP.NET Web 应用程序，如图 6-15 所示。

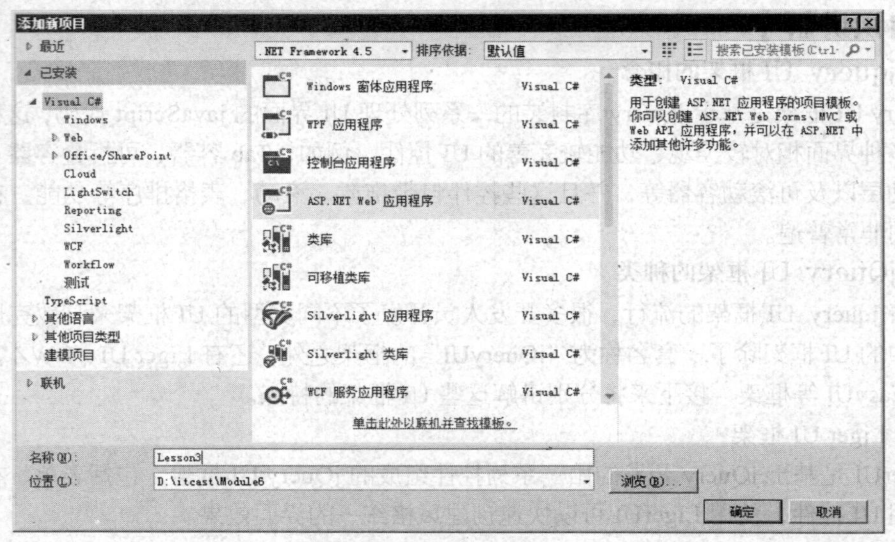

图 6-15　创建项目

项目创建完毕后，在该项目下添加一个名称为“EasyUI.html”的 HTML 页，如图 6-16 所示。

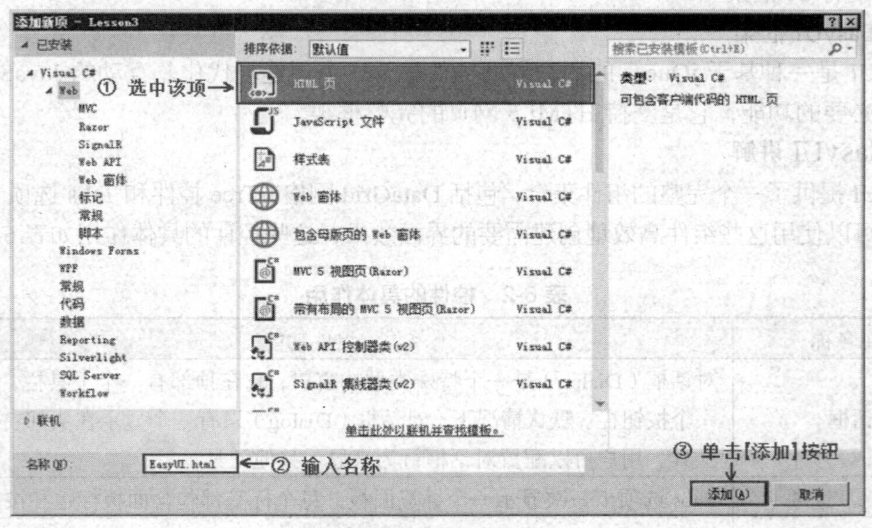

图 6-16　添加页面

创建页面完成后，在“Lesson3”项目下添加一个名称为“JS”的文件夹，将下载好的 EasyUI 文件添加到项目的 JS 文件夹下，并且还需要添加 jQuery 的 JS 文件，添加完成后的项目结构如图 6-17 所示。

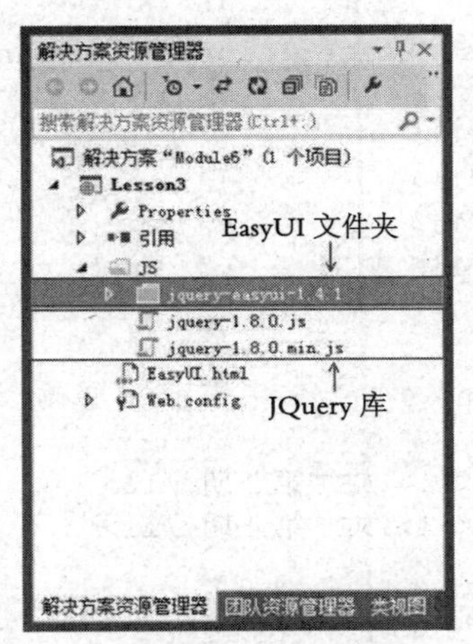

图 6-17　添加 JS 文件

提示：下载 EasyUI 文件。

EasyUI 相关文件添加完毕后，打开"EasyUI.html"页面，在该页面中编写 HTML 布局代码。在编写代码之前，需要将 EasyUI 的相关文件引用到项目中，具体代码如下所示。

```
<link href="JS/JQuery-easyui-1.4.1/themes/default/easyui.css" rel="stylesheet" />
<link href="JS/JQuery-easyui-1.4.1/themes/icon.css" rel="stylesheet" />
    <link href="JS/JQuery-easyui-1.4.1/demo/demo.css" rel="stylesheet" />
    <script src="JS/JQuery-1.8.0.js"></script>
    <script src="JS/JQuery-easyui-1.4.1/JQuery.min.js"></script>
<script src="JS/JQuery-easyui-1.4.1/JQuery.easyui.min.js"></script>
```

提示：引用 JS 文件的方式是，在项目下的文件夹找到需要引用的 JS 文件拖曳到页面的<head>标签内即可。

上述代码中分别是进行页面布局时所需要的 css 样式文件和 EasyUI 的 JS 库，将其放到<head>标签中，就可以在布局文件中使用这些样式和 JS 效果。接下来编写 Tree 控件布局代码，具体代码如下所示。

```
<div style="height:653px;padding:0px;border:0px;">
<div class="easyui-layout" data-options="fit:true" style="height:680px; ">
<div data-options="region:'west', split:true"style="width:250px; padding:0px;
border-left:0px;border-bottom:0px;border-top:0px;">
<ul class="easyui-tree" style="margin-top:10px;">
    <li data-options="state:'closed'"><span>传智播客教材</span>
<ul>
            <li>全部</li>
            <li> Java</li>
            <li>C#</li>
            <li>PHP</li>
            <li>C++</li>
            <li>IOS</li>
            <li>Android</li>
</ul>
</li>
```

```
<li data-options="state:'closed'"><span>传智播客学院</span>
    <ul>
        <li data-options="state:'closed'"><span>Java 学院</span>
    <ul>
        <li>Java 第 1 期</li>
        <li>Java 第 2 期</li>
        <li>Java 第 3 期</li>
        <li>Java 第 4 期</li>
        </ul>
</li>
<li><span>.NET 学院</span>
<ul>
    <li>.NET 第 1 期</li><li>.NET 第 2 期</li>
    <li>.NET 第 3 期</li><li>.NET 第 4 期</li>
</ul>
</li>
</ul>
</li>
</ul>
</div>
<div data-options="region:'center'" style="padding: 0px;
width:100%;border:0px">
  <table id="dg" style="width: 100%;height:100%; border-right:0px;
  border-bottom:0px;border-top:0px;">
</table>
</div>
</div>
</div>
```

在上述代码中使用 EasyUI 创建了一个 Tree 控件，并将其添加到 HTML 页面布局中。其中，HTML 标签样式分别是 EasyUI 框架中自带的 easyui-layout 和 easyui-tree 样式，直接调用就可以达到布局效果，运行结果如图 6-18 所示。

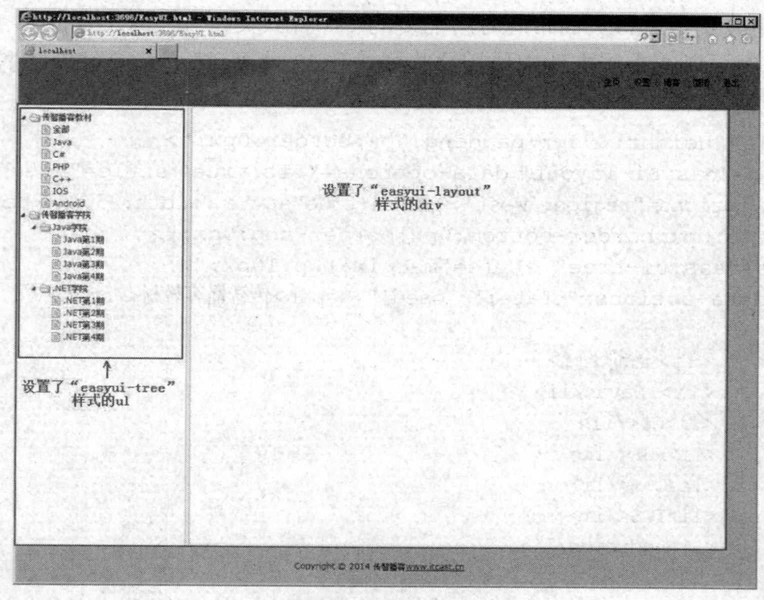

图 6-18　设置样式的界面

2．DataGrid 控件的使用

在实际开发中除了使用 Tree 控件来展示分类列表，还有一个常用的数据展示控件 DataGrid，但是 DataGrid 控件需要填充相关数据，接下来获取数据库中的书籍信息并展示到 DataGrid 控件上。首先添加数据表的实体模型类 Book.cs，如图 6-19 所示。

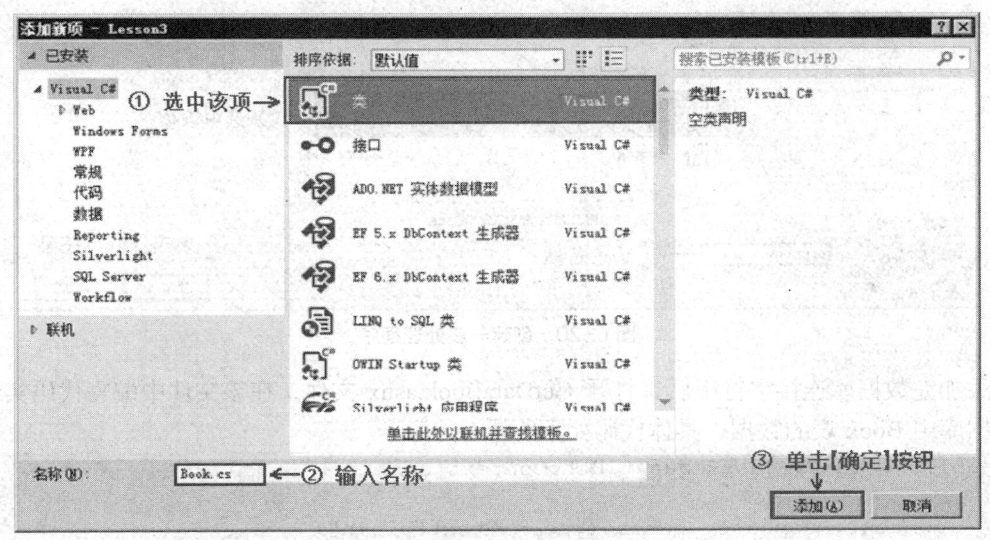

图 6-19　添加实体模型 Book 类

根据图 6-19 所示的界面中的步骤创建 Book.cs 文件后打开该文件，在该文件中编写一个数据的实体类，具体代码如下所示。

```
public class Book
{
   public int ID{get;set;}                  //主键 ID
      public string BookNum{get;set;}       //编号
      public string BookName{get;set;}      //书名
      public string BookConcern{get;set;}   //出版社
      public string BookAuthor{get;set;}    //作者
      public int BookCount{set;get;}        //数量
      public decimal BookPrice{get;set;}    //价格
}
```

在上述代码中，Book 类的属性与 Itcast 数据库中 Book 表的字段一一对应，这些属性用于封装从数据表 Book 中获取的实际数据。接下来在项目中创建一个名称为“GetDataBook.ashx”的一般处理程序，如图 6-20 所示。

在图 6-20 所示的界面中创建完用于处理程序逻辑的一般处理程序后，就可以来操作数据并显示到 DataGrid 控件中了。此时需要获取数据库中的数据，首先在 Web.config 文件中添加数据库连接字符串，具体代码如下所示。

```
<connectionStrings>
      <add name="constr"
       connectionString="server=.;database=itcast;uid=sa;pwd=123456" />
  </connectionStrings>
```

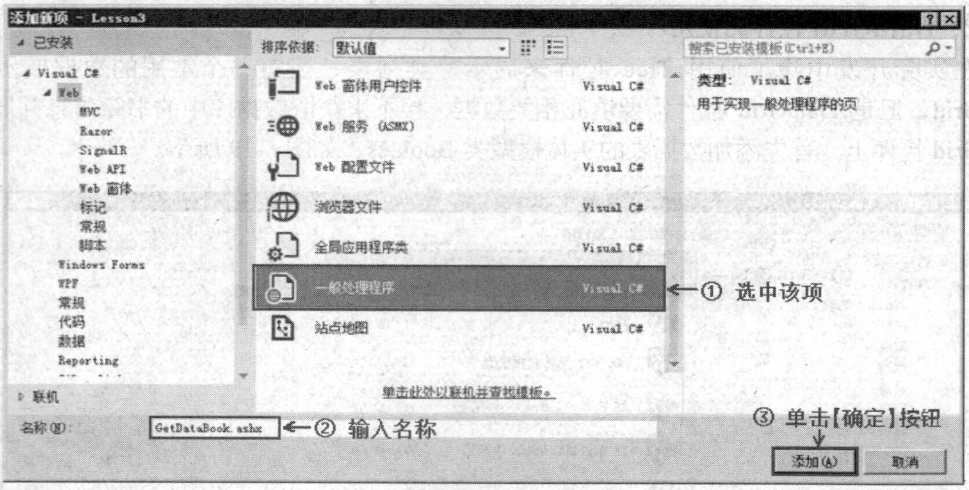

图 6-20　创建一般处理程序

添加完数据库连接字符串后，打开 GetDataBook.ashx 文件，在该文件中编写代码实现查询数据库中 Book 表的数据，具体代码如下所示。

```
public void ProcessRequest(HttpContext context)
{
    context.Response.ContentType = "text/plain";
    //数据库连接字符串
    string constr =
    ConfigurationManager. ConnectionStrings["constr"]. ConnectionString;
    int total;
    int index = string.IsNullOrEmpty(context.Request["page"]) ? 1 :
    Convert.ToInt32(context.Request["page"]);              //获取当前页
    int count = string.IsNullOrEmpty(context.Request["rows"]) ? 10 :
    Convert.ToInt32(context.Request["rows"]);              //每一页的行数
    string sql = "select top(@count) * from Book where ID not in (select
    top(@articleCount) ID from Book)";      //分页的查询语句
    SqlParameter[] parms ={new SqlParameter("@count",count),
    new SqlParameter("@articleCount",count* (index-1))};
    List<Book> bookList = new List<Book>();                 //存储数据的集合
    using (SqlConnection con = new SqlConnection(constr))     //创建链接对象
     {
        SqlCommand cmd = new SqlCommand(sql, con);        //创建命令对象
        cmd.Parameters.AddRange(parms);                      //参数对象添加至集合
        con.Open();
        using (SqlDataReader reader = cmd.ExecuteReader())
              {
                if (reader.HasRows) //判断是否获取到数据
                {
                    while (reader.Read())//循环遍历数据添加至集合
                {
                        Book book = new Book();
                        book.ID = reader.GetInt32(0);
                        book.BookNum = reader.GetString(1);
                        book.BookName = reader.GetString(2);
                        book.BookConcern = reader.GetString(3);
```

```
                    book.BookAuthor = reader.GetString(4);
                    book.BookCount = reader.GetInt32(5);
                    book.BookPrice = reader.GetDecimal(6);
                    bookList.Add(book);
                }
            }
        }
        sql = "select count(*) from Book";//查询总条数的 sql 语句
        cmd.CommandText = sql; //设置命令对象的查询字符串
        //执行并获取查询到的字符串
        total = Convert.ToInt32(cmd.ExecuteScalar());
    }
    // 创建匿名对象
    var result = new { total = total, rows = bookList };
    //创建脚本序列化对象
    JavaScriptSerializer jsSerializer = new JavaScriptSerializer();
    //将匿名对象序列化成 json 格式字符串
    string jsString = jsSerializer.Serialize(result);
    context.Response.Write(jsString);
}
```

提示：添加“System.Configuration;”的引用，以及引用命名空间。

在上述代码中，使用 ConfigurationManager 类获取连接字符串，并创建 SqlConnection 连接对象，通过 context 对象的 Request 属性获取分页条件，然后使用 SqlCommand 的对象 cmd 执行查询并将获取的数据封装到 Book 对象的集合中。最后通过 JavaScriptSerializer 对象的 Serialize()方法将查询到的数据序列化成 Json 格式的字符串发送给请求页面。

实现了数据库的数据读取功能，接下来就可以将后台返回的数据展示到 DataGrid 控件中，打开 EasyUI.html 文件，实现将数据绑定到 DataGrid 控件上的功能，具体代码如下所示。

```
<script type="text/javascript">
    $(function () {
        InInTable();});
    function InInTable() {
        $('#dg').datagrid({   //CSS 中的 id 选择器
            url: 'GetDataBook.ashx',title: '',fitColumns: true,
            idField: 'ID',  loadMsg: '正在加载用户的信息...',
            pagination: true,
            singleSelect: false,
            pageSize: 3,                                        //默认每页显示的条数
            pageNumber: 1,                                      //默认当前页
            pageList: [3, 4, 5],                                //允许一页显示多少条
            columns: [[{ field: 'ID', align: 'left', width: 30, display: 'none' },
                    { field: 'BookNum', title: '书号', width: 250 },
                    { field: 'BookName', title: '书名', width: 250 },
                    { field: 'BookConcern', title: '出版社', width:250 },
                    { field: 'BookAuthor', title: '作者', width:300 },
                    { field: 'BookPrice', title: '价格', width: 100 },
                    { field: 'BookCount', title: '数量', width: 100 }]]
        });
    }
</script>
```

在上述代码中实现了调用 EasyUI 中的 datagrid()方法将数据展示到页面上 id 为“dg”的位置。其中，url 属性为“GetDataBook.ashx”表示接收请求的后台页面，columns 属性设置了显示在界面中的列，并且 columns 属性的 field 值要与 Book 类中的字段一一对应。运行项目，结果如图 6-21 所示。

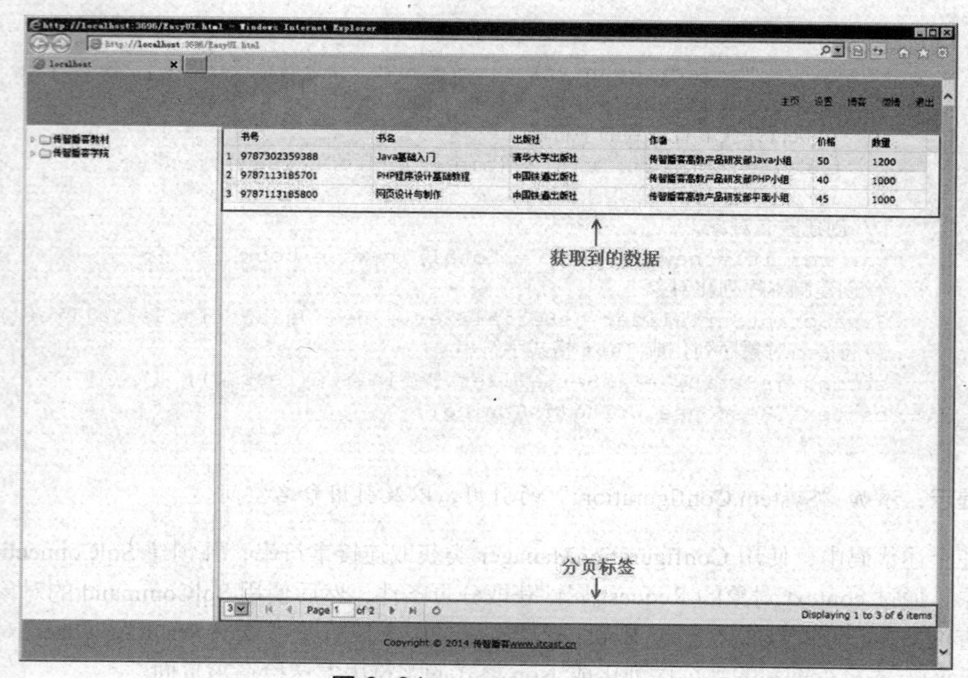

图 6-21　DataGrid 控件效果

【拓展深化】

1．DataGrid 属性介绍

在学习一个控件如何使用之前，需要了解该控件有哪些属性，以及这些属性用于何种功能。同样 DataGrid 控件也是一样，除了上面练习中的相关属性外，还有许多常用属性，具体如表 6-3 所示。

表 6-3　DataGrid 属性介绍

属性	作用
columns	表格的列（column）的配置对象
toolbar	表格面板的头部工具栏
url	请求数据的 URL
singleSelect	设置为 true 只允许选中一行
pageList	当设置了 pagination 属性时，分页显示的条数的选择列表
pagination	设置为 true 时，表格底部显示分页工具栏

2．JavaScriptSerializer 类

由于 DataGrid 控件内部使用的是异步方式请求和处理返回的数据，后台获取到数据库中

的数据并处理成数据模型对象后，直接返回是不能被 DataGrid 正确处理的，因此在后台代码需要将返回的数据进行 JavaScript 序列化操作返回 JSON 格式数据，然后 DataGrid 得到数据后内部进行 JSON 解析，具体格式代码如下所示。

```
JavaScriptSerializer jsSerializer = new JavaScriptSerializer();//创建序列化对象
string jsString = jsSerializer.Serialize(result); //将对象 result 序列化成 json 字符串
```

测一测

学习完前面的内容，下面来动手测一测吧，请思考以下问题。

1. 如何使用 Easy UI 框架实现一个对话框功能？
2. 在 Easy UI 中 DataGrid 控件还有哪些属性？

扫描右方二维码，查看【测一测】答案！

6.4 本章小结

【重点提炼】

本章主要讲解了 Ajax 异步处理的基本知识以及异步分页等知识，其中重点讲解了异步分页的功能，并通过实际案例演示了异步分页效果的实现步骤，具体内容如表 6-4 所示。

表 6-4 第 6 章重点内容

小节名称	知识重点	案例内容
6.1 节	异步简介、DOM 操作	异步登录
6.2 节	发送异步请求、分页原理	异步分页
6.3 节	Easy UI 简介、Easy UI 的使用	DataGrid 和 Tree 控件的使用

PART 7

第 7 章 MVC 框架——更快更简单地开发网站

学习目标

在实际开发中经常会遇到项目需求中途发生变化或者项目完成后需要添加某些功能等问题。此时如果前期在设计时没有考虑到项目的扩展性和可维护性等问题，会直接导致项目失败或者难于维护。本章学习的 MVC 框架具有良好的扩展性和可维护性，在学习的过程中需要掌握如下内容。

- 能够理解 MVC 的开发思想
- 能够掌握 MVC 项目的基本创建
- 能够掌握使用 MVC 框架进行增、删、查、改操作

情景导入

王云是一家上市公司的项目经理，该公司今年计划涉及电子商务行业，并根据本公司的业务内容开展线上电子产品销售平台。王经理在收到公司的年度规划方案后便开始着手准备，经过对目前市场上淘宝、京东等成功电子商务网站的分析发现，这些项目都涉及 MVC 架构的思想，关于 MVC 架构的实现过程如图 7-1 所示。

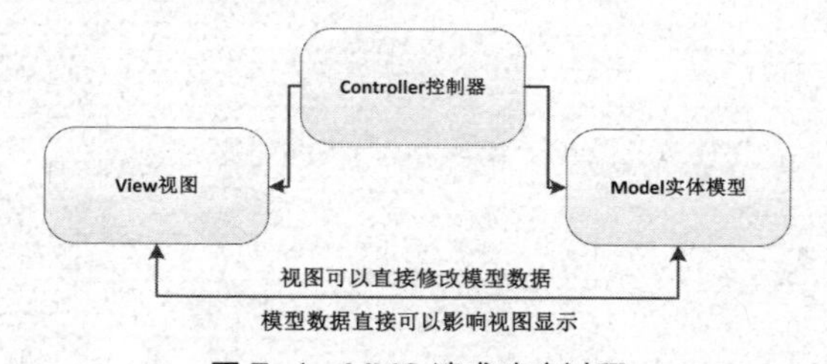

图 7-1　MVC 请求响应过程

如图 7-1 所示，它描述了 MVC 架构的执行过程。其中，将一个项目中使用到的所有数据用 Model 实体模型表示，所有页面效果用 View 视图表示，所有的业务逻辑功能使用 Controller 控制器实现。MVC 架构之间耦合性很小，View 和 Controller 都可以直接请求 Model，但是 Model 不依赖 View 和 Controller，Controller 可以直接请求 View 来显示具体页面，但是 View 不依赖 Controller。

7.1 MVC项目创建

在日常生活中，可以通过操控微波炉的温度和时间转盘来让微波炉工作，这一过程可以模拟成MVC模式，其中的两个转盘就是“View”，其内部的微波产生装置则是“Model”，而将用户通过转盘输入的信息转换成对微波产生器的操作可以看成“Controller”。微波炉的每一个组件都是独立的，如果微波炉外部更换一个新的外壳，或者内部更换更大功率的微波产生器，完全可以在不更改其他组件的情况下实现，这就是MVC模式的优势。

【知识讲解】

1．MVC简介

MVC是开发时使用的一种框架，它将Web应用程序的开发过程大致分割成3个主要单元，即视图（View）、控制器（Controller）和模型（Model），它们的功能分别如下所述。

① M：Model是存储或处理数据的组件，主要用于实现业务逻辑层对实体类相应数据库进行操作。

② V：View是用户接口层组件，主要用于用户界面的呈现，包括输入输出。

③ C：Controller是处理用户交互的组件，主要负责转发请求、对请求进行处理，并将数据从Model中获取并传给指定的View。

2．MVC请求过程

当用户在客户端界面发送一个Request请求后，请求会被传递给Routing路由并对请求的URL进行解析，然后找到对应Controller中的Action方法并执行该Action方法中的代码。Action方法执行完毕后将ViewResult视图结果返回给视图引擎处理，最后生成Response响应报文返回给客户端浏览器，MVC请求过程如图7-2所示。

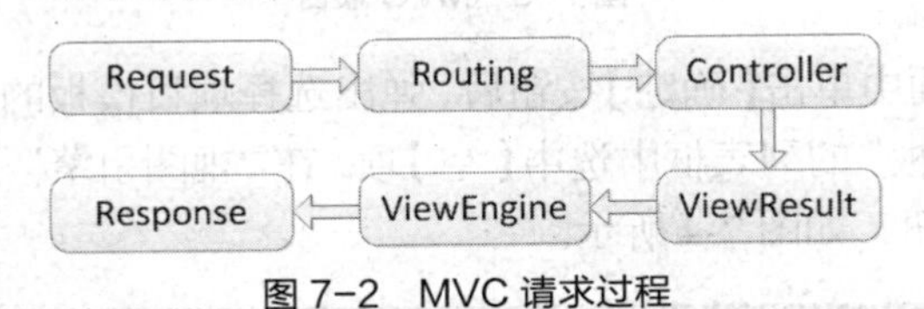

图7-2 MVC请求过程

提示：Action就是一个方法，该方法用于处理请求并返回请求响应结果，该方法的返回值为ActionResult类型。

3．Routing介绍

Routing是指用于识别URL的规则，当客户端发送请求时根据该规则来识别请求的数据，将请求传递给对应Controller的Action方法执行。接下来以RouteConfig.cs文件中定义路由的识别规则为例进行讲解，具体代码如下所示。

```
routes.MapRoute(name: "Default",url: "{controller}/{action}/{id}",
defaults: new { controller = "AdminLogin", action = "Login", id =
UrlParameter.Optional });//参数默认值
```

在上述代码中使用routes的MapRoute()方法定义路由规则。其中，name表示规则名称并且该值必须唯一，url表示获取数据的规则，defaults表示url参数的默认值。如果请求的url是localhost/home/index，则home/index对应了上述代码中的{controller}/{action}/{id}结构，所以识别出controller是home，action是index，id则为默认值空字符串。

【动手实践】

本小节将通过 MVC 来实现一个用户登录功能，通过这个案例让大家了解 MVC 的请求以及处理过程，下面大家一起动手练练吧！

1．创建 MVC 项目

创建一个名称为 Module7 的解决方案，在该解决方案中添加一个名称为“Lesson1”的 ASP.NET MVC 4 Web 应用程序，并单击【确定】按钮，如图 7-3 所示。

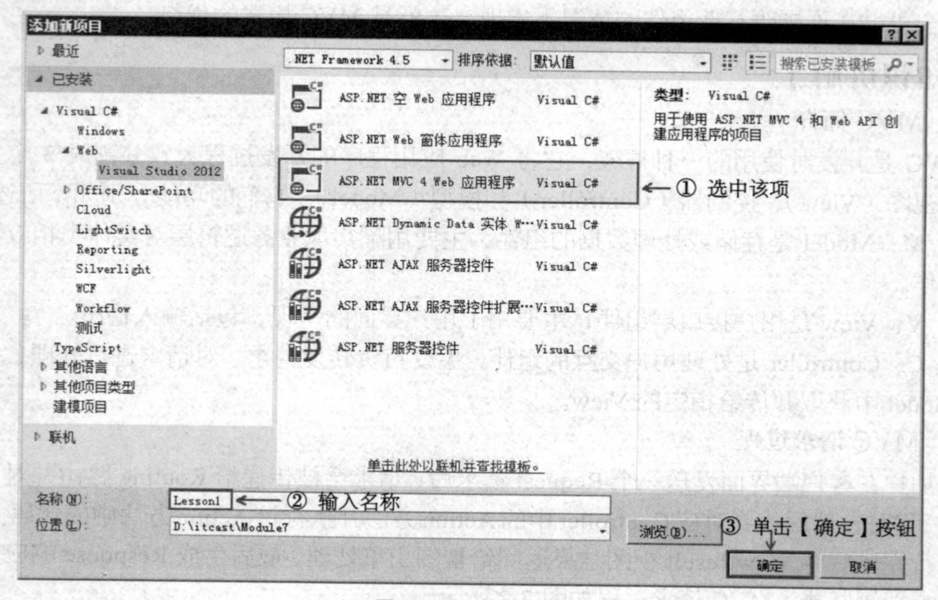

图 7-3　MVC 项目

在图 7-3 所示的界面中单击【确定】按钮后，弹出选择项目模板的“新 ASP.NET MVC4 项目”对话框，在“选择模板”的列表框中选中【空】项，在“视图引擎”下拉列表中选择【Razor】项，并单击【确定】按钮，如图 7-4 所示。

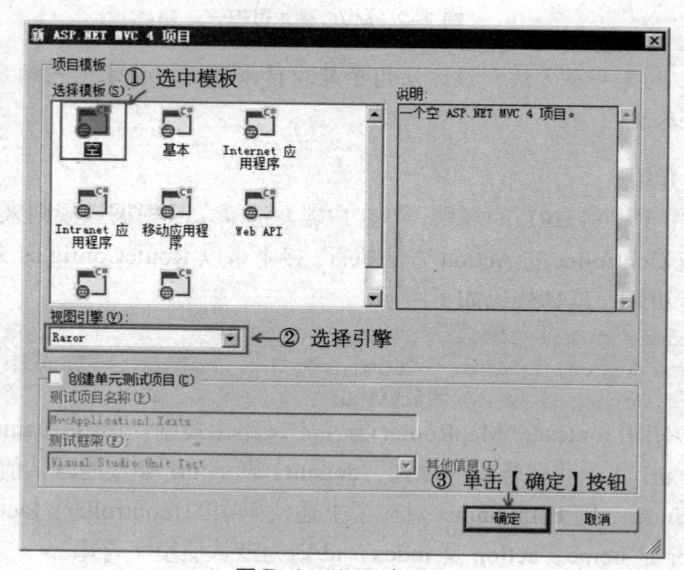

图 7-4　MVC 空项目

在图7-4所示的对话框中单击【确定】按钮后完成项目的创建，创建MVC项目时编辑器会自动创建好项目的结构文件，包含Controllers、Models和Views等文件夹，项目结构如图7-5所示。

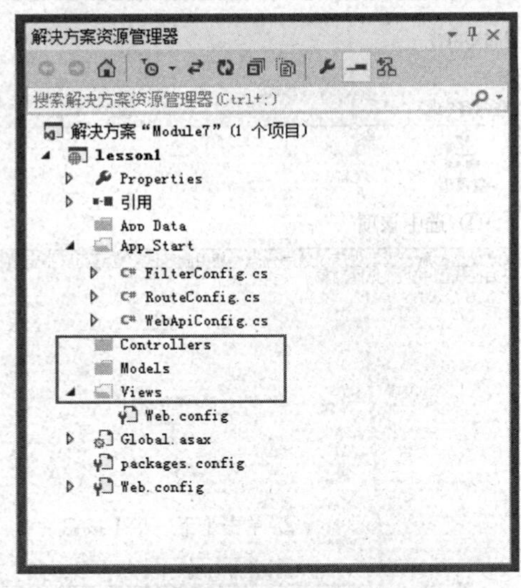

图7-5　MVC项目结构

2．添加ADO.NET实体数据模型

在当前项目中添加新建项，在弹出的“添加新项”对话框中选择【数据】分类，并在中间面板中选择【ADO.NET实体数据模型】项，然后输入文件名称“Itcast.edmx”，单击【添加】按钮，如图7-6所示。

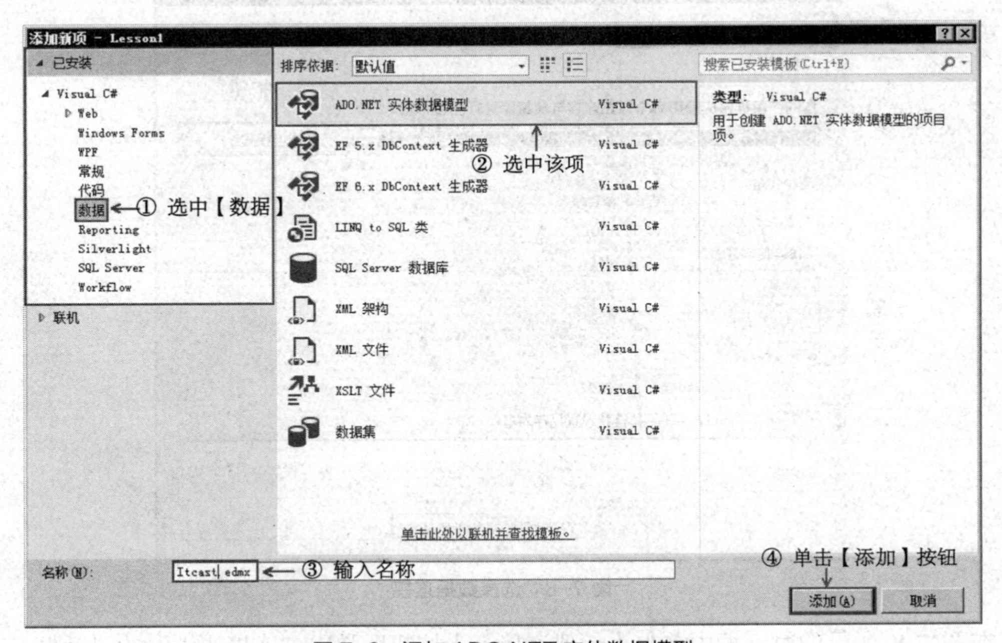

图7-6　添加ADO.NET实体数据模型

当在图 7-6 所示的对话框中单击【添加】按钮后弹出“实体数据模型向导”对话框，在“选择模型内容”的列表中选择【从数据库生成】项，单击【下一步】按钮，如图 7-7 所示。

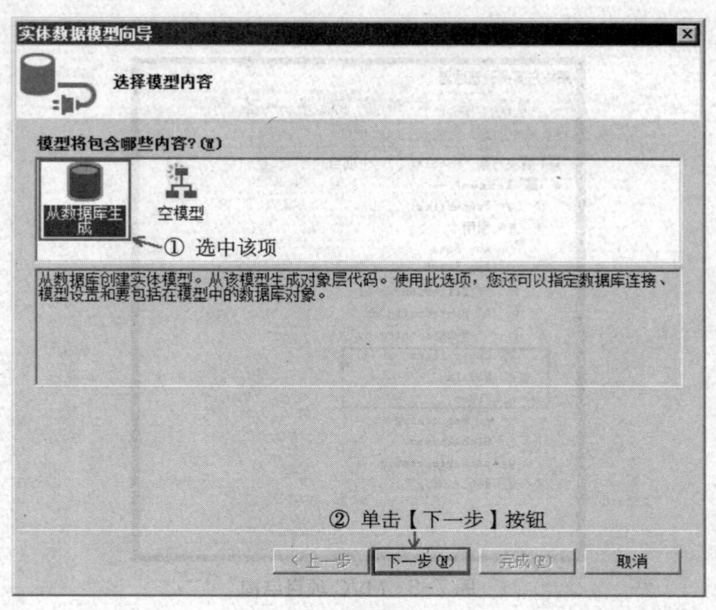

图 7-7　选择模型内容

在图 7-7 所示的对话框中单击【下一步】按钮后弹出用于选择数据连接的“实体数据模型向导”对话框，单击【新建连接...】按钮，如图 7-8 所示。

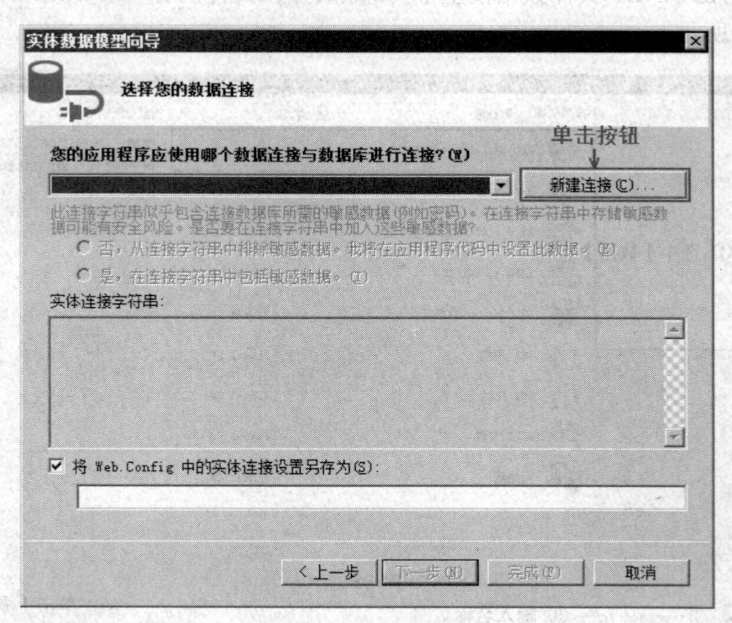

图 7-8　选择数据连接

在图 7-8 所示的对话框中单击【新建连接...】按钮后弹出“连接属性”的对话框，在该对话框中输入“服务器名”并选择“服务器”和“连接到数据库”的选项，最后单击【确定】按钮，如图 7-9 所示。

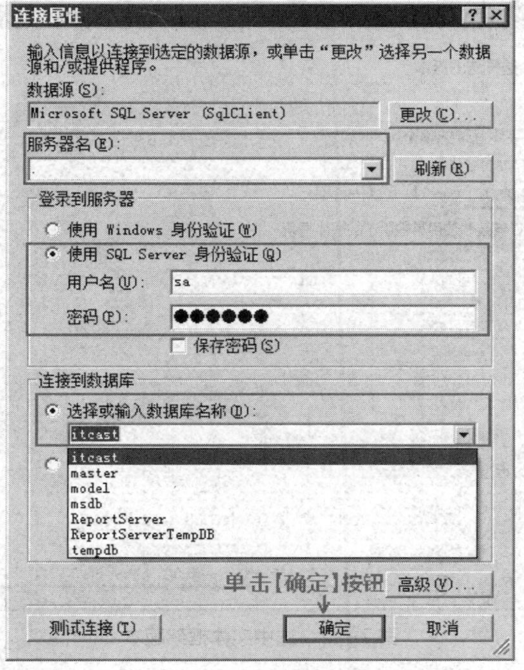

图7-9 选择属性

在图7-9所示的对话框中单击【确定】按钮后回到图7-8所示的对话框，在下拉列表中选中【www-pc.itcast.dbo】项，在单项选择按钮处选择【是】项，并单击【下一步】按钮，如图7-10所示。

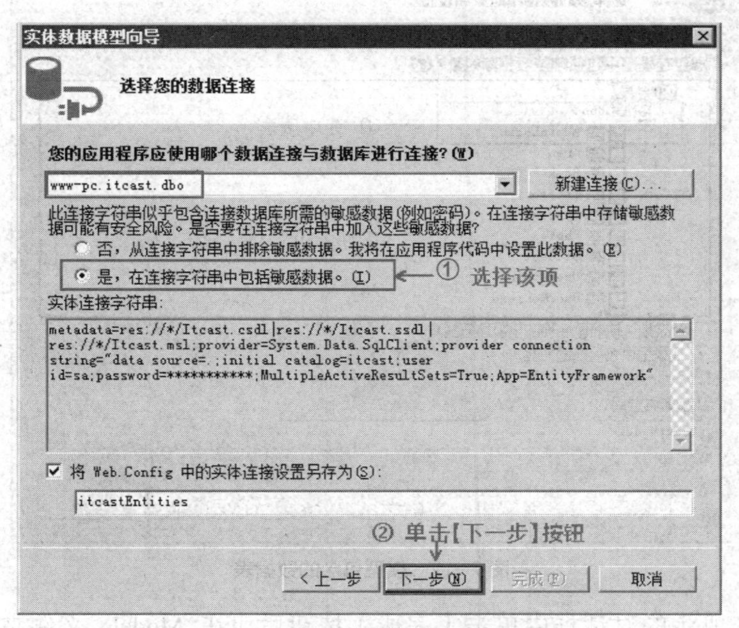

图7-10 确定连接数据库

在图7-10所示的对话框中单击【下一步】按钮后，弹出用于选择实体框架版本的“实体数据模型向导”对话框。选中【实体框架5.0】项后单击【下一步】按钮，如图7-11所示。

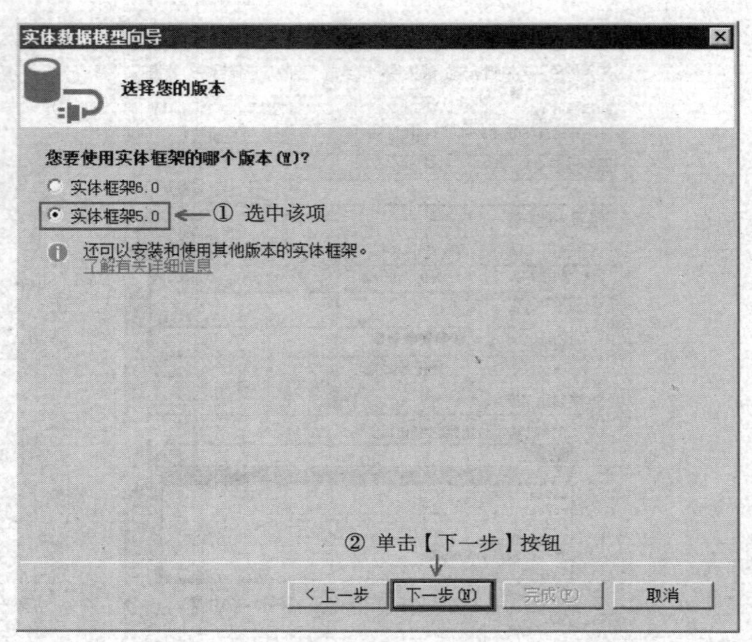

图 7-11　选中实体框架版本

在图 7-11 所示的对话框中单击【下一步】按钮，弹出用于选择数据库对象的"实体数据模型向导"对话框，选中相应的表后单击【完成】按钮，如图 7-12 所示。

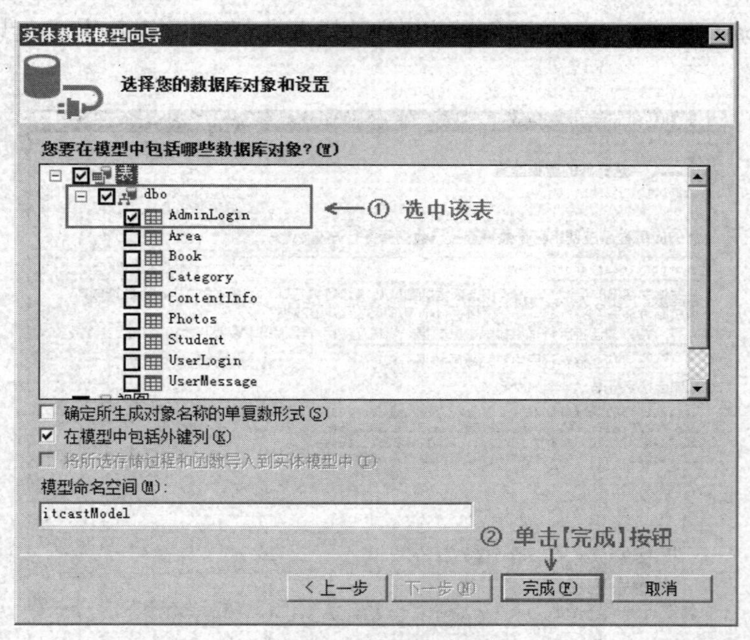

图 7-12　模型包含的数据表

在图 7-12 所示的对话框中单击【完成】按钮后，在 Models 文件夹下将生成一个"Itcast.edmx"文件，双击"Itcast.edmx"文件后出现一个表实体，如图 7-13 所示。

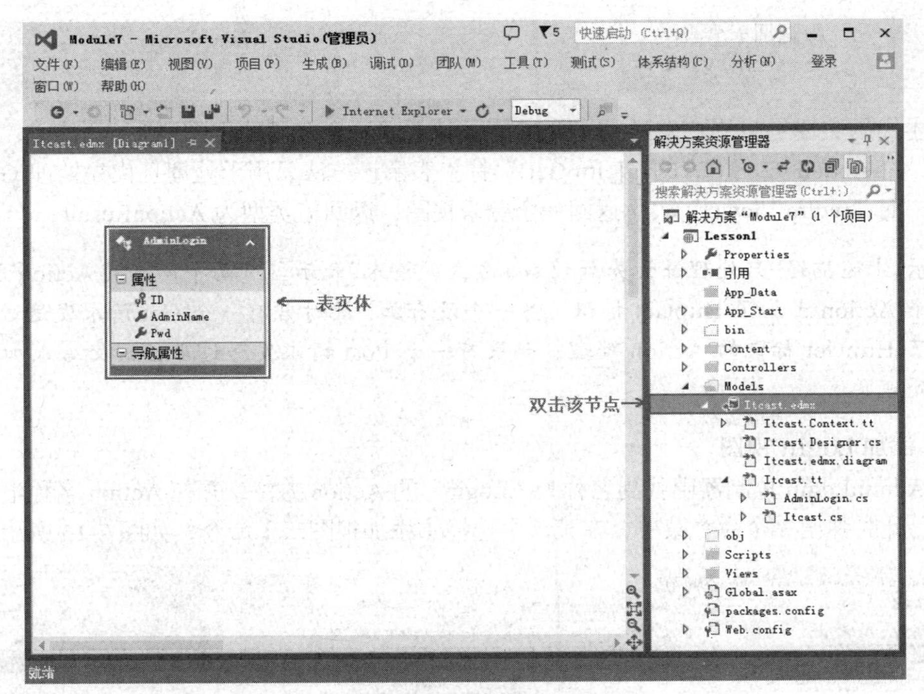

图 7-13　模型结构

3．添加 AdminLogin 控制器

实体模型添加完成后，此时开始添加控制器文件。在 Lesson1 的 Controllers 文件夹上单击鼠标右键，选择【添加】→【控制器】命令后会弹出“添加控制器”的对话框，在对话框的“控制器名称”处输入“AdminLoginController”，在“模板”下拉列表中选择【空 MVC 控制器】项，单击【添加】按钮，如图 7-14 所示。

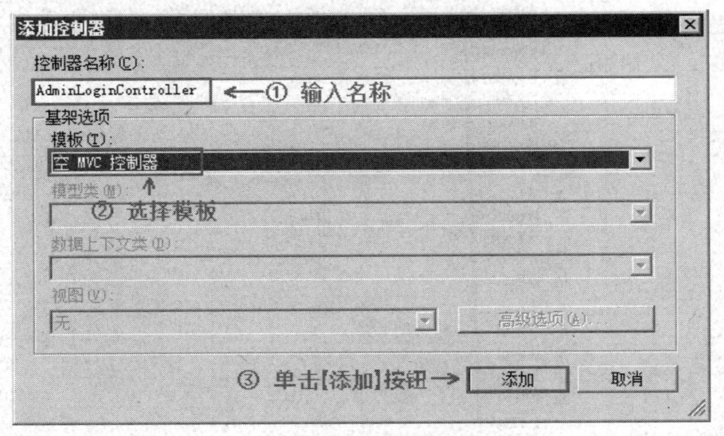

图 7-14　添加控制器

在图 7-14 所示的对话框中单击【添加】按钮完成添加后，打开新建的“Admin Login Controller.cs”文件，在该控制器中添加一个名称为“Login”的 Action 方法，具体代码如下所示。

```
[HttpGet]//表示只用于处理 Get 方式的请求
        public ActionResult Login()
        {
```

```
            //返回一个视图
            return View();
        }
```

上述代码实现了当用户发送一个登录请求时返回一个登录的视图 View。其中，名称为“Login”的 Action 方法上方的“[HttpGet]”标签表示该方法只用于处理且优先处理 Get 方式的请求，而“return View()”表示返回一个登录视图，返回值类型为 ActionResult。

提示：上述描述“只处理并优先处理 Get 方式的请求”表示当有两个同名的 Action 方法时，如果一个 Action 上加了 HttpGet 标识而另一个没有加，此时若有一个 Get 请求发送过来，则交给加了 HttpGet 标识的 Action 处理；如果有一个 Post 请求发送过来，则交给未加标识的 Action 处理。

4．添加 Login 视图

在 AdminLogin 控制器中找到名称为“Login”的 Action 方法，并在 Action 名称上单击鼠标右键，此时弹出一个命令菜单，在菜单中选择【添加视图…】命令，如图 7-15 所示。

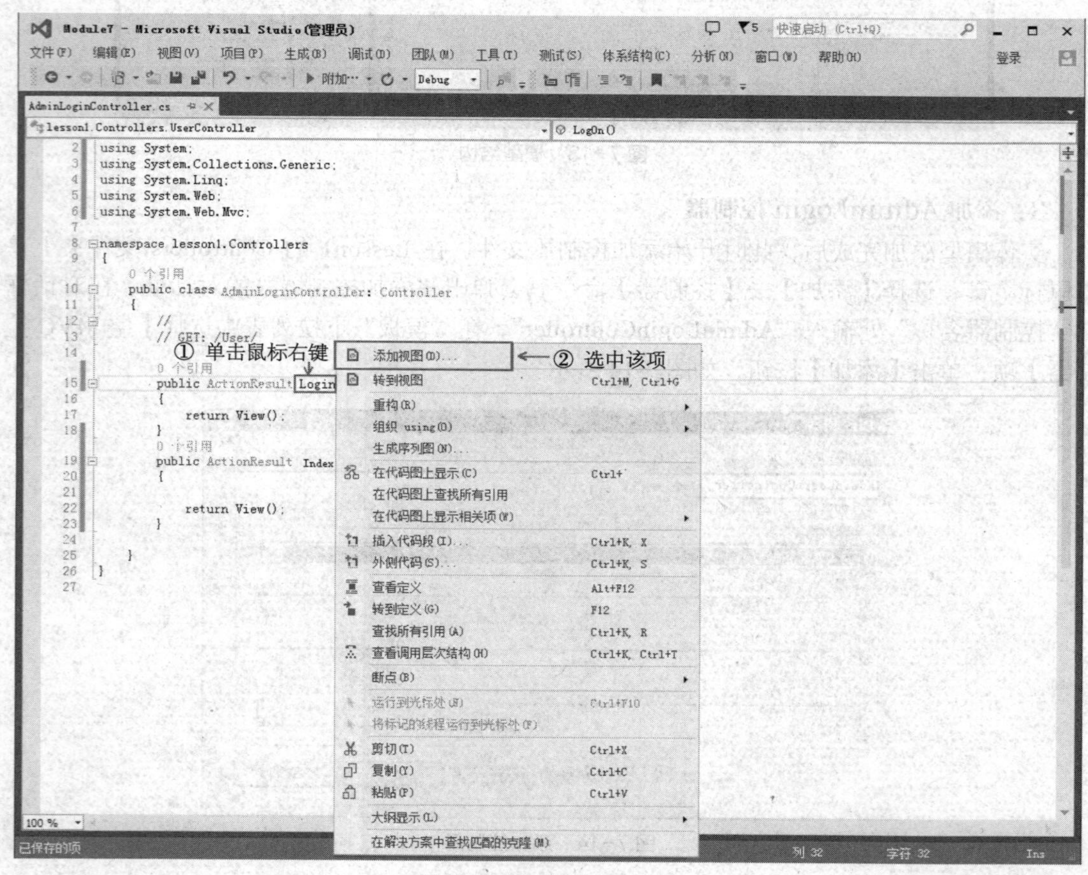

图 7-15　添加 Login 视图

在图 7-15 所示的页面中单击【添加视图…】命令后，弹出一个“添加视图”的对话框，其默认的视图名称与对应的 Action 方法名称相同，直接单击【添加】按钮即可，如图 7-16 所示。

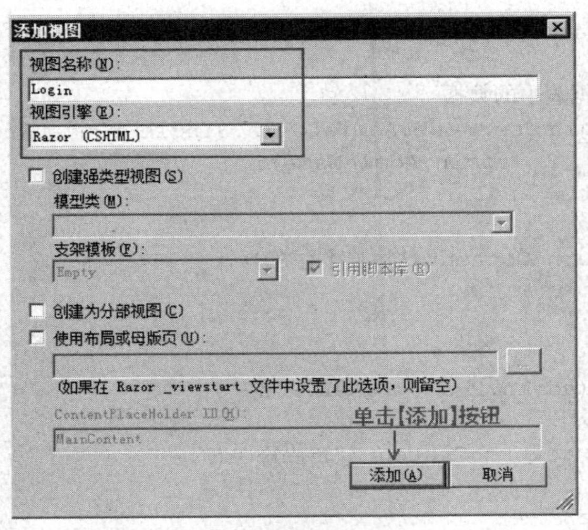

图 7-16　设置视图

在图 7-16 所示的对话框中单击【添加】按钮后，在 View\AdminLogin 文件夹下将生成一个“Login.cshtml”的视图文件，在该视图页面中编写代码并为页面设置样式（样式参见源代码），具体代码如下所示。

```
<form action="/AdminLogin/Login" method="post">
<div id="login">
<div id="loginlogo">
</div>
<div id="loginpanel"><div class="panel-h"></div>
<div class="panel-c"><div class="panel-c-l">
     <table cellpadding="0" cellspacing="0">
       <tbody><tr><td align="left" colspan="2">
        <h3>请使用管理系统账号登录</h3></td></tr>
        <tr><td align="right">账号: </td>
        <td align="left">
        <input type="text" name="AdminName" class="login-text" />
        </td></tr><tr><td align="right">密码: </td><td align="left">
        <input type="password" name="Pwd" id="Pwd" class="login-text" />
        </td></tr><tr><td align="center" colspan="2">
        <input type="submit" id="btnLogin" value="登录" class="login-btn" />
      </td></tr></tbody></table></div>
    <div class="panel-c-r">
    <p>请从左侧输入登录账号和密码登录</p><p>如果遇到系统问题，请联系网络管理员。</p>
    <p>如果没有账号，请联系网站管理员。</p></div></div></div>
    <div id="logincopyright">Copyright ? 2014 itcast.cn</div></div>
</form>
```

上述代码实现了一个登录界面的布局。其中 form 表单的 action 属性值表示请求提交到 AdminLogin 控制器中名称为 Login 的 Action 方法，method 属性值为 post。

5．添加处理登录数据的 Action

打开 AdminLoginControll.cs 文件，并在控制器中重新定义一个名为“Login”的 Action 方法，在该 Action 方法中编写代码，具体如下所示。

```
//创建上下文对象
 private itcastEntities db = new itcastEntities();
```

```
public ActionResult Login(AdminLogin admin)
    {
        //获取数据表中的数据
        AdminLogin user = db.AdminLogin.SingleOrDefault(n => n.AdminName ==
                  admin.AdminName);
        if (user == null)
        {
            return Content("用户不存在");
        }
        else
        {
            if (admin.Pwd != user.Pwd)
            {
                return Content("密码错误");
            }
            else
            {
                //跳转到名为 Index 的 Action 中，并将 user 对象当作参数
                return RedirectToAction("Index", user);
            }
        }
    }
```

上述代码中名称为 Login 的 Action 方法用于处理用户提交的登录请求，首先创建了一个 itcastEntities 类型的 db 对象，然后通过该对象的 AdminLogin 属性的 SingleOrDefault()方法获取数据对象并做出相应的处理。

提示： SingleOrDefault()表示返回序列中唯一元素。如果该序列为空，则返回默认值，其默认值根据获取的数据类型确定；如果该序列包含多个元素，此方法将引发异常。

6．编写登录成功后的代码和页面

在 AdminLogin 控制器中找到名称为“Index”的 Action 方法，该 Action 方法用于返回一个登录成功的视图页面，修改 Action 方法中的代码，具体代码如下所示。

```
public ActionResult Index(AdminLogin admin)
    {
        //将获取到的用户名存储到 ViewBag 中
        ViewBag.UserName = admin.AdminName;
        return View();
  }
```

在上述代码中通过参数对象获取登录的用户名并存储到 ViewBag 对象中。接下来为该 Action 添加一个视图，添加视图的方法如图 7-15 所示，然后编写 Index()方法的视图代码，具体如下所示。

```
<body style="text-align: center; background: #4974A4; ">
      <div style="font-weight: bold;font-size: 28px;"><span>
            欢迎 @ViewBag.UserName  日期：@DateTime. Now. ToString("yyyy-MM-dd")
            @DateTime.Now.DayOfWeek
         </span></div>
</body>
```

在上述代码中表示 Index()方法对应的视图布局。而“@ViewBag.UserName”表示获取对应控制器的 Index()方法中保存的用户名，然后显示在页面上。

7．配置路由

在项目文件中找到 App_Start 文件夹，并在该文件夹下的 RouteConfig.cs 文件中修改 RegisterRoutes()方法，具体代码如下所示。

```
public static void RegisterRoutes(RouteCollection routes)
    {
        routes.IgnoreRoute("{resource}.axd/{*pathInfo}");
        routes.MapRoute(
            name: "Default",
            url: "{controller}/{action}/{id}",
            //此处修改
            defaults: new { controller = "AdminLogin", action = "Login",
                          id = UrlParameter.Optional }
        );
    }
```

上述代码用于设置路由信息，其中 defaults 表示默认起始访问的 Controller 和 Action。当项目刚开始启动时，默认打开登录界面。

8．测试登录功能

完成上述 Action 方法、视图编写、路由的配置后，运行项目的效果如图 7-17 所示。

图 7-17　登录界面

在图 7-17 所示的登录界面中输入用户名为“admin”、密码为“123456”，然后单击界面中的【登录】按钮，运行结果如图 7-18 所示。

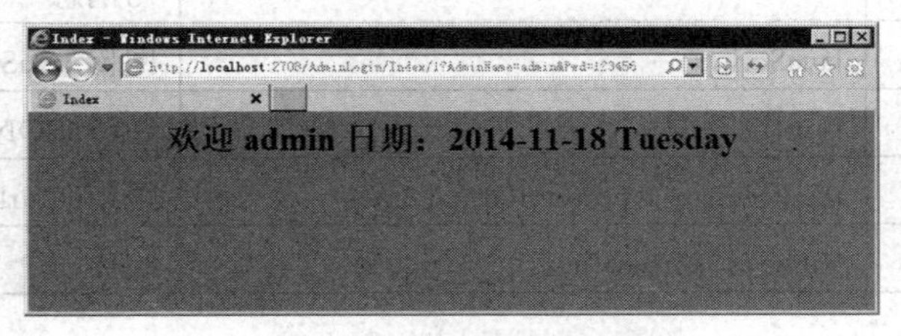

图 7-18　登录成功的界面

【拓展深化】

1. ViewBag

控制器除了负责处理浏览器发送的请求外，同时还负责协调 Model 与 View 之间的数据传递。在 MVC 中传递数据给 View 的方式有很多种，其中包括用 ViewBag 属性来传递，该属性的类型是 dynamic 动态类型，这种类型的数据在编译时将不做类型检查，在运行时才解析。

讲解：dynamic 类型

dynamic 类型是 C#4.0 中引入的新类型，它允许编译器编译时绕过对这种类型的语法检查，而在运行时才对该类型做处理。

2. Lambda 表达式

Lambda 表达式本质上是一个匿名方法，与匿名方法相比其语句结构更加简单并且可用于创建委托或表达式类型。下面通过一个匿名方法与 Lambda 表达式的对比来进行讲解，具体代码如下所示。

```
MyDel del = delegate(int x)  { return x+1; };    //匿名方法
MyDel lab =          (int x)  { return x+1; };    //Lambda 表达式
MyDel lab1=               (x)  { return x+1; };    //Lambda 表达式
MyDel lab2=                x =>{ return x+1; };    //Lambda 表达式
MyDel lab3=                x => x+1;               //Lambda 表达式
```

上述代码中简化了一个匿名方法的编写，通过编译器来判断参数类型。其中，Lambda 表达式的运算符“=>”读做“goes to”，并且该运算符与赋值运算符具有相同的优先级。

讲解：什么是委托

委托是一种类型，在面向对象的学习中了解到类是对象的抽象，而委托则可以看成是方法的抽象。定义委托类型的关键字是 delegate。

3. ActionResult 派生类

ActionResult 是一个抽象类，在 MVC 中 ActionResult 类型为相应 Action 方法的返回值，该类派生的类有很多，具体如表 7-1 所示。

表 7-1 ActionResult 派生类

名称	方法	描述
ContentResult	Content()	返回 string 类型的字符串
FileResult	File()	以二进制串流的方式回传一个文档信息
HttpStatusCodeResult	HttpNotFound()	回传自定义的 HTTP 状态代码与消息
JavaScriptResult	JavaScript()	回传 JavaScript 脚本
JsonResult	Json()	回传 JSON 格式的数据
RedirectResult	Redirect()、RedirectPermanent()	重定向 url
ViewResultBase	View()、PartialView()	回传一个 View 页面

续表

名称	方法	描述
RedirectToRouteResult	RedirectToAction()、Redirect To Action Permanent() RedirectToRoute()、Redirect To Route Permanent()	重定向到一个 Action 或 Route

测一测

学习完前面的内容，下面来动手测一测吧，请思考以下问题。

1. 在开发项目时，如何选择项目的架构？
2. MVC 架构是基于 Entity Framework 框架上的吗？

扫描右方二维码，查看【测一测】答案！

7.2 MVC 实现数据的增、删、查、改操作

在日常生活中，使用洗衣机时只需要通过按钮做好相关设定，然后启动洗衣机即可完成衣服的浸泡、洗、漂、脱水等工作。在 MVC 中也可以通过这样简单的配置就实现数据的增、删、查、改功能，这种方式不需要程序员手动编写代码，有效地提高了开发效率。

【知识讲解】

1．Razor 模板引擎概念

模板引擎是为了将用户界面与业务数据（内容）分离而产生的，它可以生成特定格式的文档，网站的模板引擎可以生成一个标准的 HTML 文档。Razor 模板引擎不是一种语法，而是一种用于编写 View 页面的代码风格，其代码依旧使用的是 C#语言。

2．Razor 引擎语法

（1）在界面中输出单一变量的值时使用“@”符号，具体示例如下所示。

```
<span>北京时间：@DateTime.Now</span>
```

在上述代码中，“@”表示直接输出值。虽然“@”后为 C#代码，但是当直接输出一个变量的值时，结尾处不需要使用“;”。

（2）在界面中输出一个表达式的值需要使用“@()”格式，具体示例代码如下所示。

```
<span>欢迎你
@(Session["user"] == null ? "" : Session["user"].ToString())
</span>
```

在上述代码中，“@()”表示输出表达式的值，其中“()”括号中为 C#代码。

（3）在界面中执行多行 C#代码时，需要使用“@{}”格式，具体示例代码如下所示。

```
@{
      var name="admin";
      var message="欢迎你，"+name;
}
```

（4）HTML 标签和 Razor 语法可以混合使用，具体示例如下所示。

```
@for (int num=1;num<=5;num++)
{
    <span>@num</span>
}
```

【动手实践】

在7.1节中学习了MVC项目的基本创建操作，实现了用户登录的功能。本节将在7.1节的基础上，完成图书信息展示以及图书信息的增、删、查、改功能，下面大家一起动手练练吧！

1．更新模型

打开Lesson1项目中的Itcast.edmx文件，并在该文件的设计面板中单击鼠标右键，在弹出的命令菜单中选中【从数据库更新模型…】命令，效果如图7-19所示。

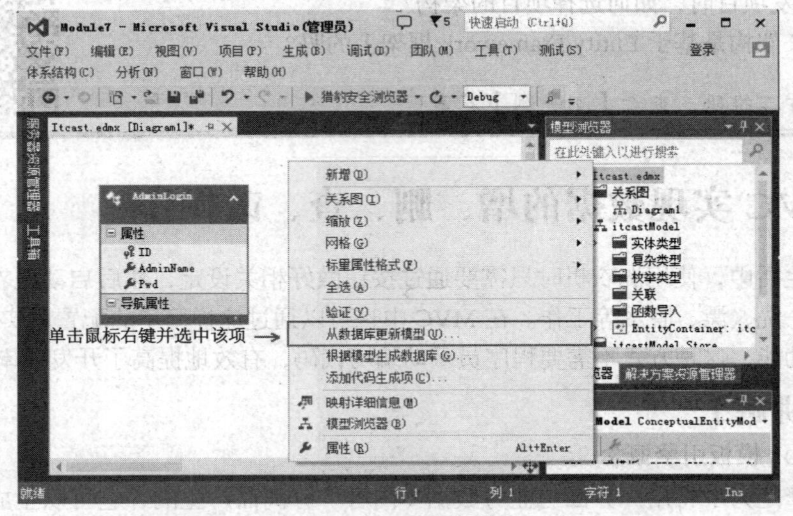

图7-19　更新模型

在图7-19所示的界面中选择【从数据库更新模型…】命令后弹出“更新向导”对话框，在界面中选择【表】→【dbo】→【Book】项，单击【完成】按钮，如图7-20所示。

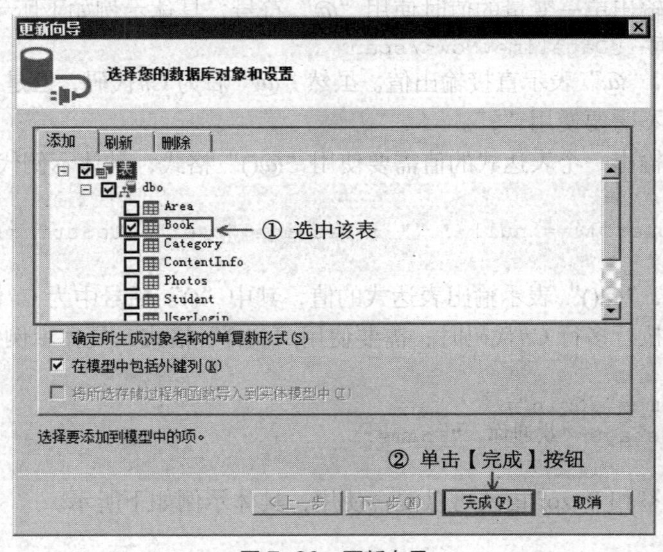

图7-20　更新向导

在图 7-20 所示的“更新向导”对话框中单击【完成】按钮后，“Itcast.edmx”的界面中生成了一个 Book 的实体模型，如图 7-21 所示。

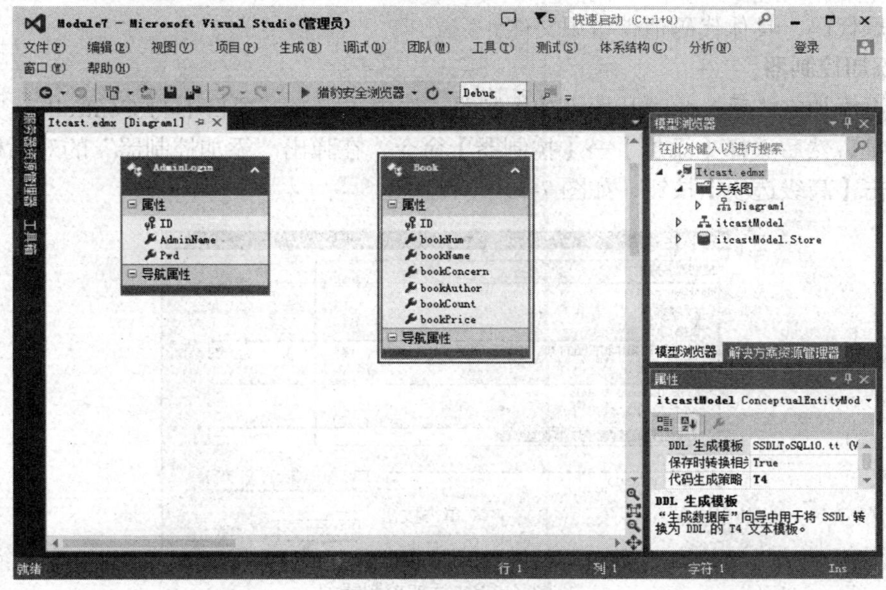

图 7-21　更新完成

在图 7-21 所示的界面中显示了 Book 数据表的模型结构，表示模型更新操作完成。在“Itcast.edmx”的模型设计界面上会显示所有被选择更新的表对应的实体模型。

2．创建布局页

为了使页面的效果统一，此时需要添加一个布局页。在 Lesson1 项目下的 Views 文件夹中添加一个名称为 Shared 的文件夹，并在该文件夹上单击鼠标右键，选择【添加】→【新建项】命令，在弹出的对话框中选择【MVC 4 布局页（Razor）】项，并将其命名为“BookMaster.cshtml”，如图 7-22 所示。

图 7-22　添加布局页

提示：此处的布局页相当于使用 ASPX 模板引擎中创建的母版页。

在图 7-22 所示的对话框中单击【添加】按钮后完成布局页的创建，在该布局页中编写页面前端布局代码，具体代码请查看源文件。

3．添加控制器

布局页添加完成后，此时开始添加控制器。选中 Lesson1 项目下的 Controllers 文件夹单击鼠标右键，然后选择【添加】→【控制器】命令，在弹出“添加控制器”的对话框中进行设置，单击【高级选项】按钮，如图 7-23 所示。

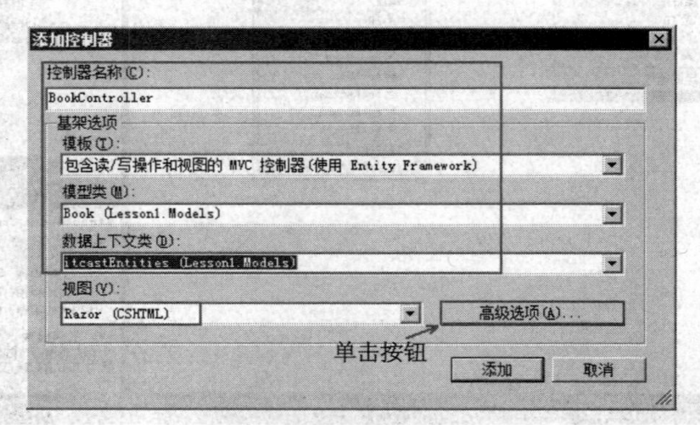

图 7-23　添加控制器

在图 7-23 所示的对话框中单击【高级选项】按钮后，弹出“高级选项”的对话框，选中【引用脚本库】和【使用布局或母版页】项，并单击【...】按钮，如图 7-24 所示。

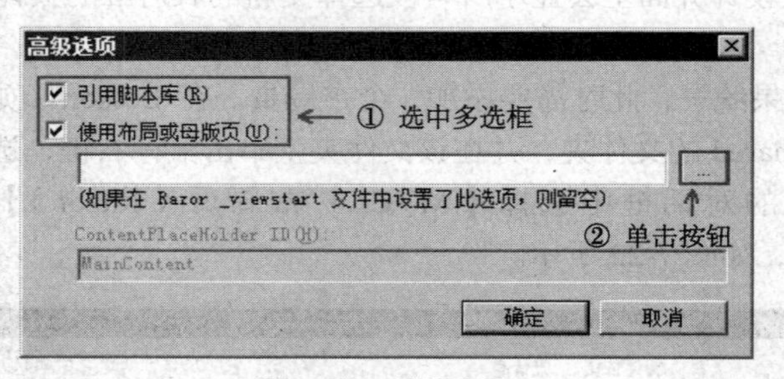

图 7-24　引用布局

在图 7-24 所示的对话框中单击【...】按钮后，弹出“选择布局页”对话框，展开 Views 节点并选中 Shared 文件夹，在对话框右边的“文件夹内容”列表中选中“BookMaster.cshtml”文件，最后单击【确定】按钮，如图 7-25 所示。

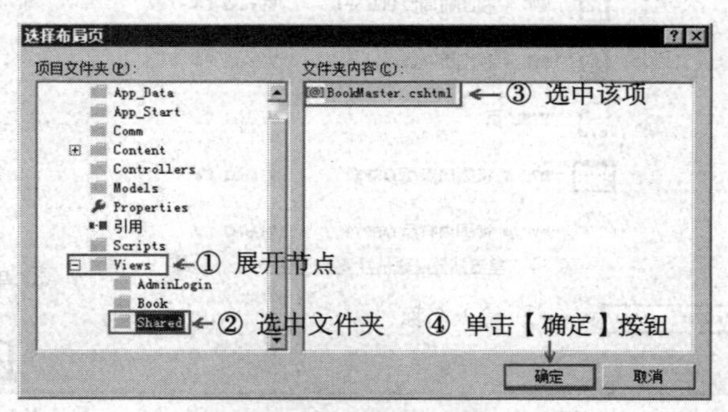

图 7-25　选择布局页

在图 7-25 所示的对话框中单击【确定】按钮后会回到图 7-23 所示的对话框，此时已经完成了所有的选项设置，在图 7-23 所示的对话框中单击【添加】按钮完成添加控制器的操作，添加完成后的项目结构如图 7-26 所示。

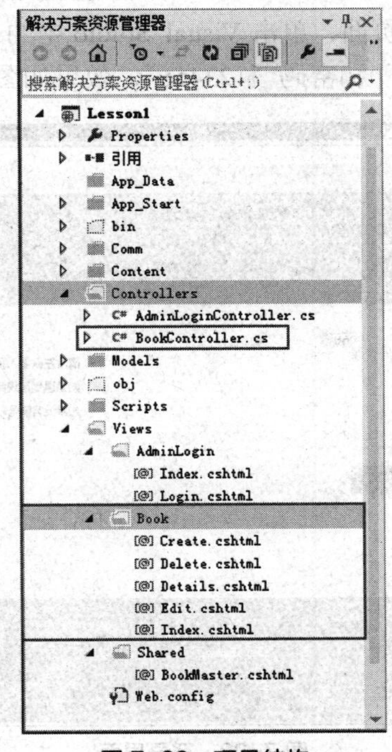

图 7-26　项目结构

4．修改代码并测试

完成 MVC 项目的基本功能配置后，在 BookController.cs 中已经自动生成了增、删、查、改的代码，同时还自动生成了对应的视图页面，然后对每个页面的布局效果进行样式调整（具体样式布局效果请查看源码）。打开 Controllers 文件夹下的 AdminLoginController.cs 文件找到带参 Login()方法，修改默认跳转页面，效果如图 7-27 所示。

```
AdminLoginController.cs
Lesson1.Controllers.AdminLoginController        Login(AdminLogin admin)
22        public ActionResult Login(AdminLogin admin)
23        {
24            //获取数据表中与admin对象中的AdminName值相同的数据
25            AdminLogin user = db.AdminLogin.SingleOrDefault(n => n.AdminName == admin.AdminName);
26            if (user == null)
27            {
28                return Content("用户不存在");
29            }
30            else
31            {
32                if (admin.Pwd != user.Pwd)
33                {
34                    return Content("密码错误");
35                }
36                else
37                {
38                    Session["User"] = admin;
39                    //跳转到Index的方法中，并将user对象当作参数传递过去
40                    //return RedirectToAction("Index", user);
41                    return RedirectToAction("Index", "Book");
42                }
43            }
44        }
100 %
```

图 7-27　更改代码

提示：图 7-27 所示的代码中的 RedirectToAction()方法表示重定向到 Book 控制器下的名称为“Index”的 Action 中。

在图 7-27 所示的界面中修改完成默认跳转页面后，当用户登录成功后将跳转到 View 文件夹下 Book 文件夹中的 Index 页面，单击 Visual Studio 中的【 ▶ Internet Explorer 】按钮运行项目，并在界面中输入用户名“admin”和密码“123456”，效果如图 7-28 所示。

图 7-28　登录界面

在图 7-28 所示的页面中输入正确的用户名、密码并登录成功后，页面自动跳转到信息展示页面，如图 7-29 所示。

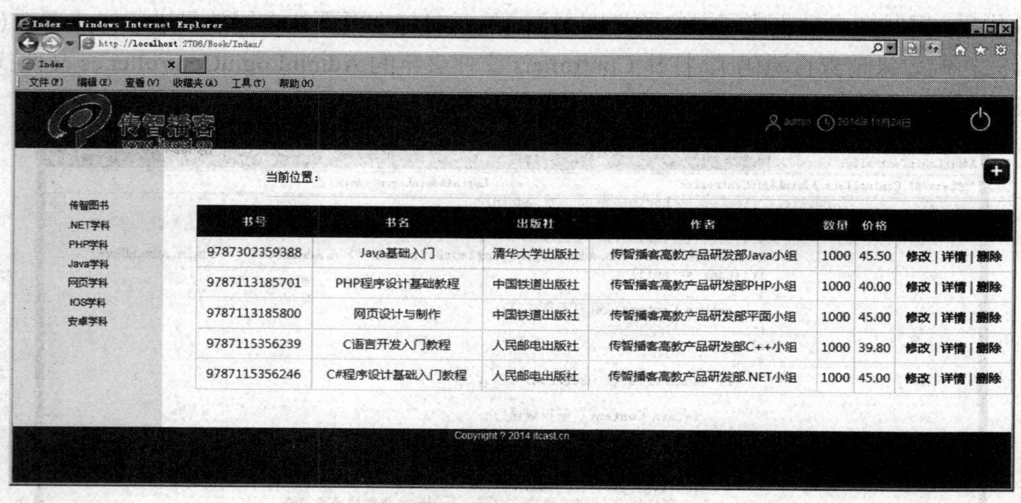

图 7-29　信息展示

从图 7-29 所示的页面中可以看出，数据库 Book 表中的数据全部被展示到页面上了，单击列表中第 1 行书名为“Java 基础入门”后面的【修改】链接，跳转到数据修改页面，效果如图 7-30 所示。

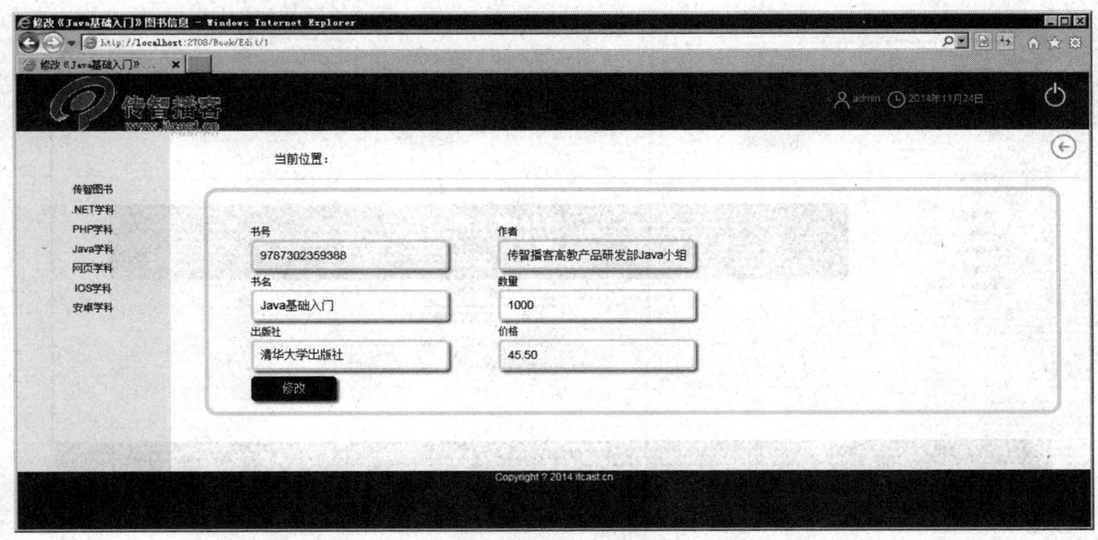

图 7-30　信息修改

在图 7-30 所示的页面中将图书数量由 1000 修改为 1200，图书价格由 45.5 修改为 50，修改完成后单击【修改】按钮，结果如图 7-31 所示。

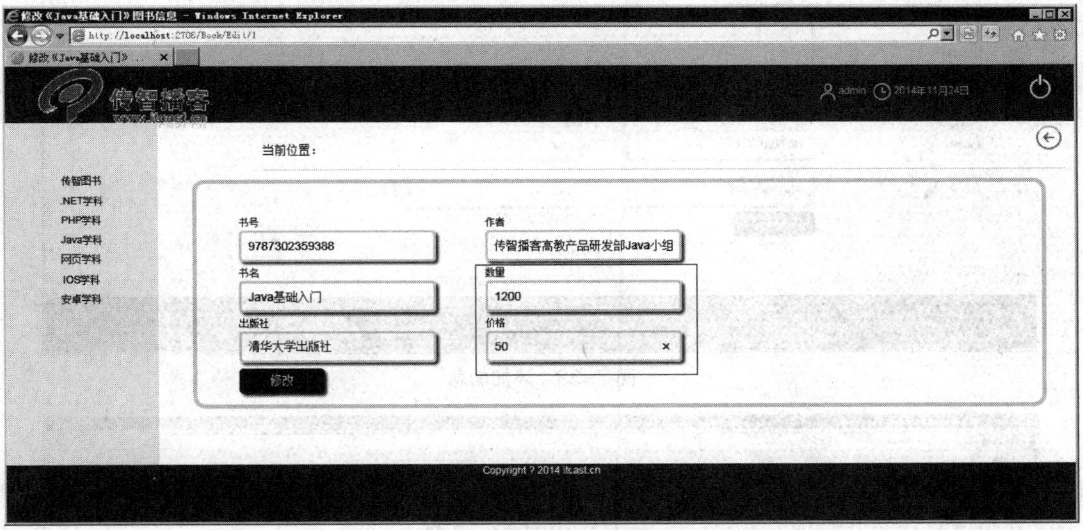

图 7-31　修改后的数据

当单击图 7-31 所示的【修改】按钮后，页面跳转到图 7-29 所示的信息展示主页，单击修改后的数据的【详情】链接，页面跳转到数据的详情页，如图 7-32 所示。

由图 7-32 所示的页面可知，数据已被修改成功，单击图 7-32 中的【㊀】按钮，页面跳转回图 7-29 所示的信息展示主页面，单击主页面中的【⊞】按钮，弹出添加信息页面，在该页面中输入需要添加的信息，如图 7-33 所示。

在图 7-33 所示的页面中输入完需要添加的数据后，单击【添加】按钮，完成添加操作后直接跳转到主页面，如图 7-34 所示。

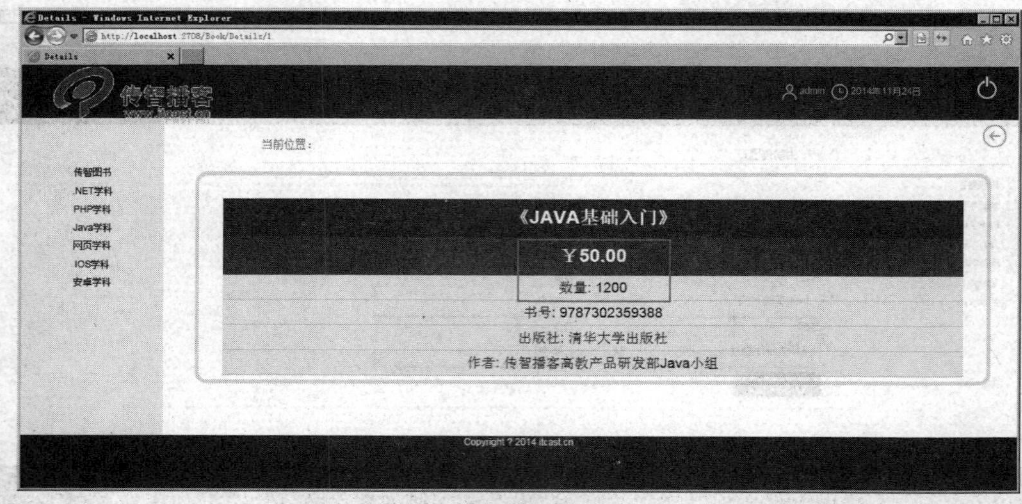

图 7-32　信息详情

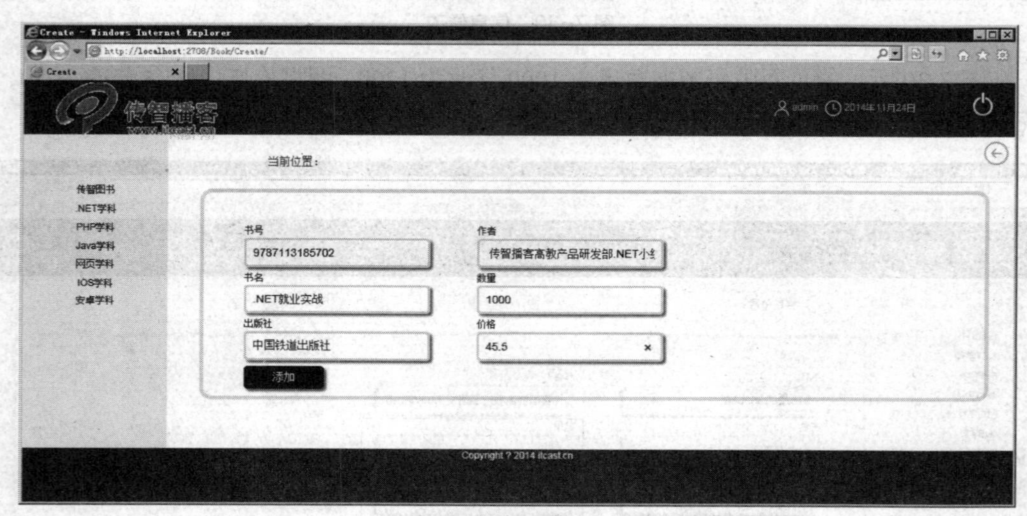

图 7-33　添加信息

图 7-34　添加成功

在图 7-34 所示的页面中，新添加的数据已经正常显示在数据列表中了。此时单击该行数据的【删除】链接，页面跳转到数据删除页面，如图 7-35 所示。

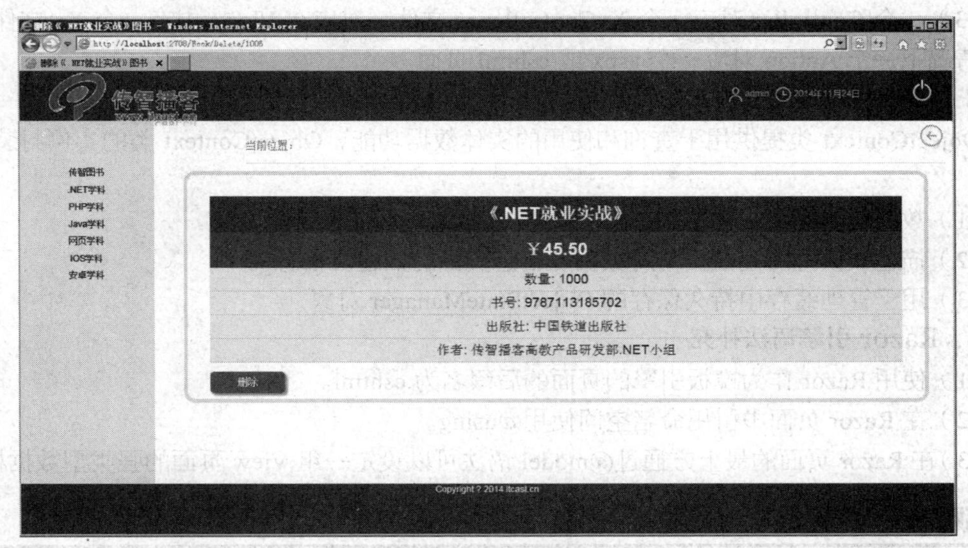

图 7-35　删除数据

在图 7-35 所示的页面中，单击【删除】按钮，数据删除成功后直接跳转回数据展示主页，如图 7-36 所示。

Index - Windows Internet Explorer

http://localhost:2708/Book/Index/

文件(F)　编辑(E)　查看(V)　收藏夹(A)　工具(T)　帮助(H)

当前位置：

传智图书
.NET学科
PHP学科
Java学科
网页学科
IOS学科
安卓学科

书号	书名	出版社	作者	数量	价格	
9787302359388	Java基础入门	清华大学出版社	传智播客高教产品研发部Java小组	1000	45.50	修改 | 详情 | 删除
9787113185701	PHP程序设计基础教程	中国铁道出版社	传智播客高教产品研发部PHP小组	1000	40.00	修改 | 详情 | 删除
9787113185800	网页设计与制作	中国铁道出版社	传智播客高教产品研发部平面小组	1000	45.00	修改 | 详情 | 删除
9787115356239	C语言开发入门教程	人民邮电出版社	传智播客高教产品研发部C++小组	1000	39.80	修改 | 详情 | 删除
9787115356246	C#程序设计基础入门教程	人民邮电出版社	传智播客高教产品研发部.NET小组	1000	45.00	修改 | 详情 | 删除

Copyright ? 2014 itcast.cn

图 7-36　删除完成

从图 7-36 所示的页面中可以看出，书名为《.NET 就业实战》教材的信息已经删除成功了。至此，使用 MVC 实现数据的增、删、查、改功能已经全部完成，对比前面章节学习的内容，MVC 实现数据的增、删、查、改功能是不是容易多了呢，当然想完全掌握 MVC 架构的使用还需要更深入的学习和练习。

【拓展深化】

1．Controller 相关知识讲解

（1）Controller 负责获取 Model 数据，并将数据传递给 View 对象，通知 View 对象显示。

（2）一个 Controller 可以包含多个 Action，每一个 Action 都是一个方法，方法的返回值是一个 ActionResult 的实例。

（3）一个 Controller 对应一个 XxController.cs 文件，对应在 Views 中有一个 Xx 文件夹。一般情况下一个 Action 对应一个 aspx 或 cshtml 页面。

2．ObjectContext 类

ObjectContext 类提供用于查询和使用的实体数据功能，ObjectContext 类的实例封装以下内容。

（1）数据库的连接。

（2）描述该模型的元数据（对数据及信息资源的描述性信息）。

（3）用于管理缓存中持久保存的 ObjectStateManager 对象

3．Razor 引擎语法补充

（1）使用 Razor 作为模板引擎的页面的后缀名为.cshtml。

（2）在 Razor 页面中引用命名空间使用@using。

（3）在 Razor 页面的最上方通过@model 语法可以设定一组 View 页面的强类型数据模型。

测一测

学习完前面的内容，下面来动手测一测吧，请思考以下问题。

1. 如何理解三层架构和 MVC 架构的区别？
2. MVC 架构中是否可以使用异步方式来发送请求？

扫描右方二维码，查看【测一测】答案！

7.3 本章小结

【重点提炼】

本章主要讲解了 MVC 架构的基本思想，其中重点讲解了如何创建和使用 MVC 架构，并且通过具体案例演示了使用 MVC 实现数据的增、删、查、改功能，具体内容如表 7-2 所示。

表 7-2 第 7 章重点内容

小节名称	知识重点	案例内容
7.1 节	MVC 简介、MVC 请求过程、Routing 介绍、MVC 项目搭建	MVC 架构实现用户登录
7.2 节	MVC 实现数据的增删查改功能、Rezor 模板引擎	MVC 架构实现图书信息的增、删、查、改功能